高职高专通信技术专业系列教材

宽带接入网技术项目式教程

(第二版)

主编 张喜云

参编 胡 霞 李 铮 殷文珊 左利钦

西安电子科技大学出版社

内 容 简 介

本书主要介绍常用宽带接入网技术的基础理论、技术原理、系统组成及应用。全书共分4个模块，分别为接入网概述、IP网络基础、xPON技术、无线接入技术。

本书将理论与工程实际紧密结合，内容全面，条理清晰，重点突出，便于教学与自学。

本书适合作为高职院校通信工程、信息工程等电子信息类专业的教材，也可供相关领域的工程技术人员参考。

图书在版编目(CIP)数据

宽带接入网技术项目式教程 / 张喜云主编. —2版. —西安：西安电子科技大学出版社，2022.12(2025.1重印)
ISBN 978-7-5606-6713-3

Ⅰ. ①宽… Ⅱ. ①张… Ⅲ. ①宽带接入网—高等职业教育—教材 Ⅳ. ①TN915.6

中国版本图书馆CIP数据核字(2022)第221193号

责任编辑 阎 彬 杜慧融
出版发行 西安电子科技大学出版社(西安市太白南路2号)
电 话 (029)88202421 88201467 邮 编 710071
网 址 www.xduph.com 电子邮箱 xdupfxb001@163.com
经 销 新华书店
印刷单位 陕西天意印务有限责任公司
版 次 2022年12月第2版 2025年1月第2次印刷
开 本 787毫米×1092毫米 1/16 印 张 12.25
字 数 286千字
定 价 29.00元
ISBN 978-7-5606-6713-3
XDUP 7015002-2

前　言

《宽带接入网技术项目式教程》于2015年出版后，得到了国内众多高职院校通信专业老师的认可。为适应当前通信技术的发展和教学需求，我们吸取多位老师的反馈意见，对本书进行了修订。本次修订着眼于以下几点：

(1) 压缩整合部分模块，调整个别模块顺序，修订后本书共4个模块20个任务。

(2) 删减部分应用越来越少的技术内容，增加目前应用比较广泛的技术。例如：随着“光进铜退”，ADSL接入方式逐渐被PON技术替代，所以此次修订对ADSL技术只作简单介绍，重点讲解PON技术；随着移动通信技术的发展，无线接入技术得到更为广泛的应用，特别是智慧家庭的应用越来越普及，因此引入了5G、Wi-Fi6及ZigBee技术。

(3) 更新过关训练习题，使之能够更好地配合教材内容，方便学生复习所学知识。

本书4个模块的主要内容如下：

模块一介绍接入网定义、接入网特点及分类、常见有线接入技术等知识，使学生对接入网及其发展有一个整体的了解。

模块二介绍IP网络基础知识，包括协议模型、IP地址、以太网交换机、路由器、宽带接入服务器及IP城域网等知识。这部分是基础知识，掌握了这些知识才能更好地在实际工作中分析和处理问题。

模块三介绍xPON技术，这是目前主流有线接入网技术，重点是EPON和GPON技术部分。书中主要介绍的是理论知识，对于设备部分，学生要结合自己的条件，多进行配置及故障处理练习。

模块四主要介绍无线接入技术，其中的LMDS和MMDS两部分目前应用相对较少，只作简单介绍，重点介绍WLAN技术和5G技术。

本书由具有丰富教学经验的一线教师合作编写，张喜云任主编，胡霞、李铮、殷文珊、左利钦任参编。具体写作分工如下：张喜云编写模块一，殷文珊编写模块二，胡霞编写模块三，李铮、左利钦编写模块四。

本书适合的基本教学学时为60学时。对于已具备模块二的任务1至任务4所讲基础知识的学生，可视情况略讲或只进行复习性讲述。

由于作者水平有限，书中难免存在一些不足之处，敬请广大读者批评指正。

张喜云

2022年7月于长沙

目　录

模块一　接入网概述

随着通信技术的迅猛发展，电信业务逐渐向综合化、数字化、智能化、宽带化和个人化方向发展，人们对电信业务多样化的需求也不断提高。如何充分利用现有的网络资源增加业务类型，提高服务质量，已成为电信专家和运营商关注和研究的课题。“最后一公里”解决方案是大家关注的焦点，因此接入网成为网络应用和建设的重点。

【主要内容】

本模块包括 3 个任务，即接入网定义、接入网特点及分类和常见有线接入技术。

【重点难点】

重点是接入网的定义、结构及提供的业务，难点是接入技术。

任务 1.1　接入网定义

【任务要求】

识记：接入网的定义、接入网的接口。
领会：接入网的结构。

1.1.1　接入网的发展

接入网(Access Network，AN)的概念是由英国电信于 1975 年首先提出的，并且在 1976 年开始进行了接入网组网的可行性试验，1977 年在苏格兰地区和伦敦市进行了较大规模的推广应用。1978 年英国电信正式提出了接入网组网概念。ITU-T 参与了英国电信的前期工作，于 1979 年开始着手制定接入网的标准。1995 年 11 月，第 1 个接入网的标准 G.902 出台，接入网首次作为一个独立的网络出现。G.902 是基于电信网的接入网。同时为了打破交换机厂家的垄断地位，接入网的规范也被强制推出，这推动了接入网的发展。

2000 年 11 月，第 2 个接入网的标准 Y.1231 出台，它是基于 IP 网的接入网，迎合了 Internet 迅猛发展的潮流，揭开了 IP 接入网迅速发展的序幕。

我国的接入网建设是从 1995 年开始的，原邮电部在全国范围内进行接入网试验，以解决有号无线和越区放号的问题；同时我国的 V5 接口规范也于 1997 年正式颁布，使得接入网的发展步入正轨。

1.1.2 接入网的位置

从整个电信网的角度，可以将全网划分为公用电信网和用户驻地网(CPN)两大块，其中CPN属用户所有，故通常电信网指公用电信网部分。

公用电信网按功能划分为传输网、交换网和接入网三部分。传输网和交换网属于核心网，从局端到用户之间的所有机线设备组成了接入网(也称为本地环路、用户网、用户环路系统)。电信网的基本组成如图1-1所示。

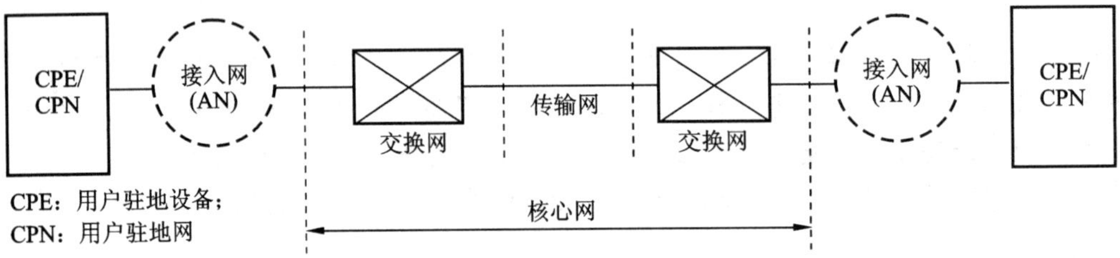

图1-1 电信网的基本组成

1.1.3 接入网的定义

根据ITU-T关于接入网框架建议(G.902)，接入网是由业务节点接口(SNI)和相关用户网络接口(UNI)之间的一系列传送实体(诸如线路设施和传输设施)组成的，它是一个为传送电信业务提供所需传送承载能力的实施系统。

接入网所覆盖的范围可由3个接口来定界，即网络侧经由SNI与业务节点相连，用户侧经由UNI与用户驻地网相连，管理方面则经Q3 接口与电信管理网(TMN)相连，如图1-2所示。

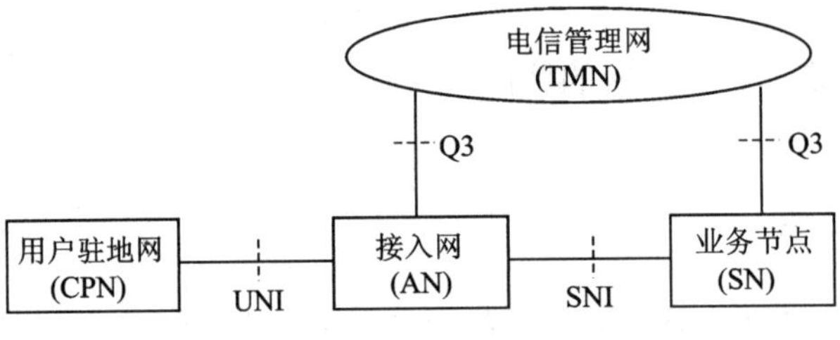

图1-2 接入网示意图

业务节点(SN)是提供业务的实体，可提供规定业务的业务节点有本地交换机、租用线业务节点或特定配置的点播电视和广播电视业务节点等。

SNI是接入网和业务节点之间的接口，可分为支持单一接入的SNI和支持综合接入的SNI。支持单一接入的标准化接口主要有提供综合业务数字网(ISDN)基本速率(2B+D)的V1接口和提供一次群速率(30B+D)的V3接口；支持综合业务接入的接口目前有V5接口，包括V5.1、V5.2接口。

接入网与用户驻地网间的UNI接口能够支持目前网络所提供的各种接入类型和业务。接入网的发展不应限制现有的业务和接入类型。

接入网的管理应该纳入 TMN 的范畴，以便统一协调管理不同的网元。接入网的管理不但要完成接入网各功能块的管理，而且要附加完成用户线的测试和故障定位。

根据接入网框架和体制要求，接入网的重要特征可以归纳为如下几点：

(1) 接入网为所接入的业务提供承载能力，实现业务的透明传送。

(2) 接入网对用户信令是透明的，除一些用户信令格式转换外，信令和业务处理的功能依然在业务节点中。

(3) 接入网的引入不应限制现有的各种接入类型和业务，而应通过有限的标准化的接口与业务节点相连。

(4) 接入网有独立于业务节点的网络管理系统，该系统通过标准化的接口连接 TMN，TMN 实施对接入网的操作、维护和管理。

1.1.4　接入网的功能结构

接入网有 5 个基本功能，即用户接口功能(UPF)、业务接口功能(SPF)、核心功能(CF)、传送功能(TF)和接入网系统管理功能(AN-SMF)。各种功能模块之间的关系如图 1-3 所示。

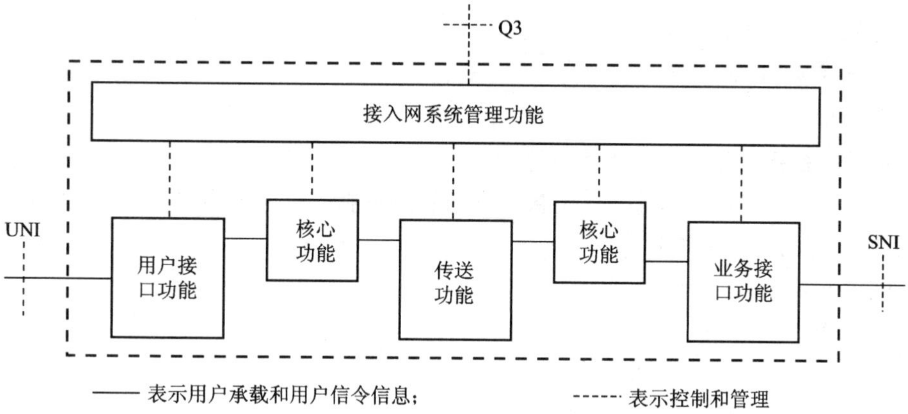

图 1-3　接入网的功能结构

1. 用户接口功能(UPF)

用户接口功能是将特定 UNI 的要求与核心功能和管理功能相适配。其具体功能有：

(1) 终结 UNI 功能；

(2) A/D 变换和信令转换功能；

(3) UNI 的激活与去激活功能；

(4) UNI 承载通路/承载能力处理功能；

(5) UNI 的测试和用户接口的维护、管理和控制功能。

2. 业务接口功能(SPF)

业务接口功能是将特定 SNI 的要求与公用承载通路相适配，以便核心功能进行处理，并选择有关的信息用于 AN-SMF 的处理。其具体功能有：

(1) 终结 SNI 功能；

(2) 把承载通路要求、时限管理和运行要求及时映射进核心功能；

(3) 特定 SNI 所需的协议映射功能；

(4) SNI 的测试和 SPF 的维护；

(5) 管理和控制功能。

3. 核心功能(CF)

核心功能处于 UPF 和 SPF 之间，承担各个用户接口承载通路或业务接口承载通路的要求与公用承载通路相适配的任务。核心功能可以分布在整个接入网内。其具体功能有：

(1) 接入承载通路处理功能；

(2) 承载通路的集中功能；

(3) 信令和分组信息的复用功能；

(4) ATM 传送承载通路的电路模拟功能；

(5) 管理和控制功能。

4. 传送功能(TF)

传送功能为接入网中不同地点之间公用承载通路的传送提供通道，同时为相关传输媒质提供适配功能。其主要功能有：

(1) 复用功能；

(2) 交叉连接功能；

(3) 物理媒质功能；

(4) 管理功能。

5. 接入网系统管理功能(AN-SMF)

AN-SMF 通过 Q3 接口或中介设备与电信管理网接口，协调接入网各种功能的提供、运行和维护。其具体功能有：

(1) 配置和控制；

(2) 业务提供的协调；

(3) 用户信息和性能数据收集；

(4) 协调 UPF 和 SN 的时限管理；

(5) 资源管理；

(6) 故障检测和指示；

(7) 安全控制。

1.1.5 IP 接入网

1. IP 接入网定界

根据 Y.1231 建议，IP 接入网是指由网络实体组成，并提供所需接入能力的一个实施系统，用于提供一个“IP 用户”和一个“IP 服务者”之间 IP 业务所需的承载能力。IP 接入网统一由参考点(RP)定界，如图 1-4 所示。

用户驻地网(CPN)位于用户驻地，可以是小型办公网络，也可以是家庭网络，还可以是运营网络或非运营网络。IP 核心网为 IP 服务提供商的网络，可以包括一个或多个 IP 服务提供商。参考点(RP)是指逻辑上的参考连接，在某种特定的网络中，其物理接口不是一一对应的。IP 网络业务是指通过用户与业务提供者之间的接口，以 IP 包的形式传送数据的一种服务。

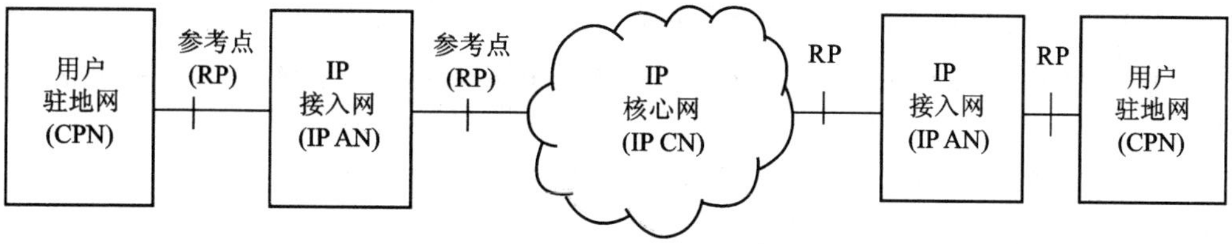

图 1-4　IP 接入网结构图

2. IP 接入网的功能模型

IP 接入网主要有 3 大功能：运送功能、接入功能、系统管理功能。IP 接入网功能模型如图 1-5 所示。

运送功能：承载并传送 IP 业务；

接入功能：对用户接入进行控制和管理(包括 AAA、NAT、IP 地址动态分配等)；

系统管理功能：进行系统配置、监控和管理。

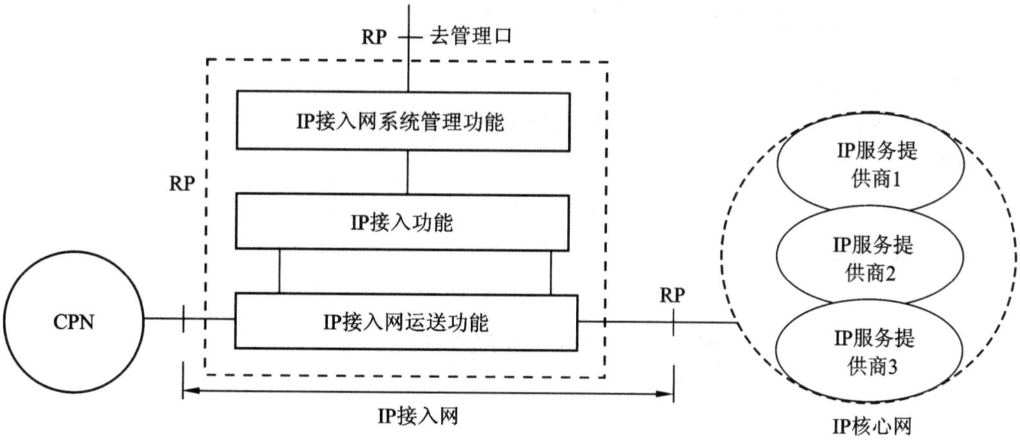

图 1-5　IP 接入网功能模型

3. G.902 与 Y.1231 比较

1) *定义角度*

G.902 定义 SNI 与对应 UNI 之间的承载电信业务能力的实体。

Y.1231 定义 IP 用户与 IP 服务提供者之间的承载 IP 业务能力的实体。

2) *定界与接口角度*

G.902 建议由 UNI、SNI 和 Q3 接口定界。

Y.1231 建议的接口抽象为统一的接口 RP，更具灵活性和通用性。

3) *功能角度*

G.902 建议具有复用、连接、运送功能，无交换和计费功能；不解释用户信令，UNI 和 SNI 只能静态关联，用户不能动态选择 SN。

Y.1231 建议除具有复用、连接、运送功能外，还具有交换和计费功能；解释用户信令，IP 用户可以自己动态选择 IP 服务提供者。

4) 接入网、核心网与业务提供者的关系

G.902 建议的接入网与核心网相互独立；核心网与业务绑定，不利于更多的业务提供者参与。

Y.1231 建议的接入网、核心网、业务提供者完全独立，可使更多的业务提供者参与；用户可以通过接入网获得更多的 IP 服务。

5) 接入管理角度

G.902 建议对接入网的管理由电信管理网络实现，受制于电信网的体制；没有关于用户接入管理的功能。

Y.1231 建议具有独立且统一的 AAA 用户接入管理模式；便于运营和对用户的管理；适应于各种接入技术。

由上可见，由 Y.1231 定义的 IP 接入网比由 G.902 定义的接入网具有较大优势，宽带接入基于 IP 将是大趋势。

实践项目　调研目前接入网的接口使用情况

实践目的：熟悉接入网三种接口。

实践要求：每位学生通过调研、搜集网络数据等方式独立完成。

实践内容：

(1) 调研接入网与用户终端之间的接口种类。

(2) 调研接入网与交换机连接时的接口使用种类。

任务 1.2　接入网特点及分类

【任务要求】

识记：接入网提供的典型业务及接入网的特点。

领会：接入网的发展。

1.2.1　接入网的特点

传统的接入网是以双绞线为主的铜缆接入网。近年来，接入网技术和接入手段不断更新，出现了铜线接入、光纤接入、无线接入并行发展的格局。电信接入网与核心网相比，具有非常明显的区别。

1. 接入网结构变化大、网径大小不一

在结构上，核心网结构稳定、规模大，适应新业务的能力强；而接入网用户类型复杂，结构变化大、规模小，难以及时满足用户的新业务需求，加之由于各用户所在位置不同，造成接入网的网径大小不一。

2. 接入网支持各种不同的业务

在业务上，核心网的主要作用是比特的传送；而接入网的主要作用是实现各种业务的接入，如语音、数据、图像、多媒体等。

3．接入网技术可选择性大、组网灵活

在技术上，核心网主要以光纤通信技术为主，传送速度高，技术可选择性小；而接入网可以选择多种技术，如铜线接入技术、光纤接入技术、无线接入技术，还可选择混合光纤同轴网(HFC)接入技术等。接入网可根据实际情况提供环型、星型、总线型、树型、蜂窝状等灵活多样的组网方式。

4．接入网成本与用户有关、与业务量基本无关

各用户传输距离的不同是造成接入网成本差异的主要原因，市内用户比偏远地区用户的接入成本要低得多；核心网的总成本对业务量很敏感，而接入网成本与业务基本无关。

1.2.2　接入网的分类

接入网的分类方法有很多种，例如可以按传输介质、拓扑结构、使用技术、接口标准、业务带宽、业务种类分，等等。

通常按传输介质的不同进行分类，可将接入网分为有线接入网和无线接入网两大类。有线接入网又分为铜线接入网和光纤接入网两类；无线接入网又分为固定无线接入网和移动无线接入网两类。

在实际接入网中，有时会用到多种传输介质，如既用到铜线，又用到光纤，甚至还同时用到无线介质，这样形成了混合接入网。

1．铜线接入网

利用现有的铜质电话线资源实现用户业务接入的技术，即数字用户线(Digital Subscriber Line，DSL)技术。数字用户线技术是指采用不同调制方式将信息从现有的公用电话交换网(PSTN)引入线上高速传输的技术。DSL 技术又可以分为 IDSL(ISDN 数字用户环路)、HDSL(利用两对线双向对称传输 2 Mb/s 的高速数字用户环路)、SDSL(单线对双向对称传输 2 Mb/s 的数字用户环路，传输距离比 HDSL 稍短)、VDSL(甚高速数字用户环路)、ADSL(不对称数字用户环路)。

2．光纤接入网

光纤接入网是以光纤为传输介质，并利用光波作为光载波传送信号的接入网。光纤接入技术最大的特点是传输速率大、容量高。随着光纤成本的降低，光缆在价格上可与铜缆媲美，加上其固有的宽带优势，可以预言，接入网的光纤化将是解决用户端“瓶颈”问题的最终方案。

3．光纤/同轴电缆混合接入网(HFC)

HFC 是宽带接入技术中最早成熟和进入市场的，它建立在有线电视(CATV)的基础上，带宽和经济上的优势使它对用户有很大的吸引力。HFC 在连接上采用 Cable Modem 技术，它从技术上分为动态分配带宽速率(适用于 Internet 接入、公共信息查询等)和固定带宽速率(适用于普通电话、可视电话、数据专线等)两类，从传输方式又可分为对称型与非对称型业务。与其他有线介质相比，HFC 容量大，灵活性强，扩展性也好，性价比优于 DSL。当然，Cable Modem 技术也有着自己的弱点：首先，以往的有线电视网都是单向广播式地向用户传送电视，不符合网络信息双向传输的要求，因此需要一个改造的过程。其次，由于

HFC 是将数字信号转换为模拟方式传输的，传输质量会受到影响，而且在模拟方式下，过高的频率也会产生大量噪音，因此其频带利用率较低。最后，HFC 接入方式是以模拟频分多路复用方式传输信息的，一个 ONU 可以为 500～2000 个用户服务，一旦出现问题，影响面很大。

4．无线接入网

无线接入网是指接入网的某一部分或全部使用无线传输介质，连接起端局至用户间的通信网。作为有线接入网的有效补充，无线接入网具有系统容量大、话音质量与有线一样、覆盖范围广、系统规划简单、扩容方便、可加密码或用 CDMA 增强保密性等技术特点，能够解决边远地区、难于架线地区的通信问题，是当前发展最快的接入网之一。

无线接入网根据其技术来自移动通信、无绳电话、集群电话、蜂窝移动通信、微波通信或卫星通信可分为很多类，对应不同的频段，容量、业务带宽和覆盖范围各异。

无线接入网主要的工作方式是点到多点，上行解决多用户争用的技术有 FDMA(频分多址)、TDMA(时分多址)和 CDMA(码分多址)，从频谱效率看，CDMA 最好，TDMA 次之。其中，CDMA 又可有扩谱(DS)、跳频(FH)和同步(S-CDMA)几种。目前，无线接入技术已较为广泛地应用于农村、城镇，并在水利、电力、工矿等专网中也得到一定程度上的应用。

1.2.3 接入业务类型

1．普通电话业务

接入网提供普通电话业务(POTS)接口，它既可以支持模拟用户，又可以支持用户交换机的接入，同时还支持虚拟用户交换机(Centrex)及 CID 等新业务。

2．ISDN 业务

接入网提供 ISDN BR(2B+D)和 ISDN PRI(30B+D)接口，实现 ISDN 业务。ISDN 业务接入示意图如图 1-6 所示。

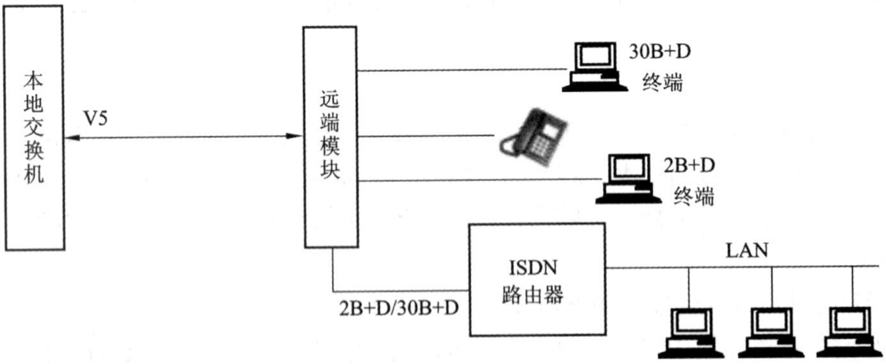

图 1-6 ISDN 业务接入示意图

3．DDN 专线业务

DDN 是一个传输速率高、质量好、网络时延小和全透明的数字数据网络。DDN 节点机与 OLT 之间可以通过 E1 接口相连，如图 1-7 所示。

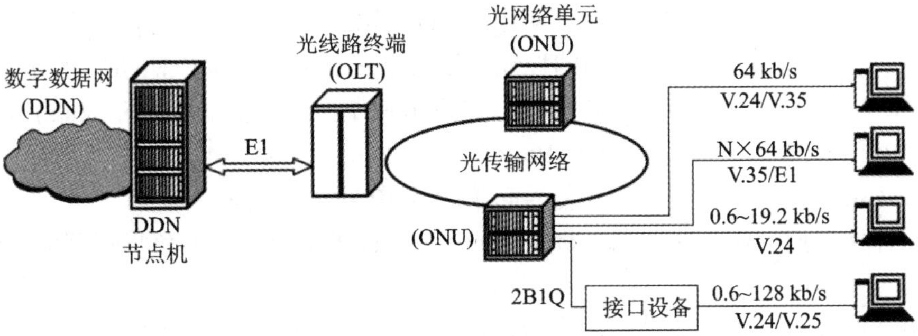

图 1-7　DDN 专线业务接入示意图

4. CATV 业务

随着我国有线电视(CATV)业务的迅速普及，在用户接入网中引入 CATV 业务势在必行。可通过内置式光发射模块、光接收机模块等构成一个独立的 CATV 光纤传输系统，同时还将 CATV 单元纳入集中监控和网络管理(其中 STB 为提供数模转换的机顶盒)，如图 1-8 所示。

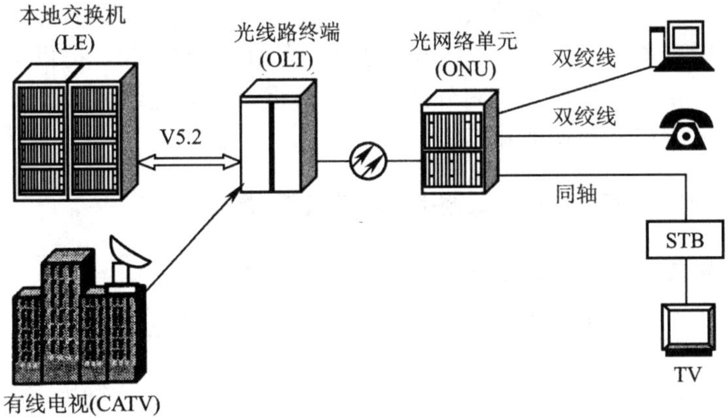

图 1-8　有线电视业务接入示意图

5. Internet 业务

(1) 上网业务。这类业务的用户是 Internet 网上为数最多的用户。Internet 目前提供的主要业务有电子邮箱、新闻信息、远程登录、文件传输、交谈、多人聊天、浏览查询、WWW、网络文件搜索系统等。

(2) 为中、小企业提供虚拟主机业务及主机托管业务。

(3) 网络资源出租业务。这类业务为 ISP、ICP 提供网络资源，包括国际/国内带宽、拨号端口、主机、计费系统等，实现 VISP、VICP 等。

(4) 提供面向全国范围内的虚拟专用网(VPN)业务。这类业务包括 VPDN 和 IP-VPN 业务等。

(5) 与社会各界合作，共同开发和提供网上银行、电子商务、政府上网、企业上网等服务。

(6) VoIP 业务。VoIP 业务是互联网上的一种应用，把语音或传真转换成数据，然后与数据一起共享同一个 IP 网络。常用的控制协议有 H.323、SIP、MEGACO 和 MGCP。VoIP 采用 ITU-T 规定的 G.711(速率为 64 kb/s)、G.723.1(速率为 5.3 kb/s 或者 6.3 kb/s)、G.729A(速率为 8 kb/s)编码方案。在一个基本的 VoIP 架构之中，大致包含 4 个基本元素：

① 媒体网关：主要扮演将语音信号转换成为 IP 封包的角色。

② 媒体网关控制器：又称为 Gate Keeper 或 Call Server，主要负责管理信号传输与转换的工作。

③ 语音服务器：主要提供电话不通、占线或忙线时的语音响应服务。

④ 信令网关：主要在交换过程中进行相关控制，以决定通话建立与否，以及提供相关应用的增值服务。

(7) IPTV 业务。IPTV 是指在 IP 网络上传送包含电视、视频、文本、图形、数据等，并提供服务质量 / 服务感受(QoS/QoE)保证、安全、可靠，具有交互性和可管理的多媒体业务。用户接入方式可以采用 ADSL、LAN、FTTH、wireless 等；家庭终端为机顶盒、电视机，典型业务有直播、点播、时移、信息服务、互动业务(游戏)等。

6．智能家居业务

通过物联网技术将家中的各种设备(如音视频设备、照明系统、窗帘控制、空调控制、安防系统、数字影院系统、网络家电以及三表抄送等)连接到一起，提供家电控制、照明控制、窗帘控制、电话远程控制、室内外遥控、防盗报警、环境监测、暖通控制、红外转发以及可编程定时控制等多种功能和手段。

实践项目　调研周边用户接入业务种类及使用情况

实践目的：熟悉目前常用的接入业务种类。

实践要求：每位学生通过调研、搜集网络数据等方式独立完成。

实践内容：

(1) 调研接入业务种类。

(2) 调研智能家居业务使用情况。

任务 1.3　常见有线接入技术

【任务要求】

识记：光纤接入实现方案及技术特点。

领会：ADSL 技术及 HFC 技术的实现及特点。

1.3.1　ADSL 技术

1．ADSL 概述

ADSL 是一种非对称数字用户环路技术。

ADSL 技术的主要特点是可以充分利用现有的铜缆网络(电话线网络)，在线路两端加装

ADSL 设备即可为用户提供上行 640 kb/s、下行 8 Mb/s 的高宽带服务。ADSL 技术的另外一个优点在于它可以与普通电话共存于一条电话线上，在一条普通电话线上接听、拨打电话的同时进行 ADSL 传输而又互不影响。

2. ADSL 系统模型

ADSL 接入系统基本结构由局端设备和用户端设备组成。ADSL 接入系统模型如图 1-9 所示。

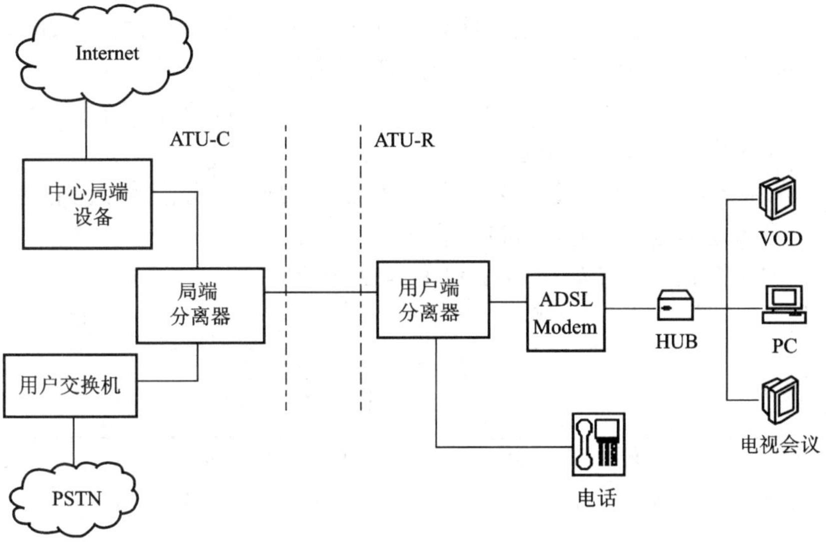

图 1-9　ADSL 接入系统模型

局端设备包括在中心机房的 ADSL Modem(即 ATU-C 局端收发模块)和局端分离器；用户端设备包括用户 ADSL Modem(即 ATU-R 用户端收发模块)和用户端分离器，ADSL Modem 功能是对用户的数据包进行调制和解调，并提供数据传输接口。

局端通常是将多个 ATU-C 模块集成在 DSLAM 设备中的一张线路卡内成为 ATU-C 局端卡，不同的局端卡与网管卡可以同时插入 DSLAM 接入平台上。DSLAM 的功能是接纳所有的 DSL 线路，汇聚流量，相当于一个二层交换机。

信号分离器是用来将电话线路中的高频数字信号和低频语音信号分离的设备。它一般有 3 个端口，由一个双向低通滤波器和一个双向高通滤波器组合而成，如图 1-10 所示。

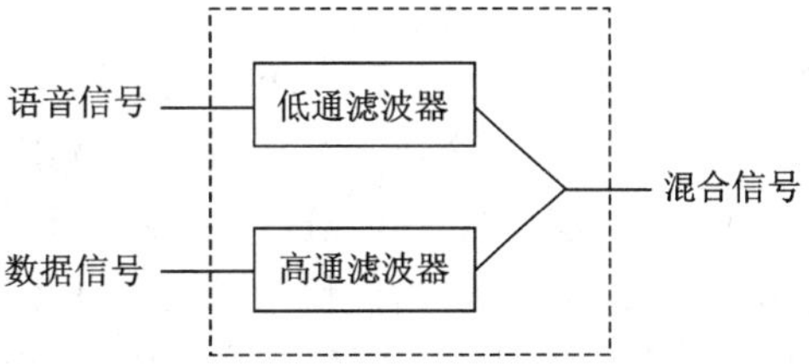

图 1-10　信号分离器

信号分离器在一个方向上组合两种信号，而在另一个方向上则将这两种信号分离。其中：低通滤波器用于传输语音信号，抑制数据信号传输的干扰；高通滤波器用于传输数据信号，抑制语音信号传输的干扰。

用户环路主要由 UTP(非屏蔽双绞线)组成。UTP 对信号的衰减主要与传输距离和信号的频率有关，如果信号传输超过一定距离，信号的传输质量将难以保证。同时，线路上的桥接抽头也将增加对信号的衰减。因此，线路衰减是影响 ADSL 性能的主要因素。

ADSL 工作模式分两种情况：第一种，ADSL 工作在全速率模式(Full Rate)下，电话的瞬变杂音(如摘挂机)会干扰 ADSL 的运作。为了防止这类情况发生，必须加装一个小型外置式分离器。第二种，ADSL 工作在 G.Lite 模式下，最大传输速率会降低，但可以省掉用户分离器设备。

3. ADSL 关键技术

1) ADSL 复用技术

ADSL 采用频分复用(FDM)技术或回波消除(Echo Cancellation，EC)技术实现在电话线上分隔有效带宽，从而产生多路信道，使频带得到复用，可用带宽大大增加。ADSL 采用的这两种复用技术都是将双绞线 0～4 kHz 的频带用来传输电话信号。

FDM 技术将双绞线剩余频带划分为两个互不相交的频带，其中一个频带作为数据下行通道，另一个频带作为数据上行通道。

EC 技术将双绞线剩余频带划分为两个相互重叠的频带，分别用于上行通道和下行通道，重叠的频带通过本地回波消除器将其分开。

FDM 与 EC 的复用示意图如图 1-11 和图 1-12 所示。

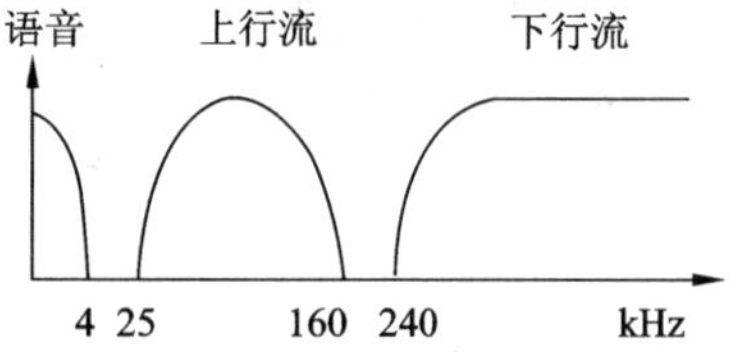

图 1-11　FDM 复用示意图

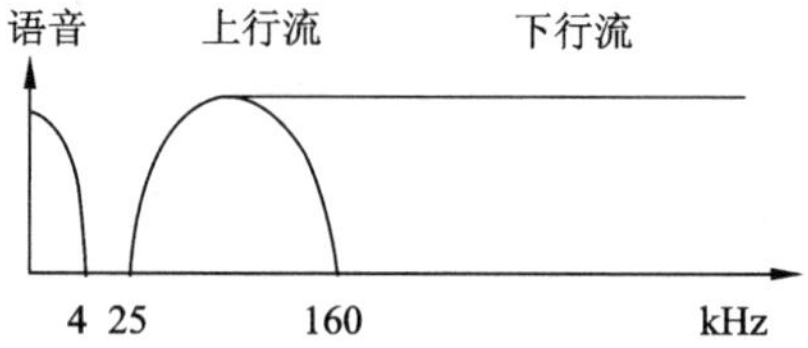

图 1-12　EC 复用示意图

2) ADSL 调制技术

ADSL 产品中广泛采用的线路编码调制技术有 3 种：QAM、CAP、DMT。其中，DMT 调制技术已被 ITU-T 采用，定为 ADSL 的标准方式。

4. ADSL 技术发展

随着 ADSL 技术在全球范围的大规模推广以及针对于 DSL 技术的应用和服务的不断推出， ADSL 在接入速率、传输距离、抗线路损伤和射频干扰能力等方面的不足逐渐显露出来。为了继续保持其强劲的技术竞争力，在原 ADSL(ITU G.992.1/ITU G.992.2)规范的基础之上，在相关运营商、设备厂商的支持推动下，2002 年 5 月，ITU-T 会议上通过了新一代 ADSL 标准，其中包括了 ADSL2(ITU G.992.3)和无分离器 ADSL2(ITU G.992.4)；在 2003 年 1 月举行的 ITU-T 会议上又通过了 ADSL2 基础上改进的 ADSL2+ (ITU G.992.5)标准。

ADSL2 是在第一代 ADSL 的基础上发展起来的，通过提高调制效率、减小帧开销、提高编码增益、改进初始化状态机、采用更高级的信号处理算法等措施使 ADSL2 系统的传输性能有了进一步改善。相对于第一代 ADSL，在相同的传输距离下，ADSL2 可以获得 50 kb/s 的速率；在相同的传输速率下，ADSL2 可以使传输距离延长 183 m。

ADSL 标准规定，下行和上行速率至少要分别达到 6 Mb/s 和 640 kb/s；而 ADSL2 标准要求下行速率至少达到 8 Mb/s、上行速率达到 800 kb/s，其理论最高下行速率可以达到 12 Mb/s，最高上行速率可以达到 1.2 Mb/s 左右。

ADSL2+ 标准在 ADSL2 的基础上又进行了扩展，通过增加下行频谱的方式提高了子载波数的数目，因此 ADSL2+ 支持的下行速率可达 16 Mb/s，上行速率可达 800 kb/s；同时还可以支持更高的速率，下行最大传输速率可达 25 Mb/s。

1.3.2 以太网技术

以太网是一种基带局域网技术，以太网通信是一种使用同轴电缆或网线(双绞线)作为网络媒体，采用载波多路访问和冲突检测机制的通信方式，数据传输速率达到 1 Gb/s，可满足非持续性网络数据传输的需要。

1. 以太网原理

以太网中所有的站点共享一个通信信道，在发送数据的时候，站点将自己要发送的数据帧在这个信道上进行广播，以太网上的所有其他站点都能够接收到这个帧，它们通过比较自己的 MAC 地址和数据帧中包含的目的地 MAC 地址来判断该帧是否是发往自己的，一旦确认是发给自己的，则复制该帧作进一步处理。

因为多个站点可以同时向网络上发送数据，所以在以太网中使用了 CSMA/CD 协议来减少和避免冲突。需要发送数据的工作站先侦听网络上是否有数据在发送，如果有且只有检测到网络空闲时，工作站才能发送数据。当两个工作站发现网络空闲且同时发出数据时，就会发生冲突。这时，两个站点的传送操作都会遭到破坏，工作站进行退避操作。退避时间的长短遵照二进制指数随机时间退避算法来确定。

2. 以太网设备

集线器：称为 Hub，是局域网中使用的连接设备，它具有多个端口，可连接多台计算机。集线器的主要功能是对接收到的信号进行再生整形放大，以扩大网络的传输距离，同时把所有节点集中在以它为中心的节点上。它工作于 OSI(开放式系统互联)参考模型第一层，即“物理层”。

中继器：工作在物理层上的连接设备，可以把电缆中的信号放大再传送到下一段。中继器最多连接 5 个网段，但是只能有 4 个设备(即一个网段最多可以接 4 个中继器)。

网桥：也叫桥接器，是连接两个局域网的一种存储/转发设备，它能将一个大的 LAN 分割为多个网段，或将两个以上的 LAN 互联为一个逻辑 LAN，使 LAN 上的所有用户都可以访问服务器。

交换机：一种用于电信号转发的网络设备。它可以为接入交换机的任意两个网络节点提供独享的电信号通路。最常见的交换机是以太网交换机。

交换机的主要功能包括物理编址、网络拓扑结构、错误校验、帧序列以及流控。目前，交换机还具备了一些新的功能，如对 VLAN(虚拟局域网)的支持、对链路汇聚的支持，甚至有的还具有防火墙的功能。

3. 技术分类

快速以太网(Fast Ethernet)：也就是百兆以太网，它是基于扩充的 IEEE 802.3 标准的。

千兆位以太网：一种新型高速局域网，它可以提供 1 Gb/s 的通信带宽，采用和传统 10 M、100 M 以太网同样的 CSMA/CD 协议、帧格式和帧长，因此可以实现在原有低速以太网基础上平滑、连续性的网络升级。千兆位以太网只用于 Point to Point(点到点)，连接介质以光纤为主，最大传输距离已达到 80 km，可用于 MAN 的建设。

万兆以太网技术：与千兆以太网类似，仍然保留了以太网帧结构。它可以通过不同的编码方式或波分复用提供 10 Gb/s 传输速度。

1.3.3　光纤接入技术

光接入网(OAN)泛指在本地交换机与用户之间全部或部分采用光纤作为传输媒质的一种接入网。OAN 的引入首先是为了减少铜缆网的维护运行费用和故障率，其次是为了支持开发新业务，特别是多媒体和宽带新业务，最后是为了改进用户接入性能。在铜缆上的传输业务经常会受到各种干扰和距离的限制，用户接入速率一般不会很高，传输距离通常也受限在 10 km 以内；而光纤接入网，在技术上远比铜缆优越，受环境干扰和距离限制远没有铜缆网强，而且速率还可远高于传统的铜缆，具有非常明显的发展潜力。

1．光接入网分类

1) 按网络结构不同分类

按网络结构不同，可将光接入网分为点到点接入和点到多点接入。

(1) 点到点(P2P)接入方式。

点到点的接入技术有两种使用方式：点到点以太接入和小区交换机接入。

点到点以太接入方式如图 1-13 所示。这种接入方式从局端到用户端需要铺设 2N 根光纤和 2N 个光收发器，成本高，管理独立。

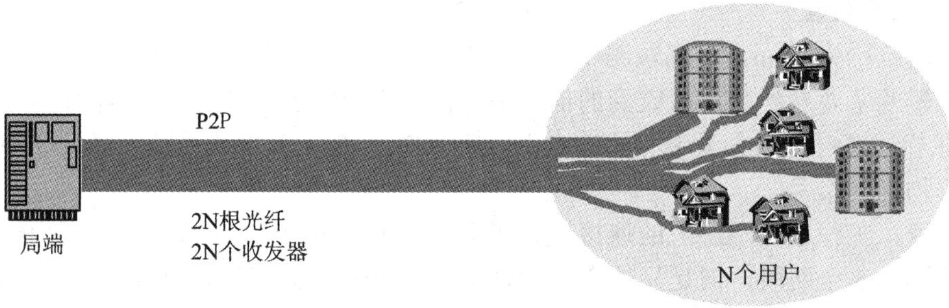

图 1-13　点到点以太接入示意图

小区交换机接入方式如图 1-14 所示。这种接入方式只需要铺设 1 根或 2 根光纤到小区，小区到用户铺设 2N 根光纤、2N+2 个光收发器。设备占用局端机房空间小，在传输过程中需要有源设备，设备采用分级管理，因此周围环境变化对网络设备的稳定性有较大影响。

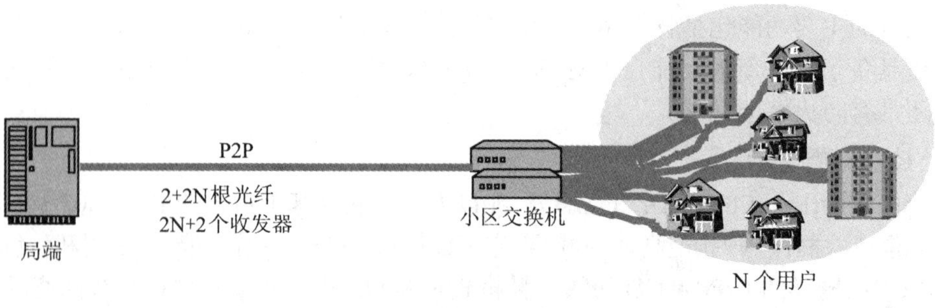

图 1-14　小区交换机接入示意图

(2) 点到多点接入方式，如图 1-15 所示。

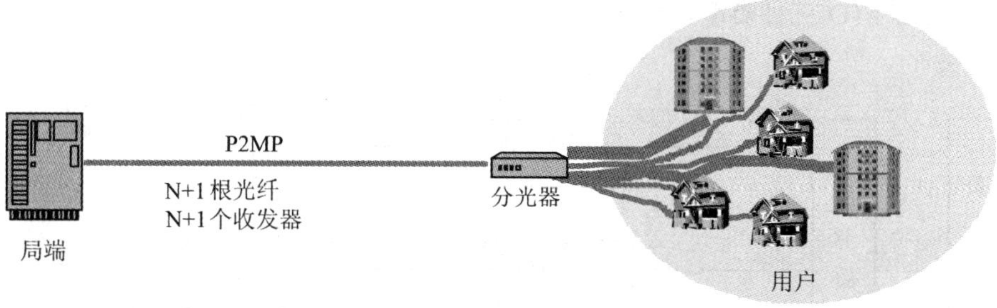

图 1-15　点到多点接入示意图

这种方式只需铺设 1 根或 2 根光纤到小区，小区到用户铺设 N 根光纤，需要 N+1 个光收发器。设备占用局端机房间空间小，信号在传输过程中不经过有源电子器件，因此故障点减少，可靠性提高，运营维护成本降低。

2) 按室外传输网络中是否含有源设备分类

按室外传输网络中是否含有源设备，可将光接入网分为有源光网络(AON)和无源光网络(PON) 两大类。

(1) 有源光网络(AON)。

有源光网络主要采用电复用器分路，即本地交换机与用户之间通过有源光传输设备相连。根据传输技术不同，AON 又可分为基于 SDH 的 AON、基于 PDH 的 AON、基于 MSTP 和基于 PPPoE 的 AON。有源光网络具有以下技术优势：

① 传输容量大。目前用在接入网的 SDH 传输设备一般提供 155 Mb/s 或 622 Mb/s 的接口，有的甚至提供 2.5 Gb/s 的接口。将来只要有足够的业务量需要，传输带宽还可以增加。

② 传输距离远。在不加中继设备的情况下，传输距离可达 70～80 km。

③ 用户信息隔离度好。有源光网络的网络拓扑结构无论是星型还是环型，从逻辑上看，用户信息的传输方式都是点到点方式。

④ 技术成熟。无论 SDH 设备还是 PDH 设备，均已在以太网中大量使用。

⑤ 成本比 PON 高。虽然 SDH 技术在骨干传输网中大量使用，有源光接入设备的成本已大大下降，但在接入网中与其他接入技术相比，其成本还是比较高的。

(2) 无源光网络(PON)。

无源光网络主要采用光分路器分路，它是指在光线路终端与光网络单元之间的光分配网络没有任何有源电子设备。1983 年，BT 实验室首先发明了 PON 技术。PON 是一种纯介质网络，由于消除了局端与用户端之间的有源设备，因此它能避免外部设备的电磁干扰和雷电影响，减少线路和外部设备的故障率，提高系统的可靠性，同时可节省维护成本，是电信维护部门长期期待的技术。PON 的业务透明性较好，原则上可适用于任何制式和速率的信号。目前，基于 PON 的实用技术主要有 APON/BPON、GPON、EPON/GEPON、10G PON 等几种，其主要差异在于采用了不同的二层技术。

3) 按光接入网中光网络单元放置的位置分类

根据光接入网中光网络单元放置的具体位置不同，光接入网可分为光纤到路边(FTTC)、光纤到小区(FTTZ)、光纤到用户所在地(FTTP)、光纤到楼(FTTB)、光纤到楼层(FTTF)、光纤到节点(FTTN)、光纤到办公室(FTTO)和光纤到家(FTTH)等几种，但主要应用的是 FTTB、

FTTC、FTTH/FTTO 三种类型，如图 1-16 所示。

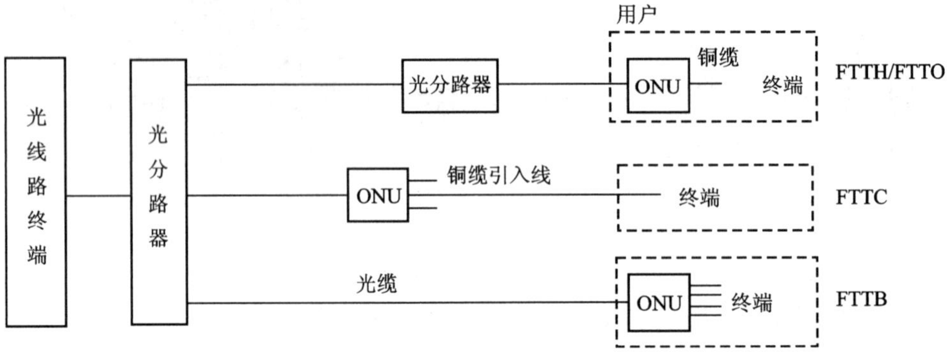

图 1-16　光接入网的应用类型

(1) 光纤到路边(FTTC)。

FTTC 主要是为住宅用户提供服务的，光网络单元(ONU)可设置在路边的人孔或电线杆上的分线盒处，也可设置在交接箱处。传送窄带业务时，ONU 到各用户间采用普通双绞线铜缆；传送宽带业务时，ONU 到用户间可采用五类线或同轴电缆。FTTC 结构主要适用于点到点或点到多点的树枝分支拓扑，用户为居民住宅用户和小企事业用户，典型用户数在 128 个以下。

(2) 光纤到楼(FTTB)。

FTTB 主要用于综合大楼、远程医疗、远程教学及大型娱乐场所，为大中型企事业单位及商业用户服务，提供高速数据、电子商务、可视图文等宽带业务。FTTB 是一种点到多点结构，其 ONU 设置在大楼内的配线箱处，再经多对双绞线将业务分送给各个用户。

FTTB 可看作是 FTTC 的衍生类型，其光纤化程度比 FTTC 更进一步，光纤已敷设到楼，因而更适合高密度用户区，也更接近长远发展目标。FTTB 会获得越来越广泛的应用，特别是那些新建工业区或居民楼以及与宽带传输系统共处一地的场合。

(3) 光纤到家(FTTH)和光纤到办公室(FTTO)。

FTTH 是将 FTTC 结构中设置在路边的 ONU 换成无源光分路器，然后将 ONU 放置在用户住宅内，为家庭用户提供各种综合宽带业务，但用户业务量需求很小，其经济结构是点到多点方式。FTTH 接入网是全透明的光网络，对传输制式、带宽、波长和传输技术没有任何限制，适合引入新业务，是一种最理想的网络，是光接入网发展的长远目标。但是，每一个用户都需要一对光纤和专用的 ONU，因而成本昂贵，实现起来非常困难。

FTTO 结构与 FTTH 结构类似，不同之处是将 ONU 放在大企事业用户(公司、大学、科研究所和政府机关等)终端设备处，并能提供一定范围的灵活业务。由于大企事业单位所需业务量较大，因此 FTTO 在经济上比较容易成功，发展很快。FTTO 也是一种纯光纤连接网络，可将其归入与 FTTH 同类的结构中。但要注意，两者的应用场合不同，结构特点也不同。

2. 光接入网的传输技术

光接入网的传输技术主要解决 OLT 和多个 ONU 间上、下行信号的正确传输问题，最关键的是解决上行信道的使用问题。

在有源光接入网中，OLT 与 ONU 之间通过有源传输设备相连，传输技术是骨干网中大量采用的 SDH 和 PDH 技术，但以 SDH 技术为主。SDH 具有自愈能力，维护、控制、管理功能强，标准统一，便于传输更高速率的业务。

在无源光接入网中，OLT 至 ONU 的下行信号传输较简单，一般是在 OLT 中采用时分复用方式，将送往各 ONU 的信号复用后送至光纤，并通过光分路器进行功率分路，以广播方式送至各个 ONU，各 ONU 在规定时隙接收属于自己的信息。ONU 至 OLT 的上行信号传输比较复杂，多个 ONU 共享一根光纤，而且每个 ONU 发送信号是突发的。因此，为了避免上行信号间碰撞，需要一定信道分配策略，保证任意时刻只能有一个 ONU 发送信号，各 ONU 之间轮流发送，以实现传输信道共享。在 OAN 中，通常采用的传输技术有下列几种。

(1) 空分复用(SDM)。

空分复用技术是指上行信号和下行信号使用不同的光纤分开传输的技术。这种技术传输性能最佳，实现也最简单，但与单纤传输方式相比，成本高，安装和维护较复杂。

(2) 时分复用(TDM)/时分多址(TDMA)。

时分复用技术是指在同一个光载波波长上，将时间分割成周期性的帧，每帧再分割成若干个时隙，并按一定的时隙分配原则，使每个 ONU 在指定时隙内以分组方式向 OLT 发送信号的技术。基于 TDM/TDMA 的 PON 原理示意图如图 1-17 所示。

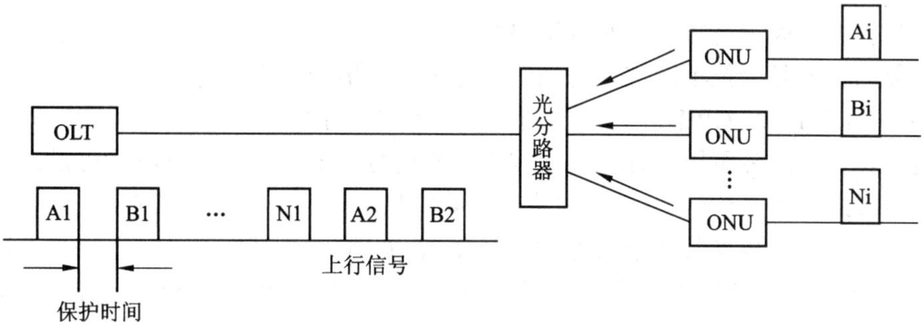

图 1-17　基于 TDM/TDMA 的 PON 原理示意图

TDM/TDMA 技术所用器件相对简单，技术上也相对成熟。但在实际组网时，由于各个 ONU 与 OLT 之间的距离不同，上行传输时必然引起各 ONU 信号到达光分路器和 OLT 的相位及幅度不同。为此，要求 OLT 必须具备一整套完善的测距系统，以防止信号在光分路器处出现碰撞；必须具有快速比特同步电路，保证 OLT 在每个分组信号开始的几个比特时间内迅速建立比特同步；采用突发模式的光接收机，才能根据每一个分组信号开始的几个比特信号幅度大小迅速建立合理的判决门限，正确还原出该组信号。

(3) 时间压缩复用(TCM)/时间压缩多址(TCMA)。

时间压缩复用技术是指利用一根光纤，传输时不断改变收、发方向，使两个方向的信号以脉冲串的形式轮流在同一根光纤中传输的技术。基于 TCM/TCMA 的 PON 原理示意图如图 1-18 所示。

TCM/TCMA 的工作原理是：OLT 将下行信号先经过时分复用技术形成下行脉冲串，再放入发送缓存器中进行时间压缩，最后在规定时间内送到光纤上传输；经光分路器后以广播方式送给 ONU，各个 ONU 依次取出属于自己的信号；在随后的时间段内，各 ONU 依次在属于自己的时隙内以突发方式向 OLT 发送信号，形成上行脉冲串。待其发送完毕，OLT 又开始发送下一个下行脉冲串，如此循环下去。

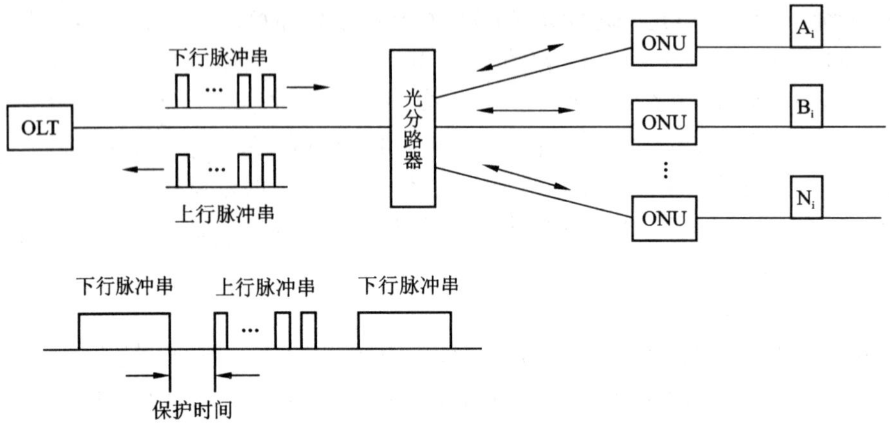

图 1-18　基于 TCM/TCMA 的 PON 原理示意图

TCM/TCMA 技术的特点是：用一根光纤实现双向传输，节约了光纤、光分路器和活动连接器等，而且网管系统判断故障比较容易；但 OLT 和 ONU 的电路较复杂，传输速率不能太高。

(4) 波分复用(WDM)/波分多址(WDMA)。

波分复用技术是指把不同波长的光信号复用到一根光纤中进行传送的技术，它可细分为 CWDM 和 DWDM。CWDM 是指不同窗口的光波进行复用，DWDM 是指同一窗口的多个光波复用。根据波分复用原理，不同波长的光信号只要相隔一定间隔就可以共享同一根光纤传输而彼此互不干扰。在 OAN 中将各个 ONU 的上行传输信号分别调制为不同波长的光信号，送到光分路器并耦合进入光纤中传输，在 OLT 处再利用 WDM 器件分出属于不同 ONU 的光信号，最后通过光/电检测器解调为电信号。基于 WDM/WDMA 的 PON 原理示意图如图 1-19 所示。

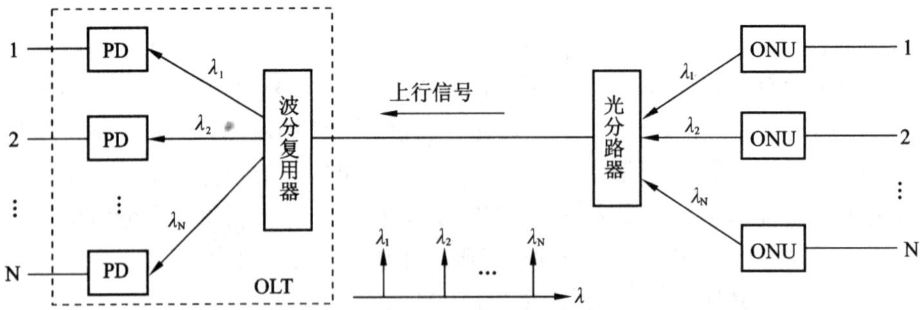

图 1-19　基于 WDM/WDMA 的 PON 原理示意图

WDM 技术的主要优点是：可以充分利用光纤的巨大带宽资源，增加光纤的传输容量；在单根光纤上实现双向传输，节省线路资源；降低了对器件的超高速要求；由于波分复用通道对数据格式具有透明性，能方便地进行网络扩容，从而引入宽带新业务。缺点是：对光源的波长稳定度要求很高，上行信道数受到限制，不能共享 OLT 设备；因为每个波长都需要光发射器和检测器，所以成本较高。

(5) 码分复用(CDM)/码分多址(CDMA)。

CDM 的基本原理是：给每一个 ONU 分配一个唯一的正交码作为地址码，并将各 ONU 的上行信号与其进行模二加，再去调制具有相同波长的激光器，经分路器合路后送到光纤传输。OLT 接到信号后通过光探测器接收、放大和模二加等过程恢复各个 ONU 送来的信号。基于 CDM/CDMA 的 PON 原理示意图如图 1-20 所示。

这种技术的主要特点是：用户地址分配灵活，抗干扰能力强，保密性能好，各 ONU 可灵活接入。但该方式系统容量受到一定限制，频谱利用率低。

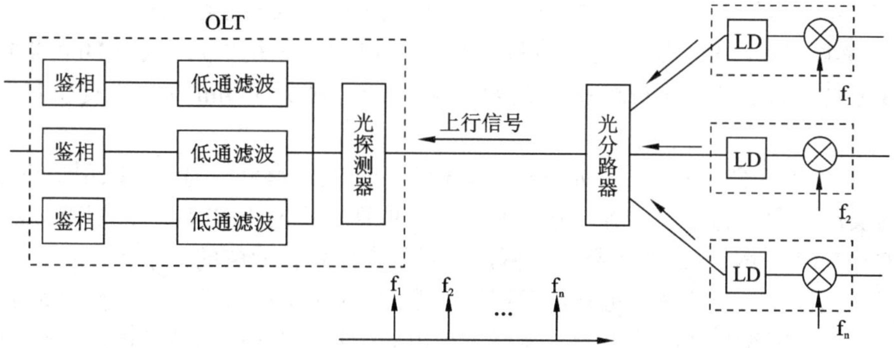

图 1-20　基于 CDM/CDMA 的 PON 原理示意图

(6) 副载波复用(SCM)/副载波多址(SCMA)。

SCM 技术将上行信号和下行信号分别安排在不同频段，在同一根光纤中完成双向传输任务。下行信号一般采用 TDM 方式的基带传输形式，安排在低频段；上行信号采用 SCM/SCMA 方式，安排在较高频段。

SCM/SCMA 技术是指除光波外，多路信号还采用了在电载波上进行调制的复用技术。一般情况下，SCM/SCMA 系统是以射频波或微波作为副载波。各个 ONU 的上行信号先对不同频率的副载波分别进行电调制，再去调制具有相同波长的激光器，经分路器合路后送入光纤传输。OLT 接收光信号，经光/电变换、放大、滤波和解调后还原出各个 ONU 送来的上行信号。基于 SCM/SCMA 的 PON 原理示意图如图 1-21 所示。

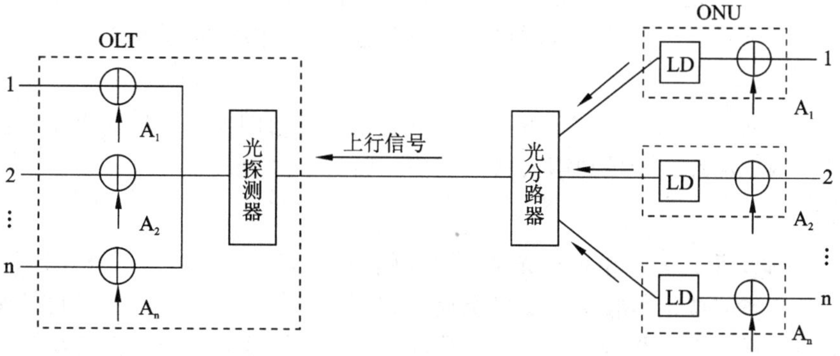

图 1-21　基于 SCM/SCMA 的 PON 原理示意图

SCM 技术的主要优点是：技术成熟，电路简单，易于实用化；各信道彼此独立，不需要复杂的同步技术；所需要的光器件较少，增加/减少一路 ONU 较方便。缺点是：由于各个 ONU 与 OLT 之间距离不同，将导致各路间接收到的光功率相差较大，容易引起严重的相邻信道干扰，影响系统性能。

3．光接入网的特点

光接入网技术与其他接入技术(如铜双绞线、同轴电缆、无线等)相比，其具体优点表现如下：

① 传输速率高。现在采用的光纤波分复用技术可使一根光纤的传输容量加大到 Tb/s 级，4 光路的 WDM 技术可以使一根光纤同时传输 40 Gb/s 信息量；100 光路的 WDM 技术可以使一根光纤同时传输 1 Tb/s 信息量。这是其他有线接入网无法比拟的。

② 功率增益高，频率宽。现代的 WDM/DWDM 光纤系统中采用了 EDFA 掺铒光纤放大器，能够使带宽从 20～30 nm 扩展到 80～100 nm，对 1550 nm 窗口上提供足够的功率增益。

③ 适合各种综合业务。因为光纤接入有极高的传输速率和带宽，所以用户可以通过光纤接入网实现各种信息传输业务，它有利于公用电话交换网(PSTN)、互联网(Internet)和有线电视(CATV)“三网合一”。光纤接入网能满足用户对各种业务的需求。

④ 传输质量高。光纤通信可以克服铜线电缆无法克服的一些限制因素，例如光纤损耗、频带宽，解除了铜线直径小的限制；光纤不受电磁干扰，保证了信号传输质量；用光缆代替铜线，可以解决城市地下通信管道拥挤的问题。

当然，与其他接入技术相比，光接入网也存在一定的劣势，主要表现在如下几个方面：一是成本较高，尤其是光节点离用户越近，每个用户分摊的接入设备成本就越高；二是与无线接入相比，光纤接入网还需要管道资源，配置也较复杂。但采用光接入网是光纤通信发展的必然趋势，光纤到户是公认的接入网发展目标。

1.3.4 HFC 技术

1．定义

HFC(混合光纤同轴网)是指光纤/同轴电缆混合接入网，即先采用光纤到服务区，然后“最后一公里”采用同轴电缆。

HFC 的主要优点是基于现有的有线电视网络，提供窄带、宽带及数字视频业务，成本较低；缺点是必须对现有有线电视网进行双向改造，以提供双向业务传送。

2．组成

HFC 主要由前端设备、光纤、光节点、同轴电缆传输网和用户终端设备等组成。传输网络分为馈线网、配线网和用户引入线三部分，如图 1-22 所示。

1) 馈线网

HFC 的馈线网是指前端设备至光节点之间的干线部分。

前端设备负责完成信号收集、交换及信号调制与混合，并将混合信号传输至光纤。目前，应用的主要设备有调制器、变频器、数据调制器、信号混合器、激光发射机等。

光节点负责将光信号转换为电信号，并将电信号放大传输至同轴电缆网络。

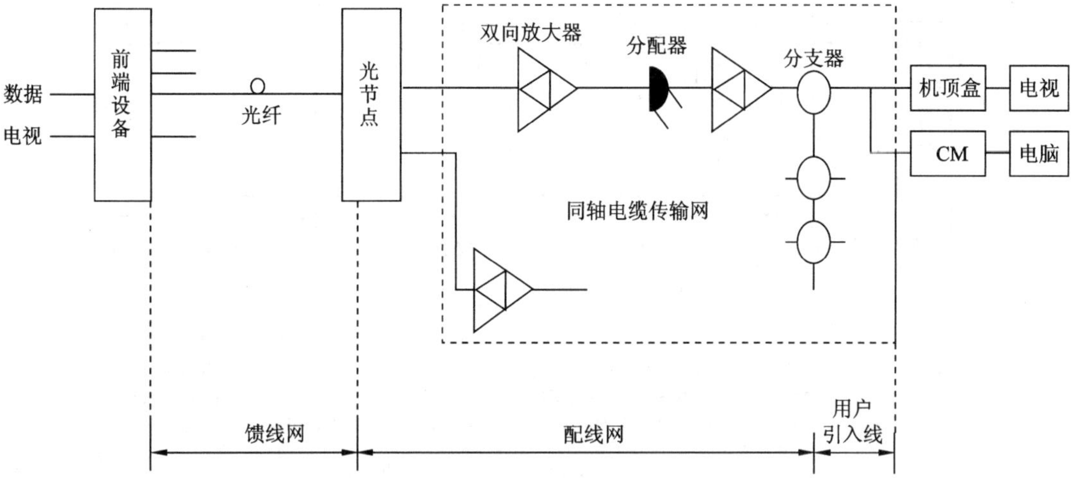

图 1-22　HFC 网络结构

2) 配线网

配线网是指服务区光节点与分支点之间的部分，采用与传统 CATV 相同的树形-分支同轴电缆网络。

3) 用户引入线

用户引入线指分支点至用户端设备之间的部分。与传统 CATV 相同，分支点的分支器是配线网与用户引入线的分界点。分支器是信号分路器和方向耦合器结合的无源器件，负责将配线网送来的信号分配给每一用户。

与配线网使用的同轴电缆不同，引入线电缆采用灵活的软电缆形式以适应住宅用户的线缆敷设条件，以及作为电视、录像机、机顶盒之间的跳线连接电缆。

3. HFC 频谱分配

在 HFC 网络中，由于同轴电缆分配网实现双向传输只能采用频分复用方式，故在频谱资源十分宝贵的情况下，必须考虑上、下行频率的分割问题。

实际 HFC 系统所用标称频带为 750 MHz、860 MHz 和 1000 MHz，目前用得最多的是 750 MHz 系统。几种典型的 HFC 频谱划分示意图如图 1-23 所示。

以我国 HFC 频带划分为例，根据 GY/T106—1999 标准的最新规定，在 HFC 网中，低端的 5～65 MHz 频带为上行数字传输通道，通过 QPSK 和 TDMA 等技术提供非广播数据通信业务。65～87 MHz 为过渡带。

87～1000 MHz 频带均用于下行通道。其中：87～108 MHz 频段为 FM 广播频段，提供普通广播电视业务；108～550 MHz 用来传输现有的模拟电视信号，采用残留边带调制(VSB)技术，每一通路的带宽为 6～8 MHz，因而总共可以传输各种不同制式的电视信号 60～80 路。

550～750 MHz 频段采用 QAM 和 TDMA 技术提供下行数据通信业务，允许用来传输附加的模拟电视信号或数字电视信号，但目前倾向用于双向交互型通信业务，特别是电视点播业务。

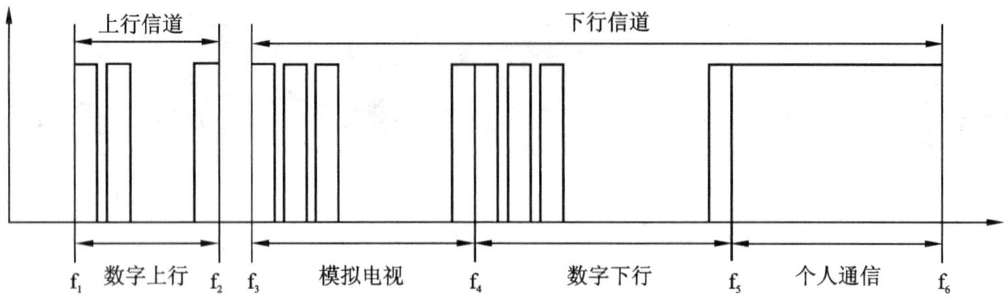

	f_1	f_2	f_3	f_4	f_5	f_6
北美	5 MHz	42 MHz	88 MHz	550 MHz	860 MHz	1000 MHz
欧洲	5 MHz	65 MHz	108 MHz	550 MHz	862 MHz	1000 MHz
中国	5 MHz	65 MHz	87 MHz	550 MHz	750 MHz	1000 MHz
日本	5 MHz	48 MHz	88 MHz	550 MHz	860 MHz	1000 MHz

图 1-23　HFC 频谱划分示意图

高端的 750～1000 MHz 段已明确仅用于各种双向通信业务，其中两个 50 MHz 频带可用于个人通信业务，其他未分配的频段可以有各种应用以及应付未来可能出现的其他新业务。

实践项目　调研周边小区家庭所用宽带接入方式

实践目的：熟悉目前常用的接入技术种类。

实践要求：每位学生通过调研、搜集网络数据等方式独立完成。

实践内容：

(1) 了解 3～5 个小区用户上网的方式。

(2) 画出对应的接入方式组网示意图。

过 关 训 练

一、填空

1. 接入网的概念是由英国电信于(　　　)年首先提出的。

2. 公用电信网按功能划分包括(　　　　　)、(　　　　)和(　　　　　)三部分。

3. 接入网所覆盖的范围可由(　　　)个接口来定界，即网络侧经由(　　　　　　)接口与业务节点相连，用户侧经由(　　　　　　)接口与用户相连，管理方面则经(　　　　)接口与电信管理网相连。

4. IP 接入网主要有(　　　　　　)、(　　　　　　)、(　　　　　　)三大功能。

5. 按传输介质的不同，接入网可分为(　　　　　　)和(　　　　　　)两大类。

6. 有线接入网分为(　　　　　)和(　　　　　)两类。

7. 在以太网中使用(　　　　　)协议来减少和避免冲突。

8. 按室外传输网络中是否含有源设备，光接入网可分为(　　　　)和(　　　　)两大类。

9. HFC 系统中传输网络由(　　　　　)、(　　　　　)和(　　　　　)三部分组成。

10．根据 GY/T106—1999 标准的最新规定，在 HFC 网中，低端的 5～65 MHz 频带为(　)，通过(　　)和(　　)等技术提供非广播数据通信业务；65～87 MHz 为过渡带；87～108 MHz 频段为(　　　　　)，提供(　　　　　　　)业务；108～550 MHz 用来传输(　　　　　)，采用(　　　　　　)技术；550～750 MHz 频段采用(　　　　)和(　　　　)技术，提供(　　　　)业务。

二、判断

1．G.902 建议具有复用、连接、运送功能，无交换和计费功能，不解释用户信令。(　　)

2．Y.1231 建议除具有复用、连接、运送功能，还具有交换和计费功能，解释用户信令。(　)

3．Y.1231 建议对接入网的管理由电信能管理网络实现。(　　)

4．G.902 建议具有独立且统一的 AAA 用户接入管理模式。(　　)

5．ADSL 技术可以充分利用现有的铜缆网络。(　　)

6．ADSL 是一种上、下传输速率相等的 DSL 技术。(　　)

7．在 ADSL 中，传输距离越远，速率越高。(　　)

8．接入网成本与用户位置及业务量有关。(　　)

9．集线器是工作在物理层上的连接设备。(　　)

10．PON 是无源光网络，不包含任何有源设备。(　　)

三、选择

1．接入网的接口有(　　)。

A．SNI　　B．UNI

C．RP　　D．Q3

2．ADSL 采用(　　)技术实现在电话线上分隔语音和数据业务。

A．FDM　　B．TDM

C．EC　　D．QAM

3．ADSL 产品中广泛采用的线路编码调制技术有(　　)。

A．FDM　　B．QAM

C．CAP　　D．DMT

4．ADSL 技术最高速率可达到(　　)。

A．6 Mb/s　　B．8 Mb/s

C．12 Mb/s　　D．25 Mb/s

5．分离器或滤波器是利用语音信号和 ADSL 数据信号在(　　)上的差别将它们分开的。

A．时间　　B．频率

C．速率　　D．时间和频率

6．根据光接入网中光网络单元放置的具体位置不同，光接入网可分为(　　)。

A．FTTH　　B．FTTB

C．FTTC　　D．FTTN

7．光接入网的特点有(　　)。

A．传输速率高　　B．功率增益高、频率宽

C．传输质量高　　D．适合各种综合业务

8．接入网支持的业务有(　　)。

A．普通电话业务　　B．Internet 业务

C．IPTV 业务　　D．DDN 专线业务

9．电信接入网与核心网相比有非常明显的区别，具有以下(　　)特点。

A．接入网结构变化大、网径大小不一

B．接入网支持各种不同的业务

C．接入网技术可选择性大、组网灵活

D．接入网成本与用户有关、与业务量基本无关

10．在下列频段中用于传送数字电视信号的是(　　)。

A．110～550 MHz　　B．750～1000 MHz

C．550～750 MHz　　D．860～1000 MHz

模块二 IP 网络基础

在宽带数据通信网发展的今天，对于信息共享和信息传递应用的迫切需求，IP 网络技术已经渗透到数据通信技术的各个层次，或者说，现今的数据通信技术已经与 IP 网络技术密不可分。因此本模块是学习接入网的必备基础知识。

【主要内容】

本模块包括 6 个任务，分别为 TCP/IP 协议模型、IP 地址、交换机、路由器、宽带接入服务器等。

【重点难点】

重点是 IP 地址、交换机、宽带接入服务器的相关知识，难点是路由器的配置。

任务 2.1 协议模型

【任务要求】

识记：OSI 参考模型、TCP/IP 协议模型等分层情况，各层常用协议。

领会：OSI 七层模型各层的功能、TCP/IP 协议模型各层数据包结构及 TCP/IP 工作流程。

2.1.1 OSI 参考模型

OSI 参考模型即开放式系统互联参考模型，是 ISO(国际标准化组织)组织在 1985 年研究的网络互联模型。

OSI 参考模型定义了开放系统的层次结构、层次之间的相互关系及各层所包含的服务。OSI 分层结构如图 2-1 所示。

OSI 参考模型采用分层结构化技术，将整个网络的通信功能分为 7 层，由低层至高层分别是物理层、数据链路层、网络层、传输层、会话层、表示层、应用层。

OSI 参考模型中不同层完成不同的功能，并且各层相互配合通过标准的接口进行通信。

分层原则如下：

(1) 网络中各节点都有相同的层次；

(2) 不同节点的同等层具有相同的功能；

(3) 同一节点内相邻层之间通过接口通信；

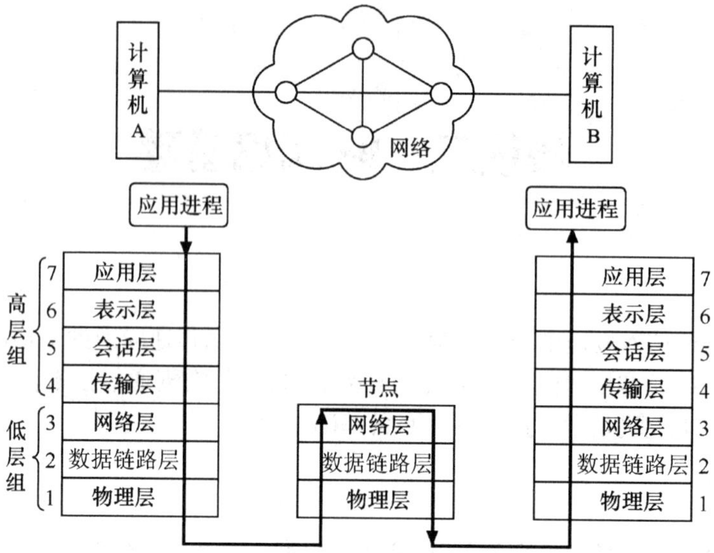

图 2-1 OSI 分层结构

(4) 每一层使用下层提供的服务，并向其上层提供服务；

(5) 不同节点的同等层按照协议实现对等层之间的通信。

分层的好处是：可以利用层次结构把开放系统的信息交换问题分解到不同的层中，各层根据需要独立进行修改或扩充；同时，有利于不同制造厂家的设备互连，也有利于学习、理解数据通信网络。

在 OSI 参考模型中，各层的数据并不是从一端的第 N 层直接送到另一端的，而是第 N 层的数据在垂直的层次中自上而下地逐层传递至物理层，在物理层的两个端点进行物理通信，这种通信称为实通信；而对等层由于通信并不是直接进行，因此称为虚拟通信。

2.1.2 TCP/IP 协议参考模型

TCP/IP 协议参考模型与 OSI 参考模型类似，分为 4 个层次：应用层、传输层、网际层和网络接口层。OSI 与 TCP/IP 结构的对比如图 2-2 所示。

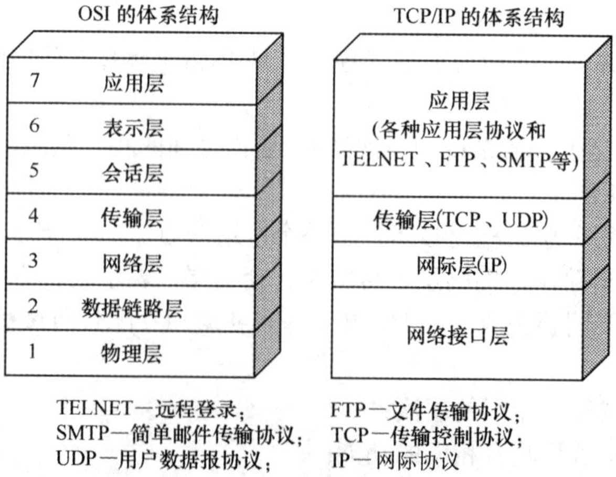

图 2-2 OSI 与 TCP/IP 结构的对比

1. 各层常用协议

1) *应用层*

应用层定义了应用程序使用互联网的协议。相关的进程/应用协议充当用户接口，提供在主机之间传输数据的应用。应用层常用的协议如下：

FTP(文件传输协议)：允许用户在本地主机和远程主机之间传输文件。

TELNET(远程登录)：为远程客户提供登录到服务器主机上的服务。

SMTP(简单邮件传输协议)：通过Internet交换电子邮件的标准协议。SMTP用于Internet上的电子邮件服务器之间，或允许电子邮件客户向服务器发送邮件。

POP(邮局协议)：定义用户邮件客户机软件和电子邮件服务器之间的简单接口。POP用于将邮件从服务器下载到客户机，并允许用户管理邮箱。

HTTP(超文本传输协议)：在WWW上进行交换的基础。

DNS(域名系统)：定义Internet名称的机构，以及名称与IP地址的联系。

DHCP(动态主机配置协议)：用于将TCP/IP地址和其他相关信息自动分配给客户机。

SNMP(简单网络管理协议)：对管理基于TCP/IP的网络设备的过程和管理信息数据库进行定义。

2) *传输层*

传输层为两个用户进程之间建立、管理和拆除可靠而有效的端到端连接。传输协议的选择根据数据传输方式而定。传输层常用的协议如下：

TCP(传输控制协议)：为应用程序提供可靠的通信连接。TCP适合一次传输大批数据，并适用于要求得到响应的应用程序。

UDP(用户数据报协议)：提供了无连接通信，且不提供可靠传输的保证。UDP适合一次传输少量数据，可靠性则由应用层来负责。

3) *网际层*

网际层定义了互联网中传输的数据报格式，以及应用路由选择协议将数据通过一个或多个路由器发送到目的站的转发机制。网际层常用的协议如下：

IP(网际协议)：一种无连接协议，主要负责主机和网络之间数据包的寻址和路由。

ARP(地址解析协议)：将网络中的协议地址(当前网络中大多是IP地址)解析为相同物理网络上的主机的硬件地址(MAC地址)。

RARP(逆向地址解析协议)：将本地的主机硬件地址(MAC地址)解析为网络中的协议地址。

ICMP(Internet控制报文协议)：与其他主机或路由器交换错误报文和其他重要信息。尽管ICMP主要被IP使用，但应用程序也有可能访问它。例如将在后面介绍的两个诊断工具ping和traceroute，都使用了ICMP。

IGMP(Internet组管理协议)：负责管理多播组成员关系。它把连接到网络上的主机成员关系状态信息传送组多播路由器。

RIP(Router Information Protocol，路由器信息协议)：定期向其他路由器发送完整路由表的基于距离向量的路由发现协议(RFC 1723)。

OSPF(Open Shortest Path First，开放式最短路径优先协议)：各个路由器定期向其他路由器广播自己的链路状态的路由发现协议(RFC 1245、1246、1247、1253)。

BGP(Border Gateway Protocol，边界网关协议)：连接 Internet 上的独立系统的路由选择协议。

4) 网络接口层

网络接口层定义了将 IP 数据组成正确帧的协议和在网络中传输帧的协议。该层同时接收来自网络物理层的数据帧，并转换为 IP 数据报交给网际层。网络接口层常用的连网协议：局域网可采用 IEEE 802.3 以太网协议、IEEE 802.5 令牌网协议；广域网可采用 PPP 协议、帧中继、X.25 等。各层协议之间的对应关系如图 2-3 所示。

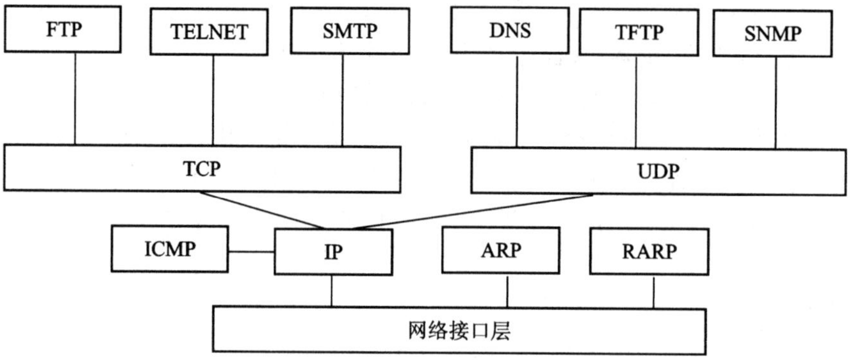

图 2-3 TCP/IP 协议簇

2. 各层数据封装格式

1) TCP 数据报格式

TCP 数据报的基本格式如图 2-4 所示。

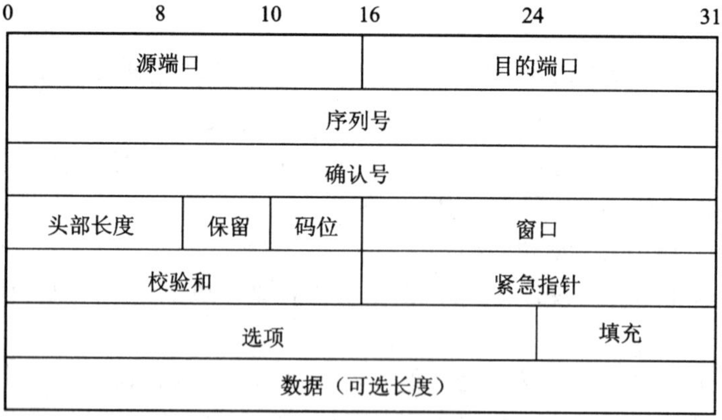

图 2-4 TCP 数据报的基本格式

端口号用来标识互相通信的应用程序，服务器一般都是通过端口号(1～1023)来识别应用程序的。

TCP 数据报中各字段的定义如下：

源端口：呼叫端口的号，16 位二进制码；

目的端口：被叫端口的号，16 位二进制码；

序列号：确保数据到达的正确顺序，32 位二进制码；

确认号：确认接收到的数据，包含所期待的下一个 TCP 字段的编号；

头部长度：报头的字数(字长为 32 位)；

保留：设置为 0，以备将来使用；

码位：指出段的目的与内容；

窗口：接收方能接收的字节数；

校验和：报头和数据字段的校验和，目的是确定段到达时是否发生错误；

紧急指针：指出紧急数据的位置；

选项：提供 TCP 的增强功能；

数据：上层协议数据。

2) UDP 数据报格式

UDP 是一个简单的面向数据报的传输层协议，即进程的每个输出操作都正好产生一个 UDP 数据报，并组装成一份待发送的 IP 数据报。UDP 不提供可靠性，它只把应用程序传给 IP 层的数据发送出去，并不保证它们能到达目的地。

UDP 和 TCP 在首部中都有覆盖它们首部和数据的检验和。UDP 的检验和是可选的，而 TCP 的检验和是必需的。UDP 报文格式如图 2-5 所示。

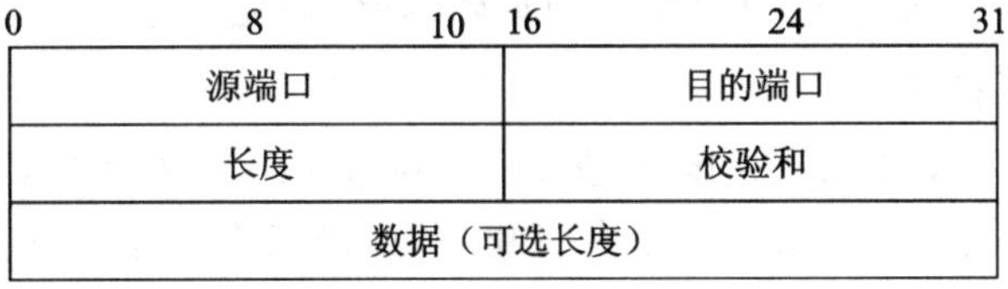

图 2-5　UDP 报文格式

3) IP 数据报格式

IP 数据报格式如图 2-6 所示，报头为 24 字节。

图 2-6　IP 数据报格式

IP 数据报中各字段的定义如下：

版本：长度为 4 bit，指明所使用的 IP 协议版本。目前的 IP 协议版本为 IPv4，将来可使用 IPv6。

头标长：长度为 4 bit，指明以字(字长为 32 bit)为单位的报头长度。

服务类型：长度为 8 bit，规定了数据报的处理方式。

总长度：长度为 16 bit，指明整个 IP 数据报的长度(包括报头和数据区)，以字节为单位，IP 数据报最长可达 $2^{16}-1$ 个字节。

标识：长度为 16 bit，标识分组属于哪个数据报，以便重组数据报。

标志：长度为 2 bit，值为 0 表示片未完(指该片不是原数据报的最后一片)，为 1 表示不分片(指数据报不能被分片)。

片偏移：长度为 14 bit，指明本片数据在原始数据报数据区中的偏移量。

生存时间：长度为 8 bit，用于设置本数据报的最大生存时间，以秒为单位。一旦生存时间小于等于 0，则删除该数据报，应答出错信息。它防止了数据报无休止地要求互联网搜寻不存在的目的地。

协议：长度为 8 bit，指明产生该数据报内传送的第 4 层协议，大多数 IP 传输层用的是 TCP，实质上表示数据区数据的格式。

头标检验和：长度为 16 bit，用于确保数据报头数据的完整性。

源 IP 地址和目的 IP 地址：源 IP 地址字段和目的 IP 地址字段各占 32 bit，表示 IP 数据报的发送者和接收者。

选项：长度为 24 bit，用于网络测试、调试、保密及其他。

数据：为上层 TCP 协议或 UDP 协议数据段信息。

4) *以太网封装帧格式*

绝大多数局域网的组建都是采用 IEEE 802.3 标准(CSMA/CD)局域网技术，以太网帧是数据链路层最常见的数据封装格式。以太网帧结构如图 2-7 所示。

目的地址	源地址	类型	数据	CRC
6	6	2	46～1500	4

图 2-7　以太网帧结构

目的地址和源地址：各占 6 个字节(48 bit)，它们是指网卡的物理地址，即 MAC 地址，具有唯一性。

帧类型或协议类型：数据报的高级协议，如 0x0806 表示 ARP 协议，0x0800 表示 IP 协议等。

数据：位于类型字段后面，以太帧规定数据长度在 46～1500 字节范围内，不足 46 字节的空间插入填充(pad)字节。

CRC：用于循环冗余码校验(校验和)。

数据区为 IP 数据报的内容。

把以太网数据帧传递给对应于 OSI 模型物理层的底层组件，完成前同步码和帧开始定界符的插入，并且将帧转换为比特流，通过传输介质发送出去。

前同步码：使接收端的适配器在接收 MAC 帧时能够迅速调整时钟频率，它和发送端的频率相同。前同步码为 7 个字节，1 和 0 交替。

帧开始定界符：帧的起始符，为 1 个字节。前 6 位 1 和 0 交替，最后两个连续的 1 表示告诉接收端适配器：“帧信息要来了，准备接收”。

2.1.3　TCP/IP 工作原理

下面以采用 TCP/IP 协议传送文件为例，说明 TCP/IP 的工作原理，其中应用层传输文件采用文件传输协议(FTP)。TCP/IP 封装过程如图 2-8 所示。

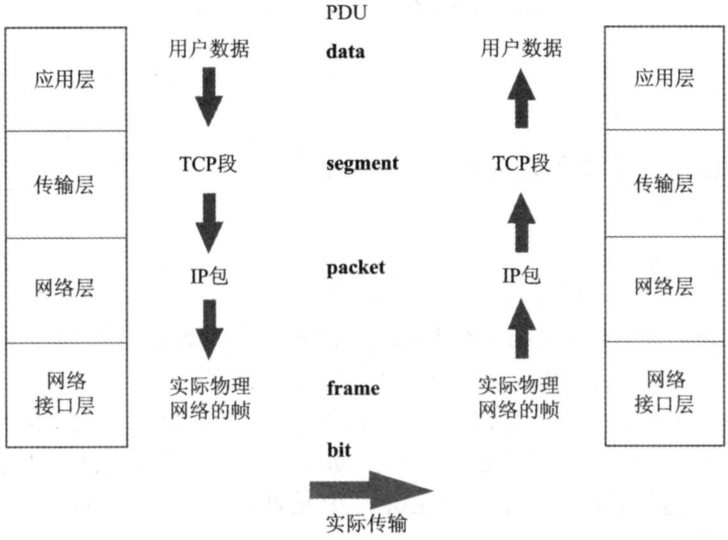

图 2-8　TCP/IP 封装过程

TCP/IP 协议的工作流程如下：

(1) 在源主机上，应用层将一串应用数据流传送给传输层。

(2) 传输层将应用层的数据流截成分组，并加上 TCP 报头形成 TCP 段，送交网络层。

(3) 在网络层给 TCP 段加上包括源、目的主机 IP 地址的 IP 报头，生成一个 IP 数据报，并将 IP 数据报送交链路层。

(4) 链路层在其 MAC 帧的数据部分装上 IP 数据报后，再加上源、目的主机的 MAC 地址和帧头，并根据其目的 MAC 地址，将 MAC 帧发往目的主机或 IP 路由器。

(5) 在目的主机，链路层将 MAC 帧的帧头去掉，并将 IP 数据报送交网络层。

(6) 网络层检查 IP 报头，如果报头中校验和与计算结果不一致，则丢弃该 IP 数据报；若校验和与计算结果一致，则去掉 IP 报头，将 TCP 段送交传输层。

(7) 传输层检查顺序号，判断是否是正确的 TCP 分组，然后检查 TCP 报头数据。若正确，则向源主机发确认信息；若不正确或丢包，则向源主机要求重发信息。

(8) 在目的主机，传输层去掉 TCP 报头，将排好顺序的分组组成应用数据流送给应用程序。这样，目的主机接收到来自源主机的字节流，就像是直接接收来自源主机的字节流一样。

实践项目　TCP/IP 协议应用

实践目的： 熟悉 OSI 协议和 TCP/IP 协议。

实践要求： 每位学生通过调研、搜集网络数据等方式独立完成。

实践内容：

(1) 调研常用的通信设备属于 OSI 参考模型的哪一层。

(2) 调研常用的应用程序对应的端口号情况。

任务 2.2　IP　地　址

【任务要求】

识记：IP 地址结构、IP 地址分类、子网掩码。

领会：子网划分。

2.2.1　IP 地址简介

IP(Internet Protocol)地址是人们在 Internet 上为了区分数以亿计的主机而给每台主机分配的一个专门的地址，通过 IP 地址就可以访问到每一台主机。

目前在 Internet 中使用的是 Ipv4 的地址结构，即 IP 地址是一个 32 位的二进制地址，由四部分数字组成，每部分数字对应于 8 位二进制数字，各部分之间用小数点分开。为便于记忆，用点分十进制记法，如某一台主机的 IP 地址为 211.152.65.112。

2.2.2　IP 地址分类

IP 地址由两部分组成，一部分表示网络号，另一部分表示主机号。

1. 按适应的网络大小不同分类

按适应的网络大小不同，可将 IP 地址分为 A、B、C、D、E 五类。其中，A 类、B 类和 C 类地址是最常用的，如图 2-9 所示。

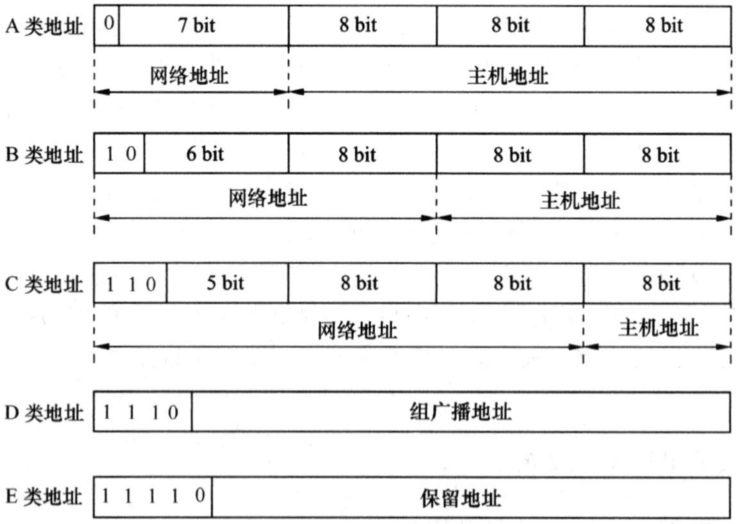

图 2-9　IP 地址分类

1) A 类地址

A 类地址最高位为 0，第一个字节表示网络号，其余 3 个字节表示主机号；总共允许有 $2^7-2=126$ 个网络，每个网络最多容纳的主机数为 $2^{24}-2=16\ 777\ 214$ 台。A 类地址适合分配给规模特别大的网络使用。

2) B 类地址

B 类地址高两位总被置为二进制的 10，第一、二字节表示网络地址，后两个字节为主机地址；允许有 $2^{14}-2=16\ 382$ 个网络，每个网络最多容纳的主机数为 $2^{16}-2=65\ 534$ 台。B 类地址适合在中等规模和大规模的网络中使用。

3) C 类地址

C 类地址高三位被置为二进制的 110，前 3 个字节表示网络的地址，最后一个字节表示主机地址；允许大约 200 万个网络，每个网络最多容纳的主机数为 $2^8-2=254$ 台。C 类地址常用于中小型的网络。

4) D 类地址

D 类地址用于多路广播组地址，高四位总被置为二进制的 1110。

5) E 类地址

E 类地址的高五位总被置为二进制的 11110，保留给将来使用。

2. 按 IP 地址分配方式分类

按 IP 地址分配方式不同，可将 IP 地址分为固定 IP 地址和动态 IP 地址。

固定 IP 地址，也可称为静态 IP 地址，是长期固定分配给一台计算机使用的 IP 地址。一般是特殊的服务器才拥有固定 IP 地址。

动态 IP 地址是指在需要时才进行 IP 地址分配的方式。由于 IP 地址资源很宝贵，因此大部分用户上网都是使用动态 IP 地址，即在每次上网时临时分配一个 IP 地址。动态 IP 地址分配由 ISP 通过 DHCP 协议自动完成。

3. 按 IP 地址使用范围分类

按 IP 地址使用范围不同，可将 IP 地址分为公有 IP 地址和私有 IP 地址。

公有地址(Public Address，也可称为公网地址)由 Internet NIC(Internet Network Information Center，因特网信息中心)负责。这些 IP 地址分配给注册并向 Internet NIC 提出申请的组织机构。它是广域网范畴内的，通过它可以直接访问因特网。

私有地址(Private Address，也可称为专网地址)属于非注册地址，专门为组织机构内部使用。它是局域网范畴内的，离开所在局域网是无法访问因特网的。

目前，留用的内部私有地址主要有以下几类：

(1) A 类：10.0.0.0～10.255.255.255；

(2) B 类：172.16.0.0～172.31.255.255；

(3) C 类：192.168.0.0～192.168.255.255。

2.2.3 IP的寻址规则

1. 网络寻址规则

(1) 网络地址必须唯一。

(2) 网络标识不能以数字127开头。在A类地址中，数字127保留给内部回送函数。

(3) 网络标识的字节不能全为“1”。全“1”时作为广播地址。

(4) 网络标识的字节不能全为“0”。全“0”表示该地址是本地主机，不能传送。

2. 主机寻址规则

(1) 主机标识在同一网络内必须是唯一的。

(2) 主机标识的各个位不能都为“1”。如果所有位都为“1”，则该机地址是广播地址。

(3) 主机标识的各个位不能都为“0”。如果各个位都为“0”，则表示“只有这个网络”，而这个网络上没有任何主机。

注意：A类地址提供的网络号是1～126，共126个，而不是0～127。原因是：网络字段全0的IP地址是保留地址，意为“本网络”；网络字段为127，保留作为本机软件环回测试之用。

2.2.4 子网掩码

为了提高IP地址的使用效率，一个网络可以划分为多个子网：采用借位的方式，从主机最高位开始借位变为新的子网位，剩余部分仍为主机位。 这使得IP地址结构分为网络位、子网位和主机位三部分，如图2-10所示。

网络位	子网位	主机位

图2-10　IP地址结构

掩码定义规则：地址长度仍然为32位，网络位与子网位对应的二进制代码为1，主机位(借位不算)对应的二进制代码为0。

子网掩码与IP地址结合使用，可以区分出一个网络地址的网络号和主机号。

例如：有一个C类地址为192.9.200.13，其缺省的子网掩码为255.255.255.0，则它的网络号和主机号可按如下方法得到。

(1) 将IP地址192.9.200.13转换为二进制：

11000000 00001001 11001000 00001101

(2) 将子网掩码255.255.255.0转换为二进制：

11111111 11111111 11111111 00000000

(3) 将两个二进制数进行逻辑与(AND)运算，得出的结果即为网络部分：

	11000000	00001001	11001000	00001101
AND	11111111	11111111	11111111	00000000
	11000000	00001001	11001000	00000000

结果为192.9.200.0，即网络号为192.9.200.0。

(4) 将子网掩码取反，再与IP地址逻辑与(AND)，得到的结果即为主机部分：

	11000000	00001001	11001000	00001101
AND	00000000	00000000	00000000	11111111
	00000000	00000000	00000000	00001101

结果为 0.0.0.13，即主机号为 13。

2.2.5　子网划分

一般对于如何规划子网，主要有两种情况：第一，给定一个网络，且整个网络地址可知，需要将其划分为若干个小的子网；第二，全新网络，自由设计，需要自己指定整个网络地址。后者多了一个根据主机数目确定主网络地址的过程，其他一样。下面结合相应实例，对这两种划分进行分析。

例 2-1　学院新建 4 个机房，每个房间有 25 台机器，给定一个网络地址空间，即 192.168.10.0。现在需要将其划分为 4 个子网。

分析：192.168.10.0 是一个 C 类 IP 地址，标准掩码为 255.255.255.0。这里有：

IP	11000000	10101000	00001010	00000000
掩码	11111111	11111111	11111111	00000000

1．借位选择

要划分为 4 个子网必然要向最后的 8 位主机号借位，那借几位呢？

已知新建 4 个机房，每个房间有 25 台机器，那就是需要 4 个子网，每个子网下面最少 25 台主机。

另外，考虑扩展性，一般机房能容纳机器数量是固定的，建设好之后向机房增加机器的情况较少，增加新机房(新子网)情况较多。(当然对于这个实例，考虑主机或子网最后的结果都是相同的，但如果要组建较大规模网络时，这点要特别注意。)

通常依据子网内最大主机数来确定借几位。

根据公式 $2^n-2 \geqslant$ 最大主机数，可得 $2^n-2 \geqslant 25$，$2^5-2=30 \geqslant 25$。所以，主机位数 $n=5$ 时，相对应的子网需要借 3 位。

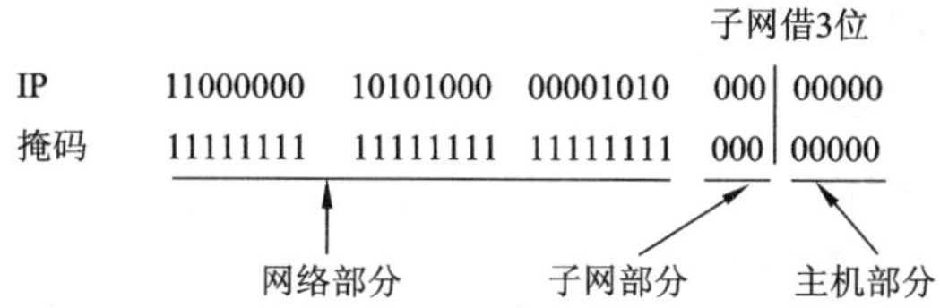

2．子网号选择

确定了子网部分，后面就简单了。前面的网络部分不变，看最后的这 8 位：

子网掩码	11111111	11111111	11111111	111	00000
IP	11000000	10101000	00001010	000	00000
				001	
				010	
子网地址空间 得到6个可用子网地址 （全为0或1的地址不可使用）				011	
				100	
				101	
				110	
				111	

得到 6 个可用的子网地址，全部转换为点分十进制表示：

11000000 10101000 00001010 00100000 = 192.168.10.32

11000000 10101000 00001010 01000000 = 192.168.10.64

11000000 10101000 00001010 01100000 = 192.168.10.96

11000000 10101000 00001010 10000000 = 192.168.10.128

11000000 10101000 00001010 10100000 = 192.168.10.160

11000000 10101000 00001010 11000000 = 192.168.10.192

子网掩码：11111111 11111111 11111111 11100000 = 255.255.255.224。

3. 子网的主机地址

注意：在一个网络中，主机地址全为 0 的 IP 是网络地址，全为 1 的 IP 是网络广播地址，不可用。所以，我们的子网地址和子网主机地址如下：

子网 1：192.168.10.32；

掩码：255.255.255.224；

主机 IP：192.168.10.33～62。

子网 2：192.168.10.64；

掩码：255.255.255.224；

主机 IP：192.168.10.65～94。

子网 3：192.168.10.96；

掩码：255.255.255.224；

主机 IP：192.168.10.97～126。

子网 4：192.168.10.128；

掩码：255.255.255.224；

主机 IP：192.168.10.129～158。

子网 5：192.168.10.160；

掩码：255.255.255.224；

主机 IP：192.168.10.161～190。

子网 6：192.168.10.192；

掩码：255.255.255.224；

主机 IP：192.168.10.193～222。

只要取出前面的 4 个子网就可以完成要求。

对于全新的网络，需要自己来指定整个网络地址，这就需要先考虑选择 A 类、B 类或 C 类 IP 地址的问题，就像例 2-1 中的网络地址空间 192.168.10.0 不给定，任由自己选择。

在这里，要注意地址浪费的问题。例如，如果选择 A 类地址，则有 24 位的主机位来随便借位。这当然可以，但会浪费很多地址，在局域网内基本上可以随便设置，但在广域网里可没有这么大的地址来分配，所以从开始就要养成好的习惯。那如何选择呢？

和划分子网的时候一样，通过公式计算($2^n - 2$)，可知划分的子网越多，浪费的地址就越多。每次划分子网一般都有两个子网的地址要浪费掉(子网部分全为 0 或全为 1)。因此，如果需要建设一个拥有 4 个子网，每个子网内有 25 台主机的网络，那么一共需要有

(4 + 2) × (25 + 2)个 IP 数的网络来划分。

而(4 + 2) × (25 + 2) = 162，一个 C 类地址的网络可以拥有 254 的主机地址，所以选择 C 类地址来作为整个网络的网络号。

如果现在有 6 个机房，每个机房里有 50 台主机呢？

(6 + 2) × (50 + 2) = 416，显然，需要用到 B 类地址的网络了。

后面划分子网的步骤和上面一样。

C 类 IP 地址子网划分如表 2-1 所示；B 类 IP 地址子网划分如表 2-2 所示；A 类 IP 地址子网划分如表 2-3 所示。

表 2-1　C 类 IP 地址子网划分

借用位数	子网掩码	子网数	每个子网的主机数
2	255.255.255.192	2	62
3	255.255.255.224	6	30
4	255.255.255.240	14	14
5	255.255.255.248	30	6
6	255.255.255.252	62	2

表 2-2　B 类 IP 地址子网划分

借用位数	子网掩码	子网数	每个子网的主机数
2	255.255.192.0	2	16 382
3	255.255.224.0	6	8190
4	255.255.240.0	14	4094
5	255.255.248.0	30	2046
6	255.255.252.0	62	1022
7	255.255.254.0	126	510
8	255.255.255.0	254	254

表 2-3　A 类 IP 地址子网划分

借用位数	子网掩码	子网数	每个子网的主机数
2	255.192.0.0	2	4 194 302
3	255.224.0.0	6	2 097 150
4	255.240.0.0	14	1 048 574
5	255.248.0.0	30	524 286
6	255.252.0.0	62	262 142
7	255.254.0.0	126	131 070
8	255.255.0.0	254	65 534

注意：这里讨论的是一般情况，目前已经有部分路由器支持主机位全为 0 或全为 1 的子网，即 IP 地址为 192.168.10.0，掩码为 255.255.248.0 的表示方法。

实践项目　查看个人电脑中相关的地址信息

实践目的：了解个人电脑中相关的地址信息。

实践要求：每位学生查看个人电脑中的地址信息且独立完成。

实践内容：

(1) PC 如何查看 IP 地址。

① 命令行方式。

单击“开始”→“运行”，输入“cmd”后按回车键，再输入“ipconfig”，然后找到要看到的网卡及 IP 地址等信息，如图 2-11 所示。

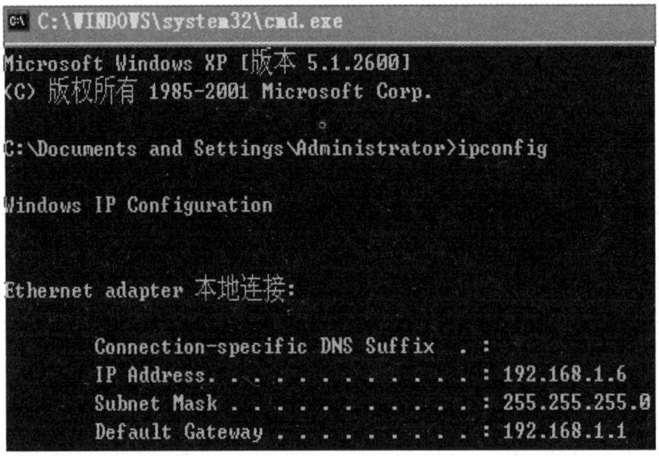

图 2-11　命令行方式查看 PC 的 IP 地址信息

② 图形界面方式。

单击任务栏“网络连接”图标，打开“网络和共享中心”，更改适配器设置，选择要查看 IP 地址的网卡，并右键单击该网卡状态，即可看到 IP 地址信息，如图 2-12 所示。

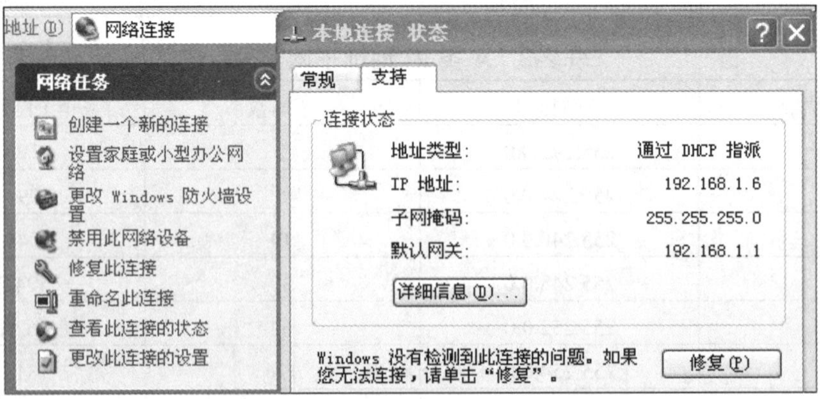

图 2-12　图形界面方式查看 PC 的 IP 地址信息

(2) PC 如何查看 MAC 地址。

如图 2-12 所示，单击“详细信息”，其中的实际地址即为本机的 MAC 地址。

(3) PC 获取 IP 地址方式。

① 静态配置 IP 地址。

右键单击“本地连接”→“属性”，双击“Internet 协议(TCP/IP)”，选择“属性”→“使用下面的 IP 地址”，把 IP 地址信息输入相应位置，如图 2-13 所示。

② 动态配置 IP 地址。

如图 2-13 所示，选择“自动获得 IP 地址”和“自动获得 DNS 服务器地址”即可。

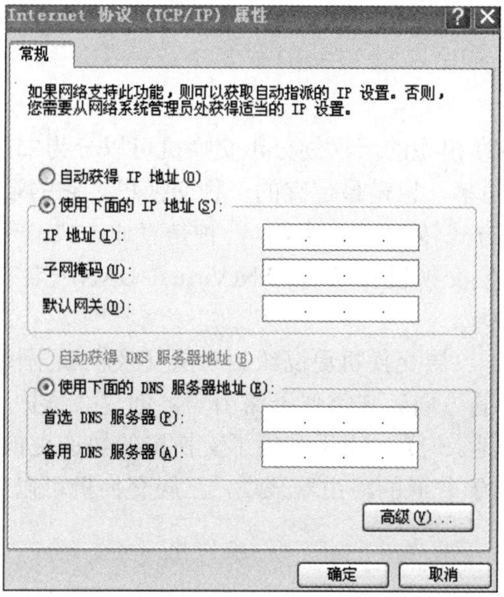

图 2-13　配置 IP 地址窗口

任务 2.3　以太网交换机

【任务要求】

识记：交换机的作用、VLAN 的概念、VLAN 的划分、VLAN 链路类型。

领会：IEEE 802.1Q 帧结构、DHCP 概念。

2.3.1　交换机的作用

在以太网中，交换机起到数据报文转发的作用，它把从某个端口接收到的数据报文从其他端口转发出去；除了连接同种类型的网络之外，它还可以在不同类型的网络之间起到互联作用。

交换机主要工作在数据链路层，最大的功能在于能有效地抑制广播风暴的产生。这主要是因为交换机是基于 MAC 地址进行交换的，通过分析 MAC 帧的帧头信息(源 MAC 地址、目的 MAC 地址、MAC 帧长等)，取得目的 MAC 地址后，查找交换机中存储的 MAC 地址表(与 MAC 地址相对应的交换机的端口号)，确认有此 MAC 地址的网卡连接在交换机的哪个端口上，然后将数据报文发送到相应的端口上。交换机 MAC 地址表的过滤操作流程如下：

(1) 交换机在收到一个数据帧后，会首先去解析该数据帧的目的 MAC 地址。

(2) 查询 MAC 地址表，根据查询结果判断如何操作。

① 如果 MAC 地址表中没有目的 MAC 地址对应的项，那么交换机就会向所有的其他端口发送查询信息，在收到应答后，发送数据帧。

② 如果目的 MAC 地址已经保存在 MAC 地址表中，它就会按照表中的地址进行转发。

2.3.2 交换机的分类

按照交换机工作在 OSI 模型的层次划分，交换机可以分为二层交换机、三层交换机。

(1) 二层交换机是最简单，也是最便宜的一种交换机。它的端口有 8 口、16 口、32 口等。二层交换机采用三种方式转发数据报文：一种是直通方式，一种是存储-转发方式，还有一种是自由分段式。二层交换机具有 VLAN(Virtual LAN，虚拟局域网)的功能，它的每个 VLAN 拥有自己的冲突域。

(2) 三层交换机相对于二层交换机更高级。三层交换机根据检查数据报文中的 IP 目的地址来决定转发数据报文的方向。它类似于路由器，创建并维护一张路由表，并根据路由表将数据报文转发到目的地。但是，由于利用了交换机的快速交换结构，因此可以实现“一次路由，多次交换”。相对于普通的路由器来说，三层交换机可以比普通路由器更快地转发数据报文。

2.3.3 VLAN

1. VLAN 概念

VLAN(Virtual Local Area Network)又称虚拟局域网，是指在交换局域网的基础上，采用网络管理软件构建的可跨越不同网段、不同网络的端到端的逻辑网络。一个 VLAN 组成一个逻辑子网，即一个逻辑广播域，它可以覆盖多个网络设备，允许处于不同地理位置的网络用户加入一个逻辑子网中。

2. VLAN 优点

使用 VLAN 具有以下优点：

(1) 控制广播风暴；

(2) 提高网络整体的安全性；

(3) 网络管理简单；

(4) 易于维护。

3. VLAN 的划分

一般可采用四种方式在交换机上完成将计算机分配到 VLAN 的过程。

(1) 基于端口划分 VLAN。这种划分 VLAN 的方法是根据以太网交换机的端口来进行的。其优点是：定义 VLAN 成员时非常简单，只要指定所有的端口即可；如果有多个交换机的话，同一 VLAN 可以跨越数个以太网交换机。它的缺点是：如果 VLAN A 的用户离开了原来的端口，到了一个新的交换机的某个端口，那么就必须重新配置这个端口。

(2) 基于 MAC 地址划分 VLAN。这种划分 VLAN 的方法是根据每个主机的 MAC 地址来进行的，即对所有主机都根据它的 MAC 地址配置主机属于哪个 VLAN 来划分。交换机维护一张 VLAN 映射表，这张 VLAN 表记录着 MAC 地址和 VLAN 的对应关系。这种划分 VLAN 的方法最大优点就是当用户物理位置移动时，即从一个交换机换到其他的交换机时，VLAN 不用重新配置。所以，可以认为这种根据 MAC 地址的划分方法是基于用户的 VLAN 的。

这种划分 VLAN 的方法的缺点是初始化时，所有的用户都必须进行配置，如果用户很多，则配置的工作量很大。此外，这种划分的方法也导致了交换机执行效率的降低，因为在每一个交换机的端口都可能存在很多个 VLAN 组的成员，这样就无法限制广播包。另外，对于使用笔记本电脑的用户来说，他们的网卡可能经常更换，这样，VLAN 就必须不停地配置。

(3) 基于协议划分 VLAN。这种划分 VLAN 的方法是根据二层数据帧中协议字段进行的。如果一个物理网络中既有 Ethernet Ⅱ又有 LLC 等多种数据帧通信时，可以采用这种 VLAN 的划分方法。目前一个 VLAN 可以配置多种协议类型划分。

(4) 基于 IP 子网划分 VLAN。基于 IP 子网的 VLAN 根据报文中的 IP 地址决定报文属于哪个 VLAN，同一个 IP 子网的所有报文属于同一个 VLAN，这样可以将同一个 IP 子网中的用户划分在一个 VLAN 内。

基于 IP 子网划分 VLAN 有以下优点：

① 可以按传输协议划分网段。这对于希望针对具体应用的服务来组织用户的网络管理者来说，是非常有利的。

② 用户可以在网络内部自由移动而不用重新配置自己的工作站，尤其是使用 TCP/IP 的用户。

基于 IP 子网划分 VLAN 的方法的缺点是效率低，因为检查每一个数据包的网络层地址是很费时的；同时由于一个端口可能存在多个 VLAN 的成员，因此也无法有效抑制广播报文。

4．VLAN 帧格式

IEEE 802.1Q 定义了 VLAN 帧格式，为识别帧属于哪个 VLAN 提供了一个标准的方法。IEEE 802.1Q 帧结构示意图如图 2-14 所示。

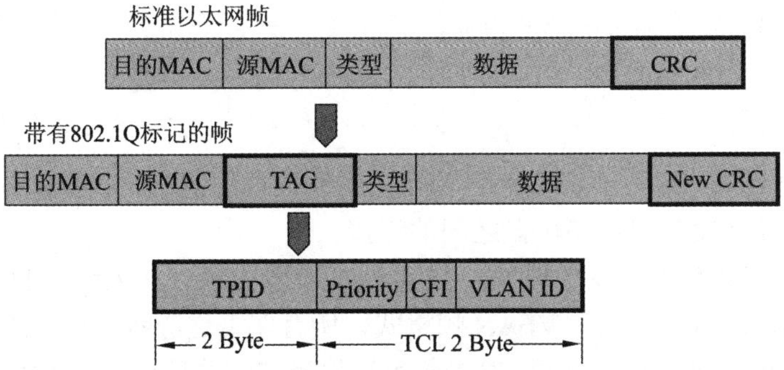

图 2-14 IEEE 802.1Q 帧结构示意图

IEEE 802.1Q 帧是在普通以太网帧的基础上，在源 MAC 地址和类型字段之间插入一个四字节的 tag 字段，这就是 802.1Q 标签头。

这四字节的 IEEE 802.1Q 标签头包含了两个字节的标签协议标识(TPID)和两个字节的标签控制信息(TCI)。

TPID 是 IEEE 定义的新的类型，表明这是一个加了 802.1Q 标签的帧。TPID 包含了一个固定的值 0x8100。

TCI 包含帧的控制信息，具体元素如下：

Priority：3 bit，这三位指明帧的优先级。一共有 8 种优先级，0～7，IEEE 802.1p 标准使用这 3 位信息。

CFI(Canonical Format Indicator)：CFI 值为 0 说明是规范格式，为 1 说明是非规范格式。它被用在令牌环/源路由 FDDI 介质访问方法中来指示封装帧中所带地址的比特次序信息。

VLAN ID：指明 VLAN 的 ID，12 位二进制码，一共 4094 个。每个支持 IEEE 802.1Q 协议的交换机发送的数据报都会包含这个域，以指明自己属于哪一个 VLAN。

5．VLAN 链路类型

VLAN 中有三种链路类型：Access、Trunk、Hybrid。下面分别介绍这三种链路类型的工作原理和方式。

1) Access 链路

用于连接主机和交换机的链路就是接入(Access)链路。通常情况下，主机并不需要知道自己属于哪个 VLAN，主机的硬件也不一定支持带有 VLAN 标记的帧，主机要求发送和接收的帧都是没有打上标记的帧。所以，Access 链路接收和发送的都是标准的以太网帧。Access 链路示意图如图 2-15 所示。

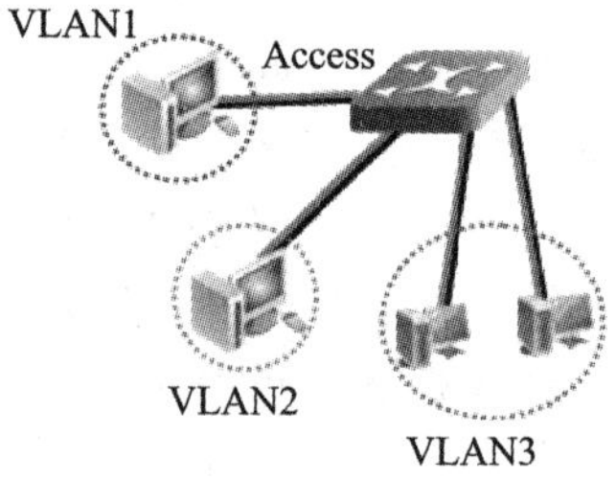

图 2-15　Access 链路示意图

Access 链路属于某一个特定的端口，这个端口属于一个并且只能是一个 VLAN。这个端口不能直接接收其他 VLAN 的信息，也不能直接向其他 VLAN 发送信息。不同 VLAN 的信息必须通过三层路由处理才能转发到这个端口上。

Access 链路概念总结如下：

(1) Access 链路一般是指网络设备与主机之间的链路；

(2) 一个 Access 端口只属于一个 VLAN；

(3) Access 端口发送不带标签的报文；

(4) 缺省所有端口都包含在 VLAN 1 中，且都是 Access 类型。

2) Trunk 链路

干道(Trunk)链路是指可以承载多个不同 VLAN 数据的链路。干道链路通常用于交换机间的互连，或者用于交换机和路由器之间的连接。

数据帧在干道链路上传输的时候，交换机必须用一种方法来识别数据帧是属于哪个 VLAN 的。IEEE 802.1Q 定义了 VLAN 帧格式，所有在干道链路上传输的帧都是打上标记的帧(Tagged Frame)，通过这些标记，交换机就可以确定哪些帧分别属于哪个 VLAN。Trunk 链路示意图如图 2-16 所示。

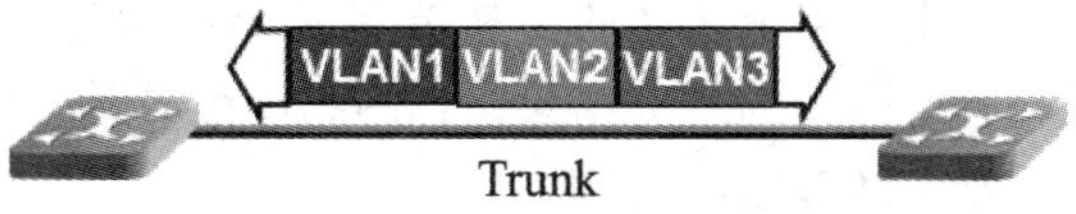

图 2-16　Trunk 链路示意图

和接入链路不同，干道链路是用来在不同的设备之间(如交换机和路由器之间、交换机和交换机之间)承载 VLAN 数据的，因此干道链路是不属于任何一个具体的 VLAN 的。通过配置，干道链路可以承载所有的 VLAN 数据，也可以传输指定的 VLAN 数据。

干道链路虽然不属于任何一个具体的 VLAN，但是必须给其配置一个 PVID(Port VLAN ID)。当不论什么原因，Trunk 链路上出现了没有带标记的帧时，交换机就给这个帧增加带有 PVID 的 VLAN 标记，然后进行处理。

对于多数用户来说，手工配置太麻烦了。一个规模比较大的网络可能包含多个 VLAN，而且网络的配置也会随时发生变化，从而导致根据网络的拓扑结构逐个交换机配置 Trunk 端口过于复杂。这个问题可以由 GVRP 协议来解决：GVRP 协议可以根据网络情况动态配置干道链路。

Trunk 链路的概念总结如下：

(1) Trunk 链路一般是指网络设备与网络设备之间的链路；

(2) 一个 Trunk 端口可以属于多个 VLAN；

(3) Trunk 端口通过发送带标签的报文来区别某一数据包属于哪一个 VLAN；

(4) 标签遵守 IEEE 802.1Q 协议标准。

图 2-17 中表示一个局域网环境，网络中有两台交换机，并且配置了多个 VLAN。主机和交换机之间的链路是接入链路，交换机之间通过干道链路互相连接。

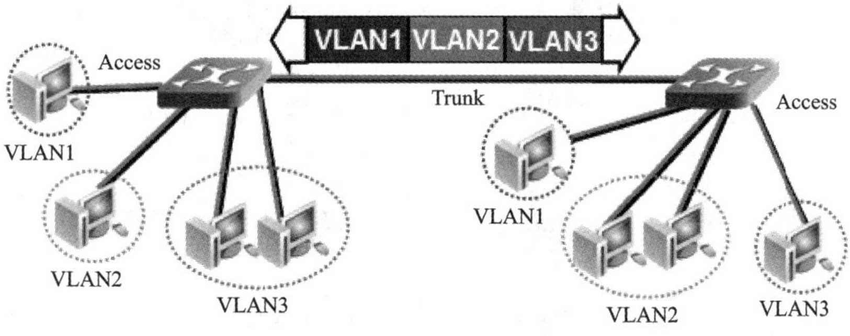

图 2-17　VLAN 中的 Access 链路和 Trunk 链路

对于主机来说，它是不需要知道 VLAN 是否存在的。主机发出的报文都是标准以太网的报文，交换机接收到这样的报文之后，根据配置规则(如端口信息)判断出报文所属 VLAN 并进行处理。如果报文需要通过另外一台交换机发送，则该报文必须通过互联链路传输到另外一台交换机上。为了保证其他交换机正确处理报文的 VLAN 信息，在互联链路上发送的报文都带上了 VLAN 标记。

在交换机最终确定报文发送端口并将报文发送给主机之前，必须将 VLAN 的标记从以太网帧中删除，这样主机接收到的报文都是不带 VLAN 标记的以太网帧。

所以，一般情况下，互联链路上传送的都是带有 VLAN 信息的数据帧，接入链路上传送的都是标准的以太网帧。这样做的最终结果是：网络中配置的 VLAN 可以被所有的交换机正确处理，而主机不需要了解 VLAN 信息。

3) Hybrid 链路

英文 Hybrid 是“混合的”意思。这里，Hybrid 端口可以用于交换机之间连接，也可以用于连接用户的计算机。

Hybrid 模式的端口可以汇聚多个 VLAN，是否打标签由用户自由指定，可以接收和发送多个 VLAN 报文，也可以剥离多个 VLAN 的标签。

Hybrid 端口与 Trunk 端口的不同之处在于：

(1) Hybrid 端口可以允许多个 VLAN 的报文不打标签；

(2) Trunk 端口只允许缺省 VLAN 的报文不打标签；

(3) 在同一个交换机上 Hybrid 端口和 Trunk 端口不能并存。

实践项目一 交换机 VLAN 配置

实践目的： 掌握交换机 VLAN 的配置和使用。

实践设备： 低端交换机两台，PC 4 台，网线 5 条。

实践要求： 在操作过程中能灵活使用指令。

实践内容：

(1) VLAN 配置情况。

交换机 VLAN 配置如图 2-18 所示。

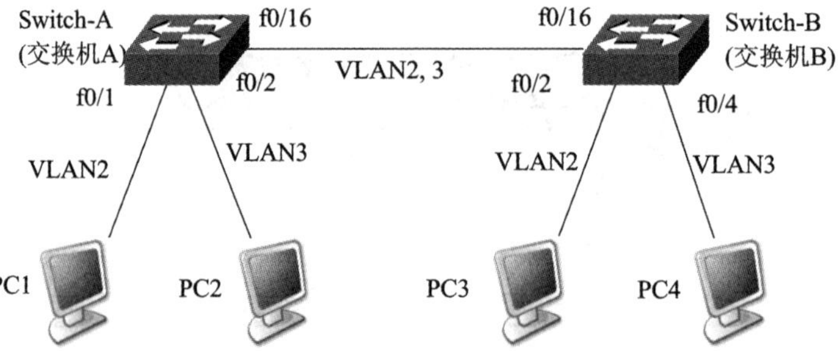

图 2-18 交换机 VLAN 配置

交换机 A 和交换机 B 通过端口 16 相连，交换机 A 的端口 1 与交换机 B 的端口 2 是 VLAN2 的成员，交换机 A 的端口 2 与交换机 B 的端口 4 是 VLAN3 的成员。以思科二层交换机为例，介绍 VLAN 配置情况。

Switch(config-if)#switchport mode Trunk //设置端口类型为 Trunk，接交换机

Switch(config-if)#switchport Trunk allowed VLAN all //将设置为 Trunk 类型的以太端口划分给所有的 VLAN

(2) 配置步骤。

① Switch-A 相关配置如下：

Switch>language chin //中英文的切换

```
Switch>enable                                       //用户视图
Switch#conf  t                                      //系统视图
Switch(config)#VLAN 2                               //创建 VLAN 并进入 VLAN
Switch(config)#VLAN 3
Switch(config-vlan)#exit                            //退出 VLAN
Switch(config)#interface  f0/1                      //进入 f0/1 端口
Switch(config-if)#switchport  mode  Access          //设置端口类型为 Access，接电脑
Switch(config-if)#switchport  Access  VLAN 2        //将设置为 ACC 类型的以太端口
Switch(config)#interface  f0/2                      //进入 f0/2 端口
Switch(config-if)#switchport  mode  Access          //设置端口类型为 Access，接电脑
Switch(config-if)#switchport  Access  vlan  3       //将设置为 ACC 类型的以太端口
Switch(config)#interface  f0/16                     //进入 f0/16 端口
Switch(config-if)#switchport  mode  Trunk           //设置端口类型为 Trunk，接交换机
Switch(config-if)#switchport  Trunk  allowed  VLAN  all  //将设置为 Trunk 类型的以太端口
划分给所有的 VLAN
```

② Switch-B 相关配置如下：

```
Switch(config)#VLAN 2
Switch(config)#VLAN 3
Switch(config-vlan)#exit
Switch(config)#interface  f0/2
Switch(config-if)#switchport  mode  Access
Switch(config-if)#switchport  Access  VLAN  2
Switch(config)#interface  f0/4
Switch(config-if)#switchport  mode  Access
Switch(config-if)#switchport  Access  VLAN  3
Switch(config)#interface  f0/16
Switch(config-if)#switchport  mode  Trunk
Switch(config-if)#switchport  Trunk  allowed  VLAN  all
```

(3) 验证。

验证方法如下：

① PC-1 和 PC-3 能互通；

② PC-2 和 PC-4 能互通；

③ PC-1 和 PC-4 不能互通，PC-2 和 PC-3 不能互通。

(4) 实践结论。

同一 VLAN 下的设备可以互通，不同 VLAN 下的设备不能互通；通过 Trunk 端口可以传递多个 VLAN 信息。

实践项目二　交换机 VLAN 接口 IP 地址配置

实践目的：掌握交换机的 VLAN 接口 TELNET 的配置。

实践设备：华为低端交换机 S2000，PC，网线。

实践要求：在操作过程中，掌握 VLAN 接口的动态和静态 IP 配置流程及指令，并能灵活地使用指令。

实践内容：

(1) VLAN 接口静态 IP 地址配置。

① 拓扑结构。

交换机 VLAN 接口静态 IP 地址配置网络结构如图 2-19 所示。

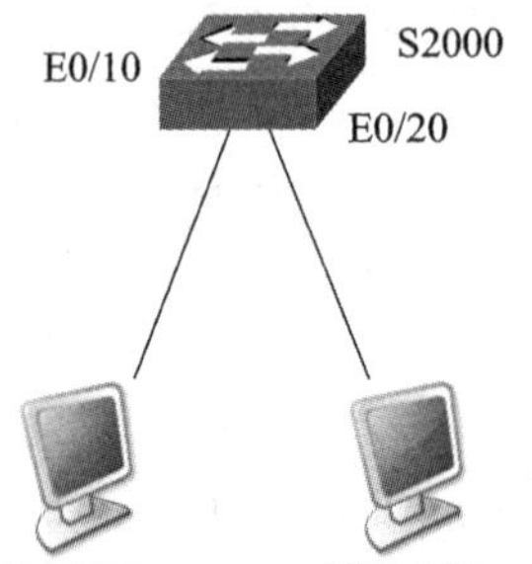

图 2-19　交换机 VLAN 接口静态 IP 地址配置网络结构

② 配置环境参数。

a. S2000 为二层交换机。

b. PC1 连接到 S2000 的以太网端口 E0/10，属于 VLAN10。

c. PC2 连接到 S2000 的以太网端口 E0/20，属于 VLAN20。

d. S2000 的 VLAN 接口 10 的 IP 地址为 61.1.1.1/24，S2000 的 VLAN 接口 20 的 IP 地址为 62.1.1.1/24，分别作为 PC1 和 PC2 的网关。

③ 组网需求。

PC1 和 PC2 可以通过 S2000 进行互通。

④ 数据配置步骤。

VLAN 接口静态 IP 地址配置流程：创建 VLAN 接口，并配置 IP 地址。

S2000 相关配置如下：

```
[S2000]VLAN 10                                  //创建(进入)VLAN10
[S2000-VLAN10]port Ethernet 0/10                //将 E0/10 加入 VLAN10 中
[S2000]interface Vlan-interface 10              //创建(进入)VLAN 接口 10
[S2000-VLAN-interface10]ip address 61.1.1.1 255.255.255.0    //为 VLAN 接口 10 配置 IP 地址
[S2000]VLAN 20
[S2000-VLAN20]port Ethernet 0/2
[S2000]interface Vlan-interface 20
[S2000-Vlan-interface20]IP Address 62.1.1.1 255.255.255.0
```

补充说明：交换机的 VLAN 虚接口承载在物理端口之上，即某 VLAN 所包含的物理端口激活之后，该 VLAN 虚接口才会激活。

对于三层交换机，可以为多个 VLAN 接口配置 IP 地址，而且默认情况下各个 VLAN

接口之间可以进行访问；对于二层交换机来说，为 VLAN 接口配置的 IP 地址只能用于管理。

⑤ 实践测试。

测试 PC1 和 PC2 可以通过 S2000 进行互通。

(2) VLAN 接口动态获取 IP 地址配置。

① 拓扑结构。

VLAN 接口动态获取 IP 地址配置如图 2-20 所示。

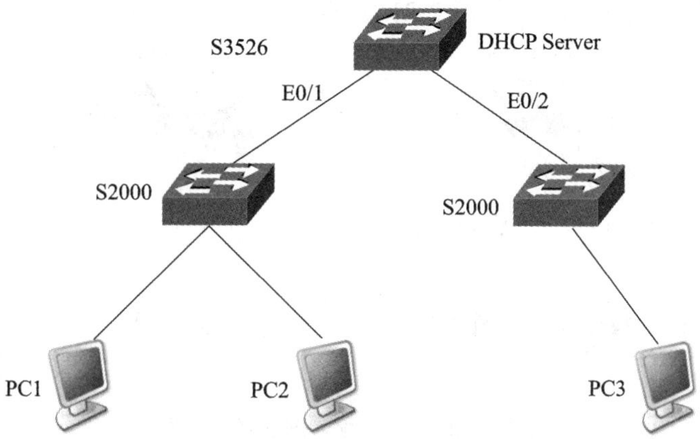

图 2-20 VLAN 接口动态获取 IP 地址配置

② 配置环境参数。

a. S2000 为二层交换机，管理 VLAN 为 VLAN10。

b. S2000 的以太网端口 E0/10 为 Trunk 端口，连接到 S3526，同时 S3526 提供 DHCP Server 功能。

③ 组网需求。

S2000 的 VLAN 接口 10 动态获取 IP 地址。

④ 数据配置步骤。

VLAN 接口动态获取 IP 地址配置流程：在 VLAN 接口上配置动态获取 IP 地址。

S2000 相关配置如下：

```
[S2000]VLAN 10                                   //创建(进入)VLAN10
[S2000]interface Vlan-interface 10               //创建(进入)VLAN10 的虚接口
[S2000-Vlan-interface10]IP Address dhcp-alloc    //配置 IP 地址获取
[S2000-Ethernet0/1]port link-type Trunk          //将 E0/10 端口设为 Trunk
[S2000-Ethernet0/1]port Trunk permit VLAN all    //允许所有的 VLAN 通过
```

补充说明：虽然交换机的 VLAN 接口动态获取了 IP 地址，但是不能获得网关地址，因此还需要在交换机上手工添加静态默认路由。

⑤ 实践测试。

测试 VLAN10 获取的接口 IP 地址是多少。

实践项目三　TELNET 远程管理交换机配置

实践目的：掌握交换机的 TELNET 的配置。

实践设备：华为低端交换机 S3526、S2403，PC，网线。

实践要求：在操作过程中，掌握 TELNET 配置的流程及指令，并能灵活地使用指令。

实践内容：

(1) 拓扑结构。

TELNET 远程管理交换机配置如图 2-21 所示。

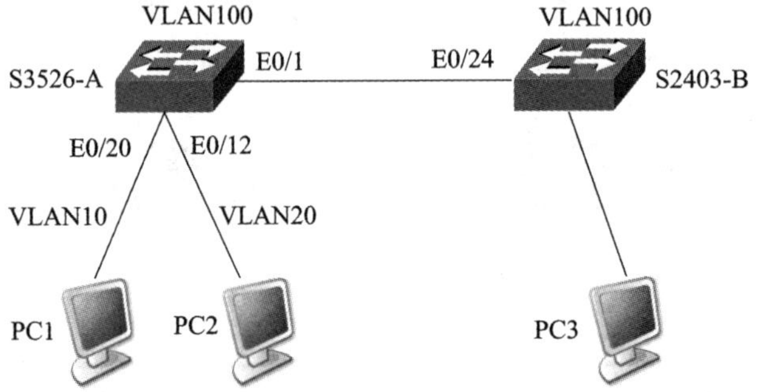

图 2-21　TELNET 远程管理交换机配置

① 配置环境参数。

a. PC1 固定 IP 地址为 10.10.10.10/24，并连接到三层交换机 S3526-A 的 VLAN10；PC1 网关地址为 S3526-A 的 VLAN10，接口地址为 10.10.10.1/24。

b. PC2 固定 IP 地址为 61.10.18.100/24，并连接到三层交换机 S3526-A 的 VLAN20；PC2 网关地址为 S3526-A 的 VLAN20，接口地址为 61.10.18.1/24。

c. S3526-A 与二层交换机 S2403-B 使用 VLAN100 互连，S3526-A 的 VLAN100 接口地址为 192.168.100.1/24，S2403-B 的 VLAN100 接口地址为 192.168.100.2/24。

d. S3526-A 通过以太网口 E0/1 和 S2403-B 的 E0/24 互连。

② 组网需求。

a. S3526-A 只允许 10.10.10.0/24 网段的地址的 PC TELNET 访问。

b. S2403-B 允许其他任意网段的地址 TELNET 访问。

(2) 数据配置步骤。

TELNET 远程管理交换机配置流程：如果一台 PC 要远程登录到一台设备上，首先保证二者之间能够正常通信。S3526-A 为三层交换机，可以有多个三层虚接口，它的管理 VLAN 可以是任意一个具有三层接口并配置了 IP 地址的 VLAN。S2403-B 为二层交换机，只有一个二层虚接口，它的管理 VLAN 即是对应三层虚接口并配置了 IP 地址的 VLAN。

交换机缺省的 TELNET 认证模式是密码认证，如果没有在交换机上配置口令，当 TELNET 登录交换机时，系统会出现“password required, but none set.”的提示。

a. S3526-A 相关配置如下：

```
[S3526-A]VLAN 10
[S3526-A-Vlan10]port Ethernet 0/20        //将连接 PC 的 E0/20 加入 VLAN10 中
```

```
[S3526-A]interface VLAN-interface 10     //创建(进入)VLAN10 的虚接口
[S3526-A-VLAN-interface10]IP Address 10.10.10.1 255.255.255.0 //为 VLAN 接口 10 配置 IP 地址
[S3526-A]VLAN 20
[S3526-A-Vlan10]port E0/12
[S3526-A]interface VLAN-interface 20
[S3526-A-VLAN-interface20]IP Address 61.10.18.1 255.255.255.0
[S3526-A]VLAN 100
[S3526-A]interface VLAN-interface 100
[S3526-A-VLAN-interface100]IP Address 192.168.100.1 255.255.255.0
[S3526-A]interface Ethernet 0/1                   //进入端口 E0/1
[S3526-A-Ethernet0/1]port link-type Trunk         //将其配置为 Trunk 端口
[S3526-A-Ethernet0/1]port Trunk permit VLAN 100   //允许 VLAN100 通过
```

b. S2403-B 相关配置如下：

```
[S2403-B]VLAN 100
[S3403-B]interface VLAN-interface 100
[S2403-B-VLAN-interface100]IP Address 192.168.100.2 255.255.255.0
[S2403-B]interface Ethernet 0/24
[S2403-B-Ethernet0/24]port link-type Trunk
[S2403-B-Ethernet0/24]port Trunk permit VLAN 100
```

此外，二层交换机被其他网段设备管理，需要增加一条默认路由，如下：

```
[S2403-B]ip route-static 0.0.0.0 0.0.0.0 192.168.100.1
```

c. TELNET 密码验证配置，只需输入 password 即可登录交换机。具体配置如下：

```
[S3526-A]user-interface vty 0 4                       //进入用户界面视图
[S3526-A-ui-vty0-4]authentication-mode password       //设置认证方式为密码验证方式
[S3526-A-ui-vty0-4]set authentication password simple 123    //设置登录验证的 password 为明文
                                                             //密码“123”
[S3526-A-ui-vty0-4]user privilege level 3     //配置登录用户的级别为最高级别 3(缺省为级别 1)
```

在交换机上也可增加 super password。例如，配置最高级别 3，用户的 super password 为明文密码“super3”，即：

```
[S3526-A]super password level 3 simple super3
```

缺省情况下，从 VTY 用户界面登录后的级别为 1 级，无法对设备进行配置操作。必须要将用户的权限设置为最高级别 3，才可以进入系统视图并进行配置操作。低级别用户登录交换机后，需输入 super password 改变自己的级别。

d. TELNET 本地用户名和密码验证配置，需要输入 username 和 password 才可以登录交换机。具体配置如下：

```
[S3526-A]user-interface vty 0 4                   //进入用户界面视图
[S3526-A-ui-vty0-4]authentication-mode scheme     //配置本地或远端用户名和口令认证
[S3526-A]local-user huawei                        //配置本地 TELNET 用户，用户名为“huawei”
[S3526-A-user-huawei]password simple 123456       //密码为“123456”
```

[S3526-A-user-huawei]service-type telnet level 3 //级别 3(缺省为级别 1)

[S3526-A]super password level 3 simple super3 //在交换机上增加 super password

e. TELNET 访问控制配置。

- 配置访问控制规则只允许 10.10.10.0/24 网段登录。具体配置如下：

[S3526-A]acl number 90

[S3526-A-acl-basic-90]rule deny source any

[S3526-A-acl-basic-90]rule permit source 10.10.10.0 0.0.0.255

- 配置只允许符合 ACL6000 的 IP 地址登录交换机，即：

[S3526-A-ui-vty0-4]acl 90 inbound

(3) 实践测试。

① 交换机能否用密码(账号和密码)进行 TELNET 登录。

② 验证主机地址是 61.10.18.100/24 的 PC 能否登录 S3526。

实践项目四 交换机 Trunk 端口配置

实践目的：掌握交换机 Trunk 端口配置。

实践设备：华为低端交换机 S2403、S3526，PC，网线。

实践要求：在操作过程中，掌握 Trunk 端口配置流程及指令，并能灵活地使用指令。

实践内容：

(1) 网络组网结构及组网说明。

① 网络拓扑结构。

交换机 Trunk 端口应用配置如图 2-22 所示。

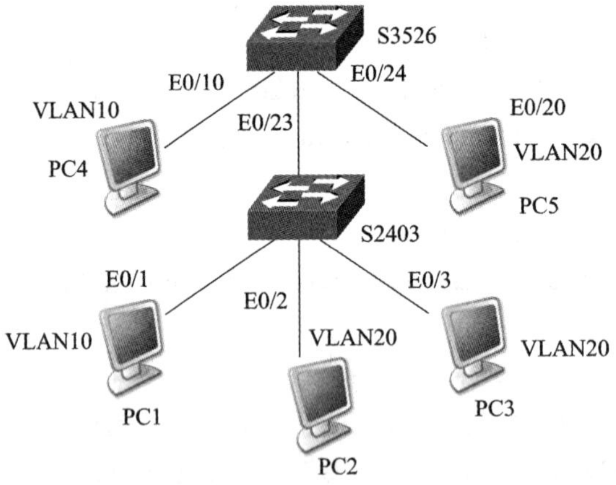

图 2-22 交换机 Trunk 端口应用配置

② 配置环境参数。

a. PC1 的 IP 地址为 61.1.1.1/24；

PC2 的 IP 地址为 62.1.1.2/24；

PC3 的 IP 地址为 62.1.1.3/24；

PC4 的 IP 地址为 61.1.1.4/24；

PC5 的 IP 地址为 62.1.1.5/24。

b. PC1、PC2 和 PC3 分别连接到交换机 S2403 的端口 E0/1、E0/2 和 E0/3，端口分属于 VLAN10 和 VLAN20；PC4 和 PC5 分别连接在交换机 S3526 的端口 E0/10、E0/20，端口分别属于 VLAN10 和 VLAN20。

c. S2403 通过端口 E0/23，连接到 S3526 的端口 E0/24；S2403 的端口 E0/23 和 S3526 的端口 E0/24 均是 Trunk 端口，而且允许 VLAN10 和 VLAN20 通过。

③ 组网需求。

a. 在 S2403 与 S3526 之间，相同 VLAN 的 PC 之间可以互访。

b. 在 S2403 与 S3526 之间，不同 VLAN 的 PC 之间禁止互访。

(2) 数据配置步骤。

交换机 Trunk 端口配置流程：利用将端口配置为 Trunk 端口来完成在不同交换机之间透传 VLAN，达到属于相同 VLAN 的 PC，跨交换机进行二层访问；或者不同 VLAN 的 PC 跨交换机进行三层访问的目的。

① S2403 相关配置如下：

```
[S2403]VLAN 10                                      //创建(进入)VLAN10
[S2403-VLAN10]port Ethernet 0/1                     //将 E0/1 加入 VLAN10 中
[S2403]VLAN 20                                      //创建(进入)VLAN20
[S2403-VLAN20]port Ethernet 0/2                     //将 E0/2 加入 VLAN20 中
[S2403-VLAN20]port Ethernet 0/3                     //将 E0/3 加入 VLAN20 中
[S2403]interface E0/23                              //进入端口
[S2403-Ethernet0/23]port link-type Trunk            //将端口 E0/23 配置为 Trunk 端口
[S2403-Ethernet0/23]port Trunk permit VLAN 10 20    //允许 VLAN10 和 VLAN20 通过
```

② S3526 相关配置如下：

```
[S3526]VLAN 10                                      //创建(进入)VLAN10
[S3526-VLAN10]port Ethernet 0/10                    //将 E0/10 加入 VLAN10 中
[S3526]VLAN 20                                      //创建(进入)VLAN20
[S3526-VLAN20]port Ethernet 0/20                    //将 E0/20 加入 VLAN20 中
[S3526]interface GigabitEthernet 0/24               //进入端口
[S3526-Ethernet0/24]port link-type Trunk            //将端口 E0/24 配置为 Trunk 端口
[S3526-Ethernet0/24]port Trunk permit VLAN 10 20    //允许 VLAN10 和 VLAN20 通过
```

任务 2.4　路　由　器

路由是指把数据从一个地方传送到另一个地方的动作和行为。而路由器就是执行这种动作行为的机器，是一种连接多个网络或网段的网络设备。它能将不同网络或网段之间的数据信息进行“翻译”，使它们能够相互“读懂”对方的数据，从而构成一个更大的网络。

【任务要求】

识记：路由器的工作原理。

领会：路由器的配置思路及配置命令。

2.4.1 路由器的工作原理

路由器工作在 OSI 模型中的第三层，即网络层。路由器利用网络层定义的“逻辑”上的网络地址(IP 地址)来区别不同的网络，以实现网络的互联和隔离，保持各个网络的独立性。路由器不转发广播信息，而把广播信息限制在各自的网络内部。发送到其他网络的数据包先被送到路由器，再由路由器转发出去。

目前 TCP/IP 网络中，路由器不仅负责对 IP 分组的转发，还要负责与别的路由器进行联络，共同确定路由选择和维护路由表。

路由动作包括两项基本内容：寻径和转发。寻径即判定到达目的地的最佳路径，由路由选择算法来实现；转发即沿寻径好的最佳路径传送信息分组。路由器首先在路由表中查找，判明是否知道如何将分组发送到下一个站点(路由器或主机)。如果路由器不知道如何发送分组，通常将该分组丢弃；否则，就根据路由表的相应表项将分组发送到下一个站点。路由器的工作原理如图 2-23 所示。

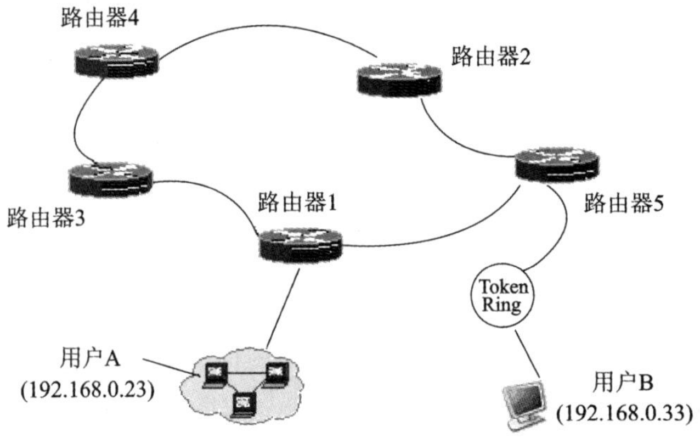

图 2-23　路由器的工作原理

假定用户 A 需要向用户 B 发送信息，并假定它们的 IP 地址分别为 192.168.0.23 和 192.168.0.33。用户 A 向用户 B 发送信息时，路由器需要执行以下过程：

(1) 用户 A 将用户 B 的地址 192.168.0.33 连同数据信息以数据帧的形式发送给路由器 1。

(2) 路由器 1 收到工作站 A 的数据帧后，先从报头中取出地址 192.168.0.33，并根据路由表计算出发往用户 B 的最佳路径，将数据帧发往路由器 5。

(3) 路由器 5 同样取出目的地址，发现 192.168.0.33 就在该路由器所连接的网段上，于是将该数据帧直接交给用户 B。

(4) 用户 B 收到用户 A 的数据帧后，一个由路由器参加工作的通信过程至此完成。

2.4.2 路由器的基本功能

路由器的基本功能就是路由的作用，通俗来讲就是向导作用，主要用来为数据包的转发指明方向。路由器的基本功能包含以下方面：

(1) 在网际间接收节点发来的数据包，根据数据包中的源地址和目的地址，对照自己缓存中的路由表，把数据包直接转发到目的节点。这是路由器最主要，也是最基本的功能。

(2) 为网际间通信选择最合理的路由。

(3) 拆分和包装数据包。

(4) 不同协议网络之间的连接。

(5) 目前，许多路由器都具有防火墙功能(可配置独立 IP 地址的网管型路由器)，能够起到基本的防火墙作用，也就是能够屏蔽内部网络的 IP 地址，自由设定 IP 地址和通信端口过滤。

2.4.3 路由器配置

以思科的交换机和路由器为例，介绍相关配置命令。各数据规划如图 2-24 所示，用户 PC 需要访问服务器。

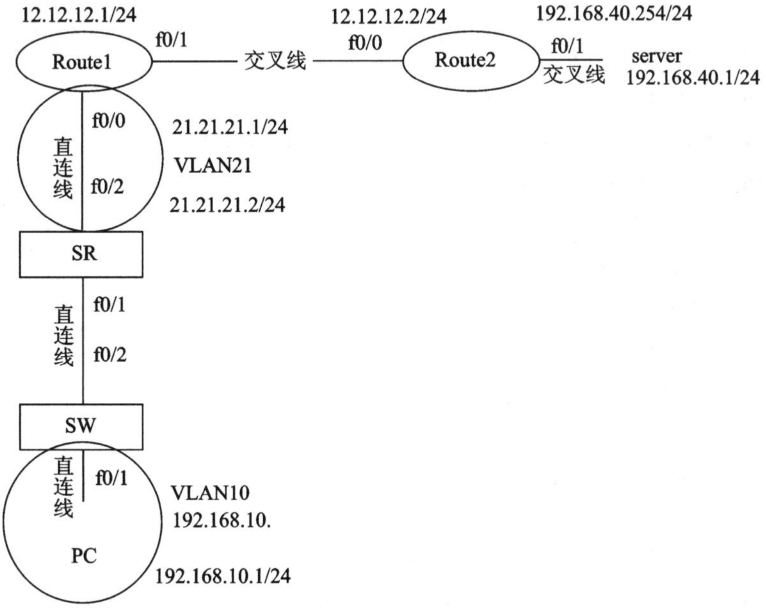

图 2-24 网络结构

其中交换机的配置与前面介绍的相同，即需要创建 VLAN10，配置端口模式，并透传 VLAN。在业务路由器 SR 上需要创建 VLAN10、VLAN21，配置端口 IP 地址和掩码、配置端口 VLAN 模式以及配置到 PC 和服务器的路由。其中入口 IP 地址为 PC 的网关地址。在路由器上主要配置端口 IP 地址和掩码，以及配置到 PC 和服务器的路由。

1. SW 上的配置

SW 上的配置如下：

```
Switch>enable
Switch#conf  t
Switch(config)#VLAN  10
Switch(config-if)#name  PC
Switch(config-if)#exit
```

```
Switch(config)#interface    f0/1
Switch(config-if)#switchport   mode   Access
Switch(config-if)#switchport   Access   VLAN   10
Switch(config-if)#exit
Switch(config)#interface    f0/2
Switch(config-if)#switchport   mode   Trunk
Switch(config-if)#switchport  Trunk  allowed  VLAN  all
```

2. SR 上的配置

SR 上的配置如下：

```
Switch>enable
Switch#conf   t
Switch(config)#VLAN   10
Switch(config-vlan)#exit
Switch(config)#interface    VLAN   10
Switch(config-if)#IP   Address   192.168.10.1   255.255.255.0
Switch(config-if)#no   shutdown
Switch(config-if)#exit
Switch(config)#VLAN   21
Switch(config-vlan)#exit
Switch(config)#interface    VLAN   21
Switch(config-if)#IP   Address   21.21.21.2   255.255.255.0
Switch(config-if)#no   shutdown
Switch(config-if)#exit
Switch(config)#interface    f0/1
Switch (config-if)#switchport   Trunk   encapsulation   dot1q   //设置 Trunk 为 802.1Q 帧
Switch(config-if)#switchport   mode   Trunk
Switch(config-if)#switchport  Trunk  allowed  VLAN  all
Switch(config-if)#exit
Switch(config)#interface    f0/2
Switch(config-if)#switchport   mode   Access
Switch(config-if)#switchport   Access   VLAN   21
Switch(config-if)#exit
Switch(config)#IP   Route    12.12.12.0   255.255.255.0   21.21.21.1
Switch(config)#IP   Route    192.168.40.0   255.255.255.0   21.21.21.1
```

3. R1 上的配置

R1 上的配置如下：

```
Switch>enable
Switch#conf   t
```

```
Router(config)#interface    f0/0
Router(config-if)#IP address    21.21.21.1    255.255.255.0
Router(config-if)#no shutdown
Router(config-if)#exit
Router(config)#interface    f0/1
Router(config-if)#IP Address    12.12.12.1    255.255.255.0
Router(config-if)#no shutdown
Router(config-if)#exit
Router(config)#IP Route    192.168.10.0    255.255.255.0    21.21.21.2
Router(config)#IP Route    192.168.40.0    255.255.255.0    12.12.12.2
```

4. R2 上的配置

R2 上的配置如下：

```
Switch>enable
Switch#conf    t
Router(config)#interface    f0/0
Router(config-if)#IP Address    12.12.12.2    255.255.255.0
Router(config-if)#no shutdown
Router(config-if)#exit
Router(config)#interface    f0/1
Router(config-if)#IP Address    192.168.40.254    255.255.255.0
Router(config-if)#no shutdown
Router(config-if)#exit
Router(config)#IP Route    192.168.10.0    255.255.255.0    12.12.12.1
Router(config)#IP Route    21.21.21.0    255.255.255.0    12.12.12.1
```

注意：不同结构图要改动相关参数。PC 和 Server 上只要设置所在网段的 IP 就可以了，然后测试 PC 和 Server 是否互通。

2.4.4 DHCP 协议

DHCP(动态主机配置协议)是一个局域网的网络协议，使用 UDP 协议工作。DHCP 主要有两个用途：一是给网络侧的设备提供 IP 地址；二是给用户侧设备提供 IP 地址。

DHCP 分为两个部分：一个是服务器端，另一个是客户端。所有的 IP 网络设定资料都由 DHCP 服务器集中管理，并负责处理客户端的 DHCP 要求；而客户端则会使用从服务器分配的 IP 环境资料。DHCP 透过“租约”的概念，有效且动态地分配客户端的 TCP/IP 设定。

1. 分配形式

必须至少有一台 DHCP 服务器工作在网络上，它会监听网络的 DHCP 请求，并与客户端蹉商 TCP/IP 的设定环境。它提供两种 IP 定位方式：自动分配和动态分配。

1) 自动分配

自动分配情形是：一旦 DHCP 客户端第一次成功地从 DHCP 服务器端租用到 IP 地址之后，就永远使用这个地址。

2) 动态分配

当 DHCP 第一次从 DHCP 服务器端租用到 IP 地址之后，并非永久地使用该地址，只要租约到期，客户端就得释放(Release)这个 IP 地址，以便给其他工作站使用。当然，客户端可以比其他主机更优先地延续(Renew)租约，或是租用其他的 IP 地址。

动态分配比自动分配更加灵活。

DHCP 除了能动态地设定 IP 地址之外，还可以将一些 IP 地址保留下来给一些特殊用途的机器使用，也可以按照硬件地址来固定分配 IP 地址，这样可以有更大的设计空间。

2. 工作原理

针对客户端是否第一次登录网络，DHCP 的工作形式会有所不同。

1) 第一次登录

(1) 寻找 Server。当 DHCP 客户端第一次登录网络时，也就是客户发现本机上没有任何 IP 资料设定时，它会向网络发出一个 DHCPdiscover 封包。因为客户端还不知道自己属于哪一个网络，所以封包的来源地址会为 0.0.0.0，而目的地址则为 255.255.255.255，然后再附上 DHCPdiscover 的信息，向网络进行广播。

在 Windows 的预设情形下，DHCPdiscover 的等待时间预设为 1 s，也就是当客户端将第一个 DHCPdiscover 封包送出去之后，在 1 s 之内没有得到回应的话，就会进行第二次 DHCPdiscover 广播。在一直得不到回应的情况下，客户端一共会有四次 DHCPdiscover 广播(包括第一次在内)，除了第一次会等待 1 s 之外，其余三次的等待时间分别是 9、13、16 秒。如果都没有得到 DHCP 服务器的回应，客户端则会显示错误信息，宣告 DHCPdiscover 的失败。之后，基于使用者的选择，系统会继续在 5 min 之后再重复一次 DHCPdiscover 的过程。

(2) 提供 IP 租用地址。当 DHCP 服务器监听到客户端发出的 DHCPdiscover 广播后，它会从那些还没有租出的位址范围内选择最前面的空置 IP，连同其他 TCP/IP 设定，回应给客户端一个 DHCPoffer 封包。

由于客户端在开始的时候还没有 IP 地址，因此在其 DHCPdiscover 封包内会带有其 MAC 地址信息，并且有一个 XID 编号来辨别该封包。DHCP 服务器回应的 DHCPoffer 封包则会根据这些资料传递给要求租约的客户。根据服务器端的设定，DHCPoffer 封包会包含一个租约期限的信息。

(3) 接受 IP 租约。如果客户端收到网络上多台 DHCP 服务器的回应，只会挑选其中一个 DHCPoffer 而已(通常是最先抵达的那个)，并且会向网络发送一个 DHCPrequest 广播封包，告诉所有 DHCP 服务器它将指定接受哪一台服务器提供的 IP 地址。

同时，客户端还会向网络发送一个 ARP 封包，查询网络上面有没有其他机器使用该 IP 地址；如果发现该 IP 已经被占用，客户端则会送出一个 DHCPdecline 封包给 DHCP 服务器，拒绝接受其 DHCPoffer，并重新发送 DHCPdiscover 信息。

事实上，并不是所有 DHCP 客户端都会无条件接受 DHCP 服务器的 offer，尤其这些主机安装有其他 TCP/IP 相关的客户软件。客户端也可以用 DHCPrequest 向服务器提出 DHCP 选择，而这些选择会以不同的号码填写在 DHCPOptionField 里面。

换一句话说，在 DHCP 服务器上面的设定，未必是客户端全都接受，客户端可以保留自己的一些 TCP/IP 设定，而主动权永远在客户端这边。

(4) 租约确认。当 DHCP 服务器接收到客户端的 DHCPrequest 之后，会向客户端发出一个 DHCPACK 回应，以确认 IP 租约正式生效。此时就结束了一个完整的 DHCP 工作过程。

DHCP 工作过程如图 2-25 所示。

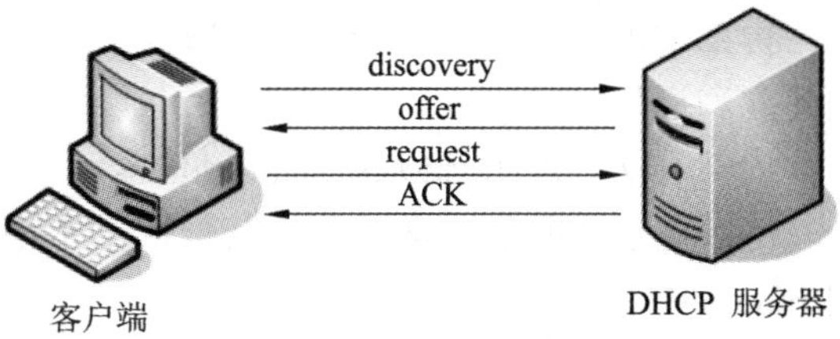

图 2-25 DHCP 工作过程

2) 第一次登录之后

一旦 DHCP 客户端成功地从服务器那里取得 DHCP 租约之后，除非其租约已经失效并且 IP 地址也重新设定回 0.0.0.0，否则就无须再发送 DHCPdiscover 信息了；而会使用已经租用到的 IP 地址向之前的 DHCP 服务器发出 DHCPrequest 信息，DHCP 服务器会尽量让客户端使用原来的 IP 地址，如果没问题的话，直接回应 DHCPACK 来确认即可。如果该地址已经失效或已经被其他机器使用了，服务器则会回应一个 DHCPACK 封包给客户端，要求它重新执行 DHCPdiscover。

2.4.5 NAT 概念

1. NAT 概念

网络地址转换(Network Address Translation，NAT)是指将一个地址域映射到另一个地址域的技术，它是路由器的一个重要的功能。因此，NAT 允许一个机构内部的主机无须拥有注册的 Internet 地址，也可与公共域中的主机进行通信，从而缓解 Ipv4 地址空间耗尽问题。

从本质上讲，NAT 是一种地址映射方法。它将 IP 地址从一个地址空间映射到另一个地址空间，并提供透明的路由。

NAT 是一种和专用网、虚拟专用网 VPN 有关的技术。它允许一个企业网使用一组私有地址。而企业使用一个或者少量的 Internet 可以有效访问地址和外界沟通，而且其内部使用私有地址的设备也均可以通过 NAT 接入 Internet。

2. NAT 的特征

无论实现何种形式的 NAT，都必须具有以下特征：

(1) 透明的地址分配，即外部地址的分配不需要用户的干预，在用户建立会话时，NAT 按照系统管理员的配置自动分配外部网络 IP 地址，进行地址映射。

(2) 透明的路由，即用户不必知道 NAT 是否存在。NAT 能自动地对用户的通信数据报进行透明的地址翻译和正确路由，已存在的应用程序不需要做任何修改。

(3) ICMP 错误数据报翻译。因为引发 ICMP 错误消息的数据报 IP 地址、端口号等要作为 ICMP 错误消息的载荷返回给数据报的发送者，使该数据报的发送者能定位引起 ICMP 错误消息的计算机和进程。ICMP 载荷内的 IP 地址等信息是在原始数据报经过 NAT 时被

NAT 转换过的，此时必须重新转换 ICMP 错误消息中的 IP 地址等信息，才能正确定位引起错误消息的计算机和进程。

3. NAT 的实现

首先，了解 NAT 两个术语。

内部本地地址(Inside Local Address)：内部网络中设备使用的 IP 地址。它用于企业内网的建立和通信。

内部合法地址(Inside Global Address)：需要申请才可取得的 IP 地址，作为企业的对外 IP，可以在互联网上正常通信。其他内部本地地址通过转换成内部合法地址之后才能够访问 Internet。

其次，实现 NAT。通过 NAT 路由器的所有输出分组，把分组中的源地址都转换为 NAT 服务器 Internet 地址(NAT 内部合法地址)；通过 NAT 路由器的所有输入分组，把分组中的目的地址即 NAT 服务器的 Internet 地址都转换为适当的企业内部网私有地址。

上述实现是在 NAT 网关(例如一台运行有 NAT 软件的路由器)上创建一张地址转换表；然后 NAT 网关取出进入和外出数据报的地址查询转换表，如果查到匹配的转换项，则相应地更换源地址(外出)或目的地址(进入)，并重新填写相应的 IP 头部区域。

实践项目　交换机和路由器的配置

实践目的：掌握思科交换机和路由器的配置。

实践设备：思科交换机 2950T 和 3560，思科路由器 2811，PC，网线。

实践要求：能灵活地使用配置命令。

实践内容：根据网络拓扑结构(如图 2-26 所示)，完成相关配置，并可以使用用户 PC 访问服务器。

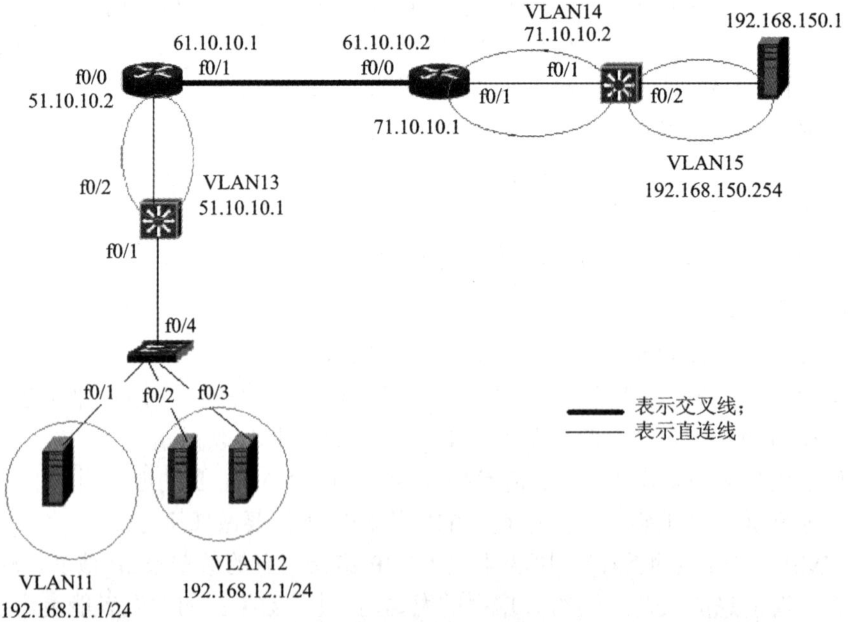

图 2-26　网络拓扑结构

任务 2.5 宽带接入服务器

【任务要求】

识记：宽带接入服务器的功能、PPPoE 接入流程。

领会：宽带接入服务器的组成。

2.5.1 宽带接入服务器的功能

宽带接入服务器(BAS/BRAS)是一种面向宽带网络应用的新型接入网关。它是宽带接入网的骨干网之间的桥梁，提供基本的接入手段和宽带接入网的管理功能；它位于网络的边缘，提供宽带接入服务，实现多种业务的汇聚与转发，能满足不同用户对传输容量和带宽利用率的要求，因此是宽带用户接入的核心设备。

宽带接入服务器主要完成两方面功能：

(1) 网络承载功能，负责终结用户的 PPPoE 连接，汇聚用户的流量功能。

(2) 控制实现功能，与认证系统、计费系统和客户管理系统及服务策略控制系统相配合，实现用户接入的认证、计费和管理功能。

2.5.2 宽带接入服务器的组成

按功能分类，宽带接入服务器有五大功能模块：接入功能模块、通信协议处理模块、网络安全模块、业务管理模块和网络管理模块。

1. 接入功能模块

接入功能模块包括用户侧的接口模块和网络侧的接口模块。

(1) 宽带接入服务器在用户侧有以下功能接口：

① ATM 接口，可以提供 DS3/OC3/OC12 的 ATM 光接口，实现纯 ATM 接入或 DSLAM(DSL 的用户集中器)的接入。

② 10/100BaseT 以太网接口，实现局域网用户和 HFC 用户的接入，转发用户的 IP 数据流。

③ E1/T1/DS3 接口，主要是与 FR 复接设备、远程接入服务器及无线接入的局端设备相连。功能是将 FR 用户的 PVC/专线连接在宽带接入服务器处终结；或将 PSTN/ISDN 拨号用户的远程接入服务器的 IP 数据流中继到宽带接入服务器，然后通过宽带接入服务器将 IP 数据流转发到 IP 业务网中去；或将移动数据用户的 PPP 连接在宽带接入服务器处终结或中继。

(2) 宽带接入服务器在网络侧有以下功能接口：

① ATM 接口，将用户接入 ATM 骨干网中，并且至少应支持 STM-1、STM-4 接口。

② POS 接口，将用户接入 IP 骨干网中，并且至少应支持 STM-1、STM-4 接口。

③ 千兆以太网接口，将用户接入IP骨干网中，并且至少应支持1000Base-Sx / 1000Base-

Lx/1000BaseT 接口的一种。

④ FR 接口，将用户接入 FR 网中，一般为 E1 接口和 V.35 接口。

⑤ WDM 接口，将用户接入 IP 骨干网的一种可选方式。

2．通信协议处理模块

通信协议处理模块包括用户侧通信协议(如 FR UNI、PPPoA/PPPoE、LAN、RFC1483)和网络侧通信协议(如 TCP/IP、L2TP、IP 网络安全协议 IPSec、接入认证协议、网管协议、LAN 协议 IEEE 8023.3z、IPoverSDH/IPoverWDM)等处理模块。宽带接入服务器面向不同类型接入设备，是一种能提供端到端宽带连接的新型网络路由设备，它可以终结或中继来自用户的各种连接，如基于 PPP 的会话和采用不同封装形式的 PVC 连接。

3．网络安全模块

网络安全模块包括 IP VPN 模块和防火墙模块。

① IP VPN 模块：支持基于 IPSec 方式在 IP 网络上生成安全隧道，为用户提供在 IP 网络或 Internet 上建立安全的点对点连接。宽带接入服务器应具备开启和终结 IP 隧道的功能，并支持公共密钥系统认证。

② 防火墙模块：防火墙功能可以由 IP Filter 和 IP Pool 两种方式提供。IP Filter 方式是指宽带接入服务器提供 IP 包的过滤功能，向不同权限的用户提供不同层次的 IP 包过滤功能，实现不同的用户有不同的接入能力。IP Pool 方式是指根据用户的授权从不同的 IP Pool 中读取 IP 地址给相应的用户，作为用户的主叫 IP 地址，在相应的路由器中对不同主叫 IP 地址设定不同 IP 包的过滤能力，从而实现不同用户有不同的接入能力。

4．业务管理模块

业务管理模块包括网络接入认证与授权模块、计费模块和统计模块。

宽带接入服务器由于接入的用户种类不同，用户的业务需求也不同，要求其能够对不同的用户连接采取不同的集中接入认证与授权、计费、信息统计等策略。如：对 xDSL 用户，可采取虚拟拨号方式进行类似接入服务器中的拨号用户的 AAA 服务；对 FR/DDN 用户，可采用端口出租、收月租的方式进行计费服务。

5．网络管理模块

网络管理模块包括网管代理功能模块、TELNET 服务器功能模块和设备监控功能模块。通过这三种模块，对宽带接入服务器进行配置、控制和管理。

① 宽带接入服务器接受 IP/ATM 业务网网管的管理，通过内置网管代理功能模块，实现与网管的通信、采集系统的信息并维护 MIB 库。

网管对用户 PPP 呼叫次数、PPP 呼叫不能连接次数、用户访问的平均时长、用户访问的平均费用、闲时概率、忙时概率、日均用户曲线、月均用户曲线、设备元素、故障概率、无法拆线次数、ATM/FR PVC 的吞吐量、ATM/FR PVC 的差错率、异常终止原因及出现的频率等进行统计，并采用 SNMP 管理协议。

② TELNET 服务器功能模块实现配置管理。

③ 设备监控功能模块提供远程拨号接入监控功能和本地控制台管理功能。远程拨号终端或本地控制台可以在宽带接入服务器故障恢复后重启动，可以修改用户账单、增添或撤销用户账单，可以进行设备安全控制管理、修改用户身份码、强制拆除连接，可以对设备

的故障定位，确定故障的Modem并停止使用，从而实现对宽带接入服务器的维护和监控功能。

从全网来看，宽带接入服务器既是全网接入业务的单一汇聚点，又是用户业务流量的统一转发点。在这个特殊的网络点，如果它能与其他专用网络设备实现联合组网应用，可以提高网络总体性能和用户的实际接入速度，取得事半功倍的效果。可以想象，对于Internet业务，将宽带接入服务器直接挂接在专用Cache和四层交换机上。这样，对于用户频繁访问的信息就可以直接通过四层交换机过滤从专用Cache上高速获取，从而旁路了大量的用户数据流，减少许多重复的、不必要的网络流量，大大降低了骨干网络负荷，提高了网络的利用率，具有很高的应用价值。

如今，以光通信为代表的新一轮数据骨干网络和接入网络迅猛发展，这对宽带接入服务器在各方面都提出了更高的要求。宽带接入服务器在性能上的提高集中表现在接入处理能力方面、交换容量方面和接口带宽、密度方面。从各厂商的发展计划上看，下一代大型宽带接入服务器的系统性能要求达到：交换容量至少40 Gb/s；同时支持的PPP呼叫数目达到20 K；可配置用户数达到100 K；独立包转发能力达到1 Mp/s以上。

同时从 IP 发展趋势上看，由于多协议标签交换(MPLS)的引入可以平滑地实现网络升级，易于实现IP的服务质量保证和VPN应用，这些方面的应用与目前其他技术相比具有无法比拟的优势。MPLS已经成为业界对下一代IP发展方向的共识，宽带接入服务器对它的支持是必然的选择。

总之，目前宽带接入服务器正处于初期大规模推广应用阶段，随着宽带网络建设的深入，它具有十分广阔的发展前景。

2.5.3 PPPoE接入流程

PPPoE(PPP over Ethernet)是基于Ethernet的PPP协议。使用PPPoE方式接入时，需要专门的PPPoE虚拟拨号软件连接到ISP的拨号服务器进行拨号，输入账号和密码后，获得动态分配的IP接入Internet。PPPoE由用户的以太网卡发起。

1. PPPoE协议的工作原理

PPPoE 协议的工作流程包含发现和会话两个阶段。发现阶段是无状态的，目的是获得PPPoE终结端的以太网MAC地址，并建立一个唯一的PPPoE SESSION_ID。发现阶段结束后，就进入标准的PPP会话阶段。

1) 发现(Discovery)阶段

在发现阶段中，用户主机以广播方式寻找所连接的所有接入集线器(或交换机)，并获得其以太网MAC地址；然后选择需要连接的主机，并确定所要建立的PPP会话识别标号。发现阶段有四个步骤，当此阶段完成，通信的两端都知道PPPoE SESSION_ID和对端的以太网地址，它们一起定义唯一的PPPoE会话。这四个步骤如下：

(1) 主机广播一个发起分组(PADI)，分组的目的地址为以太网的广播地址 0xffffff，CODE(代码)字段值为0x09，SESSION_ID(会话ID)字段值为0x0000。PADI分组必须至少包含一个服务名称类型的标签(标签类型字段值为0x0101)，向接入集中器提出服务。

(2) 接入集中器收到在服务范围内的PADI分组后，发送PPPoE有效发现提供包(PADO)

分组，以响应请求。其中，CODE 字段值为 0x07，SESSION_ID 字段值仍为 0x0000。PADO 分组必须包含一个接入集中器名称类型的标签(标签类型字段值为 0x0102)，以及一个或多个服务名称类型标签，表明可向主机提供的服务种类。

(3) 主机在可能收到的多个 PADO 分组中选择一个合适的 PADO 分组，然后向所选择的接入集中器发送 PPPoE 有效发现请求(PADR)分组。其中，CODE 字段值为 0x19，SESSION_ID 字段值仍为 0x0000。PADR 分组必须包含一个服务名称类型的标签，以确定向接入集线器(或交换机)请求的服务种类。当主机在指定的时间内没有接收到 PADO，它应该重新发送它的 PADI 分组，并且加倍等待时间，这个过程会重复期望的次数。

(4) 接入集中器收到 PADR 分组后准备开始 PPP 会话，它发送一个 PPPoE 有效发现会话确认(PADS)分组。其中，CODE 字段值为 0x65，SESSION_ID 字段值为接入集中器所产生的一个唯一的 PPPoE 会话标识号码。PADS 分组也必须包含一个接入集中器名称类型的标签，以确认向主机提供的服务。当主机收到 PADS 分组确认后，双方就进入 PPP 会话阶段。

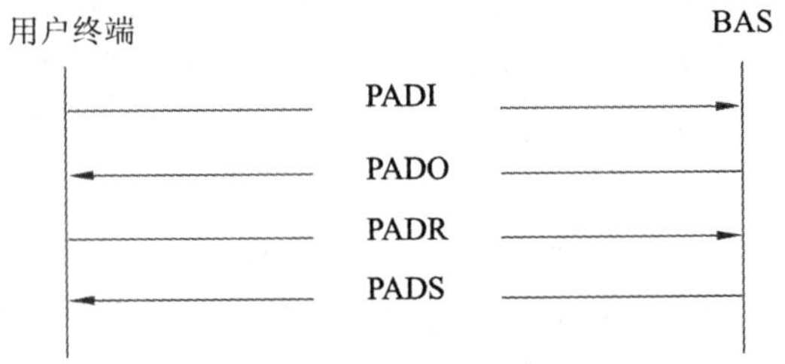

图 2-27　PPPoE 发现流程

PPPoE 发现流程如图 2-27 所示。

2) PPP 会话阶段

用户主机与接入集中器根据在发现阶段所协商的 PPP 会话，连接参数进行 PPP 会话。一旦 PPPoE 会话开始，PPP 数据就可以以任何其他的 PPP 封装形式发送。所有的以太网帧都是单播的。PPPoE 会话的 SESSION_ID 一定不能改变，并且必须是发现阶段分配的值。

(1) LCP (Link Control Protocol)协商阶段。

LCP 的 Request 主机和服务器都要给对方发送(即用户终端向服务器发送 Request 和 ACK，服务器也向主机发送 Request 和 ACK)，LCP 协商阶段完成最大传输单元(MTU)、是否进行认证和采用何种认证方式(Authentication Type)的协商。

LCP 协商的过程为：协商双方互相发送一个 LCP Configure-Request 报文，确认收到的 Configure-Request 报文中的协商选项，根据这些选项的支持与接受情况，作出适当的回应。若两端都回应了 Configure-ACK，则标志 LCP 链路建立成功，否则会继续发送 Configure-Request 报文，直到对端回应了 ACK 报文为止。LCP 协商的基本过程如图 2-28 所示。

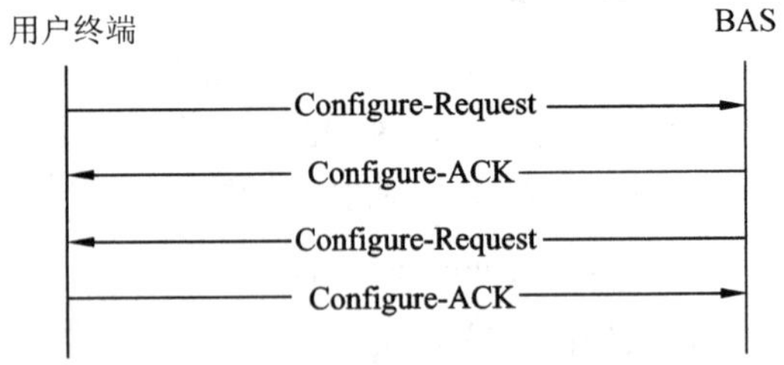

图 2-28　LCP 协商的基本过程

若完全支持对端的 LCP 选项，则回应 Configure-ACK 报文，报文中必须完全携带对端 Request 报文中的选项。若支持对端的协商选项，但不认可该项协商的内容，则回应 Configure-NAK 报文，在 Configure-NAK 的选项中填上自己期望的内容。如：对端 MRU 值为 1500，而自己期望 MRU 值为 1492，则在 Configure-NAK 报文中填上自己的期望值 1492。若不能支持对端的协商选项，则回应 Configure-Reject 报文，报文中携带不能支持的选项。

(2) 认证阶段。

PPP 认证(Authentication)有两种方式：PAP 认证和 CHAP 认证。

会话双方通过 LCP 协商好的认证方法进行认证，如果认证通过了，则可以进行网络层的协商。在链路协商结束后就进行认证过程。

① PAP 认证。PAP 为两次握手协议，它通过用户名及口令来对用户进行验证。

PAP 验证过程为：当两端链路可相互传输数据时，被验证方向验证方发送本端的用户名及口令，验证方根据本端的用户表(或 Radius 服务器)查看是否有此用户，口令是否正确。如正确则会给对端发送 Authenticate-ACK 报文，通告对端已被允许进入下一阶段协商；否则发送 Authenticate-NAK 报文，通告对端验证失败。此时，并不会直接将链路关闭。只有当验证不过的次数达到一定值(缺省为 10)时，才会关闭链路。PAP 认证流程如图 2-29 所示。

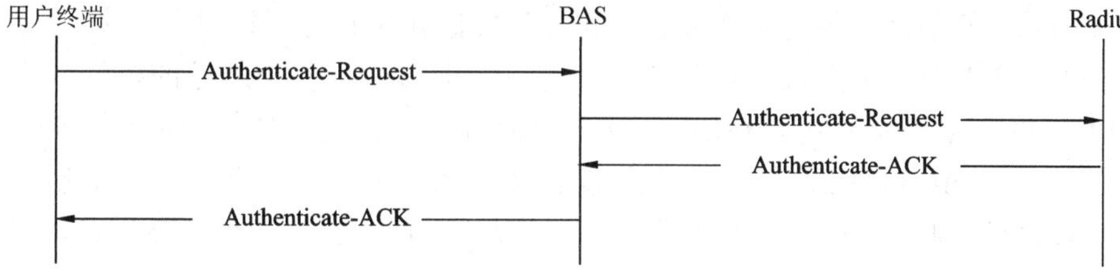

图 2-29　PAP 认证流程

PAP 的特点是在网络上以明文的方式传递用户名及口令，如在传输过程中被截获，便有可能对网络安全造成极大的威胁。因此，它适用于对网络安全要求相对较低的环境。

② CHAP 认证。CHAP 为三次握手协议，它只在网络上传输用户名，并不传输用户口令，因此其安全性比 PAP 高。

CHAP 的验证过程为：首先由验证方(Server)向被验证方(Client)发送一些随机产生的报文，并同时将本端的主机名附带上一起发送给被验证方。被验证方接到对端对本端的验证请求(Challenge)时，便根据此报文中验证方的主机名和本端的用户表查找用户口令字，如找到用户表中与验证方主机名相同的用户，则利用报文 ID 和此用户的密钥通过 Md5 算法生成应答(Response)，随后将应答和自己的主机名送回。验证方接到此应答后，用报文 ID、本方保留的口令字(密钥)和随机报文通过 Md5 算法得出结果，并与被验证方应答进行比较，根据比较结果回应 ACK 或者 NAK。

三次握手即接受认证端发送 Challenge、申请认证端发验证请求报文、接受认证端回应认证接受报文，经过这三次报文交互后，CHAP 认证完成。CHAP 认证流程如图 2-30 所示。

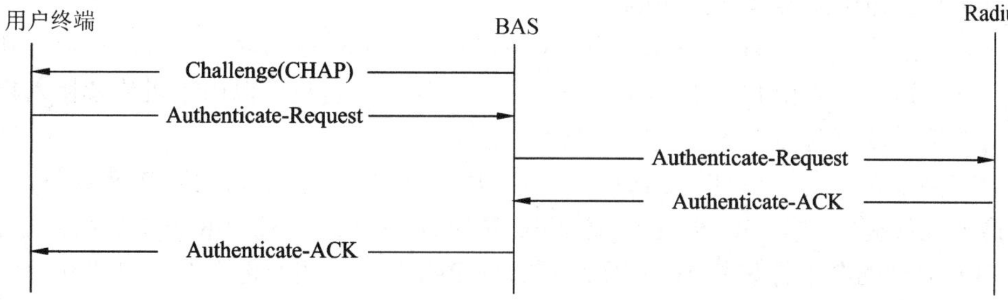

图 2-30　CHAP 认证流程

(3) NCP(Network Control Protocol)协商阶段。

NCP 有很多种，如 IPCP、BCP、IPv6CP，最为常用的是 IPCP(Internet Protocol Control Protocol)协议。NCP 的主要功能是协商 PPP 报文的网络层参数，如 IP 地址、DNS Server IP 地址、WINS Server IP 地址等。PPPoE 用户主要通过 IPCP 来获取访问网络的 IP 地址或 IP 地址段。

NCP 流程与 LCP 流程类似，用户与 BAS 设备之间互相发送 NCP Configure-Request 报文并且互相回应 NCP Configure-ACK 报文后，标志 NCP 已协商完，用户上线成功，可以正常访问网络了。

IPCP 的协商过程是基于 PPP 状态机进行协商的。经过双方协商，通过配置请求、配置确认、配置否认等报文交换配置信息，最终由 Initial (或 Closed)状态变为 Opened 状态。IPCP 状态变为 Opened 的条件必须是发送方和接收方都发送和接收过确认报文。

IPCP 协商过程中，协商报文可包含多个选项，即参数。各个选项的拒绝或否认都不能影响 IPCP 的 UP(激活)状态，IPCP 可以无选项协商，无选项协商也同样能够为 UP 状态。选项有 IP Address、网关、掩码等，其中 IP Address 是最重要的一个选项，有些厂家必须要求这个选项得到确认，大多数厂家允许这个选项为空。NCP 协商的基本流程如图 2-31 所示。

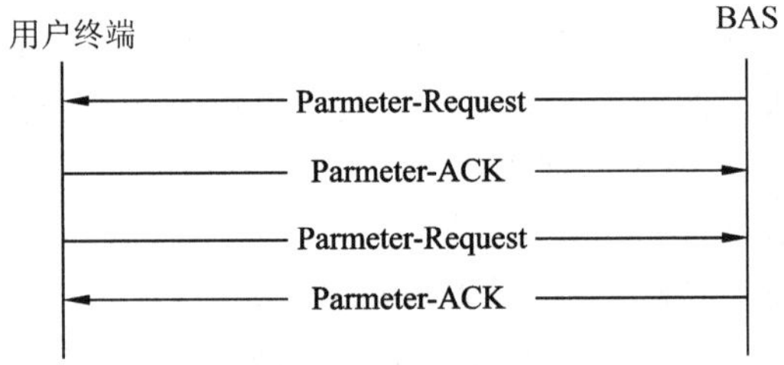

图 2-31　NCP 协商的基本流程

(4) 会话维持(Session Keep-alive)阶段。

设备主动发送 Echo Request 进行 PPPoE 心跳保活，若 3 次未得到服务器的响应，则设备主动释放地址。发送 LCP Echo Request 的时候，魔术字字段要和之前通信的 Configure-Request 使用的魔术字字段保持一致。

有些设备或终端不支持主动发送 Echo-Request 报文，只能支持回应 Echo-Reply 报文。

(5) 会话结束(Session Termination)。

PPPoE 还有一个 PADT(PPPoE Active Discovery Terminate)分组，它可以在会话建立后的任何时候发送，来终止 PPPoE 会话，也就是会话释放；它也可以由主机或者接入集中器发送，目的地址填充为对端的以太网的 MAC 地址。

当对方接收到一个 PADT 分组时，就不再允许使用这个会话来发送 PPP 业务。PADT 分组不需要任何标签，其 CODE 字段值为 0xa7(PADT Code)，SESSION_ID 字段值为需要终止的 PPP 会话的会话标识号码。在发送或接收 PADT 后，即使正常的 PPP 终止分组也不必发送。PPP 对端应该使用 PPP 协议自身来终止 PPPoE 会话，但是当 PPP 不能使用时，可以使用 PADT。

2. PPPoE 的帧格式

对应于上面介绍的两个 PPPoE 协议会话的两个阶段，PPPoE 帧格式也包括两种类型：发现阶段的以太网帧中的类型字段(值为 0x8863)，PPP 会话阶段的以太网帧中的类型字段(值为 0x8864)，且均已得到 IEEE 的认可。PPPoE 分组帧结构如图 2-32 所示。

4 bit	4 bit	8 bit	16 bit	16 bit
VER	TYPE	CODE	SESSION_ID	LENGTH

图 2-32　PPPoE 分组帧结构

PPPoE 分组中的版本(VER) 字段和类型(TYPE)字段长度均为 4 bit，在当前版本 PPPoE 建议中这两个字段值都固定为 0x1。代码(CODE)字段长度为 8 bit，两阶段中各种数据包的功能不同，值也不同。在 PPP 会话阶段 CODE 字段值为 0x00，发现阶段中的各步骤中的各种数据分组格式参见前面介绍。版本标识号码(SESSION_ID)字段长度为 16 bit，在一个给定的 PPP 会话过程中它的值是固定不变的，其中值 0xffffff 为保留值。长度(LENGTH)字段为 16 bit，表示 PPPoE 净荷长度。发现阶段 PPPoE 载荷可以为空或由多个标记(TAG)组成，每个标记都是 TLV(类型-长度-值)的结构；PPP 会话阶段 PPPoE 载荷为标准的点对点协议包。

2.5.4　宽带接入服务器介绍

华为公司针对宽带网络对用户管理能力弱、业务控制能力差、网络安全无法保障等问题，推出了 Quidway® MA5200 系列宽带接入服务器，完成对宽带接入用户的认证、计费、业务控制、安全和 QoS 保障等功能，可以满足运营网、金融办公网、教育网、政务网的用户管理、业务控制和高安全性要求。图 2-33 所示为 MA5200G 产品的硬件设备图片。

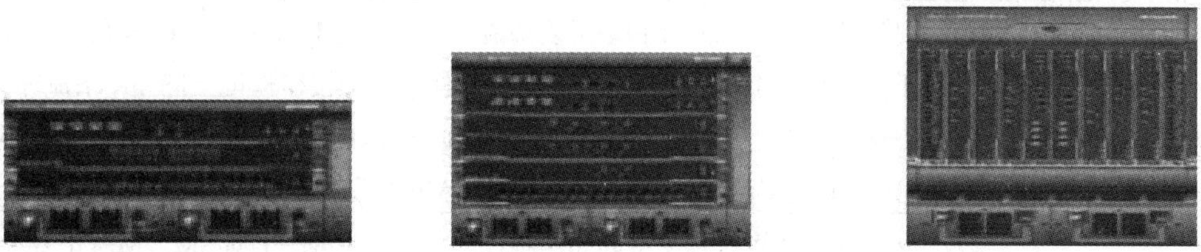

Quidway®MA5200G-2　　Quidway®MA5200G-4　　Quidway® MA5200G-8

图 2-33　MA5200G 产品的硬件设备图片

MA5200G 是基于分布式硬件体系结构和大容量无阻塞硬件交换的系列产品，包括 MA5200G-2、MA5200G-4、MA5200G-8 三款型号。这三款产品在业务板数量、接入用户数量和交换容量等性能规格上不同，支持最大并发在线用户数分别达到 12000 用户、24000 用户、48000 用户。

MA5200 系列产品可以满足不同网络规模对接入服务器的需求，可以作为不同容量的 ATM/IP DSLAM 端局的宽带接入服务器；也可以用于以太网汇聚层，对以太网接入用户提供接入服务、安全控制和业务控制；还可以在大中型企业网和行业网络中作为用户管理、安全控制的核心设备，能够适应多样化、扁平化和客户化的组网要求。

目前常用的 MA5200G 的产品规格如表 2-4 所示。

表 2-4　MA5200G 产品规格

属性	MA5200G-8	MA5200G-4	MA5200G-2
体系结构	一体化机箱结构，支持 19 英寸标准机架；采用网络处理器实现高性能硬件转发		
外形尺寸/mm 宽 × 深 × 高	482.6 × 420 × 797.3 18U	482.6 × 420 × 352.8 8U	482.6 × 420 × 219.5 5U
背板容量	≥256 Gb/s	≥256 Gb/s	≥64 Gb/s
转发性能	≥48 Mb/s	≥24 Mb/s	≥12 Mb/s
交换容量	≥64 Gb/s 无阻塞交换，双备份	≥64 Gb/s 无阻塞交换，双备份	≥16 Gb/s 无阻塞交换
接口板槽位数	8	4	2
接口类型和数量	32 个 GE 128 个 FE 64 个 ATM 155M 32 个 POS 155M 16 个 POS 622 8 个 POS 2.5G	16 个 GE 64 个 FE 32 个 ATM 155M 16 个 POS 155M 8 个 POS 622 4 个 POS 2.5G	8 个 GE 32 个 FE 16 个 ATM 155M 8 个 POS 155M 4 个 POS 622 2 个 POS 2.5G
路由协议	支持 RIP、OSPF、IS-IS、BGP-4 等路由协议；路由表容量大，路由总数可达 512K 条，所有端口在路由振荡等复杂路由环境下仍然能够保持线速转发		
MPLS VPN	支持 L3 MPLS VPN(RFC2547bis)，可作为 PE，支持 1024 个 VRF×1024 路由；支持 L2TP 方式接入 VPN，严格遵循相关标准，与其他主流厂家全面互通		
QoS	提供基于用户优先级和基于复杂流分类规则的 DiffServ 的 QoS 功能，可以针对不同用户、不同业务流实现其 QoS 保证。每接口板可支持 5K 条流分类规则。支持 1024 个流的流量监管和流量整形；支持 802.3x 流量控制协议，采用 WRED 避免拥塞，WRED 可支持 8 个等级的丢弃优先级		
组播	支持 IGMP 协议；支持静态组播配置；支持 PIM－DM/SM、MBGP 组播路由协议；支持多个组播协议间的互操作性；支持组播策略处理，包括组播路由协议和组播转发的策略处理；支持组播 QoS		
可靠性	提供端口捆绑、VRRP 链路备份、IP 报文转发的多条等价路由和 MPLS 快速重路由等保护机制。重要部件都有冗余备份(包括系统控制管理、路由处理模块、交换网、电源、时钟、内部系统管理总线、风扇等)，所有组件可热插拔，支持基于状态的热备份切换，实现不间断路由转发		
并发用户数量(整机)	48K	24K	12K
路由表项	512K(单播) 10K(组播)	512K(单播) 10K(组播)	512K(单播) 10K(组播)
VLAN 终结数量(整机)	256K	128K	64K
支持接入协议	PPPox(PPPoE、PPPoA、PPPoEoA)、DHCP、L2TP、ARP 等		

续表

属性	MA5200G-8	MA5200G-4	MA5200G-2
计费	Radius 协议、扩展 Radius＋协议		
安全性	具备身份鉴别、资源保护、防攻击、防地址仿冒的功能； IP+MAC+VLAN ID 捆绑，每个 VLAN ID 所接入的用户数可以限制； CAR 限制用户可用带宽，带宽范围为 8 kb/s～1 Gb/s，步长为 8 kb/s		
网管	采用框架化的华为网管平台 iManager 和 Quidview，支持 SNMP 协议和客户机/服务器体系结构，可独立运行于 UNIX(SUN 公司、HP 公司)、ORACLE/SYBASE 环境中，亦可嵌入用户已有的商用网管平台(如 HPOpenView)； 提供动态拓扑管理、故障管理、性能管理、配置工具、设备日志管理、网管系统本身运行监控、安全和用户管理等功能； 提供 VPN 管理、QoS 策略管理等业务管理功能； 提供可选的离线的流量工程工具； 提供多语言支持		
输入电源	DC：−42～58 V / AC(220 V)：176～285 V / AC(110V)：85～154 V		
满负荷功耗	< 1000 W	< 600 W	< 350 W
满配置最大重量	< 85 kg	< 50 kg	< 35 kg
平均无故障时间(MTBF)	≥44 年	≥33 年	≥12 年
环境要求	长期工作温度：0℃～45℃；短期工作温度：−5℃～55 ℃。 存储温度：−30℃～60℃；相对湿度：10%RH-95%RH。 海拔高度：4000 m 以内不影响转发性能		

实践项目一　PPPoE 业务的配置方法

实践目的：掌握 PPPoE 业务的配置方法，掌握 MA5200 的基本的维护操作指令。
实践设备：MA5200 系列产品，PC 若干台。
实践要求：在操作过程中掌握指令的意思，并能熟练使用指令，维护 MA5200 系统。
实践内容：

(1) 网络配置。

网络组网结构如图 2-34 所示。

图 2-34　网络组网结构

(2) 配置的内容。

① 创建一个 VT，并和端口绑定：

[MA5200G]interface Virtual-Template 1

② 创建一个名为 PPPoE 的地址池：

[MA5200G]ip pool PPPoE local

③ 配置地址池的网关以及掩码：

[MA5200G-ip-pool-PPPoE]gateway 172.16.43.1 255.255.255.0

④ 配置地址池的地址段：

[MA5200G-ip-pool-PPPoE]section 0 172.16.43.2　172.16.43.254

⑤ 配置主备 DNS 服务器：

[MA5200G-ip-pool-huawei]dns-server dns-server 210.210.210.210

[MA5200G-ip-pool-huawei]dns-server dns-server 211.211.211.211 secondary (可选)

⑥ 进入 AAA 视图：

[MA5200G]AAA

⑦ 添加一个新的认证方案 Radius-auth：

[MA5200G-aaa]authentication-scheme Radius-auth

⑧ 设置认证方案使用 Radius 认证：

[MA5200G-aaa-authen- radius-auth]authentication-mode Radius

⑨ 添加一个新的计费方案 Radius-acct：

[MA5200G-aaa-authen- radius-auth]accounting-scheme Radius-acct

⑩ 设置计费方案为 Radius 计费：

[MA5200G-aaa-accounting-radius-acct]accounting-mode Radius

⑪ 进入 Radius 服务器配置视图：

[MA5200G]radius-server group Cams

⑫ 配置主备 Radius 认证服务器：

[MA5200G-radius-cams]radius-server authentication 100.100.100.100 1812

[MA5200G-radius- cams]radius-server authentication 101.101.101.101 1645 secondary　(可选)

⑬ 配置主备 Radius 计费服务器：

[MA5200G-radius-cams]radius-server accounting 100.100.100.100 1813

[MA5200G-radius-cams]radius-server accounting 101.101.101.101 1646 secondary(可选)

⑭ 配置 Radius 共享密钥：

[MA5200G-radius-cams]radius-server key Huawei

⑮ 新建一个名为 PPP 的域：

[MA5200G]AAA

[MA5200G-aaa]domain PPP

⑯ 配置域下的地址池：

[MA5200G-aaa-domain-ppp]ip pool pppoe

⑰ 指定该认证域的认证方案和计费方案：

[MA5200G-aaa-domain-ppp]authentication-scheme radius-auth

[MA5200G-aaa-domain-ppp]accounting-scheme radius-acct

⑱ 指定该认证域所使用的 Raidus 服务器：

[MA5200G-aaa-domain-ppp]Radius-server group cams

⑲ 进入接口配置视图：

[MA5200G]interface Ethernet 1/0/0

[MA5200G-Ethernet 1/0/0]undo shutdown

[MA5200G-Ethernet 1/0/0] pppoe-server bind virtual-template 1

⑳ 进入子接口配置视图：

[MA5200G]interface Ethernet 1/0/0.1 //这里请选择实际相接的接口，子接口号随意，但要和VLAN Web相同，在这个子接口下同时配置允许VLAN Web和PPPoE两种认证

[MA5200G-Ethernet1/0/0.1]user-vlan 1 10

㉑ 进入BAS配置视图：

[MA5200G-Ethernet1/0/0.1] BAS

[MA5200G-Ethernet1/0/0.1-bas]access-type layer2-subscriber //以上命令 VLAN Web已经配置过了，如果未删除可以不用配置

[MA5200G-Ethernet1/0/0.1-bas]authentication-method pppoe web (默认为 pppoe，必须配置)

[MA5200G-Ethernet1/0/0.1-bas]default-domain authentication pppoe

㉒ 进入端口VLAN的配置视图：

[MA5200G]port vlan ethernet 24 0 1

㉓ 设置端口VLAN的接入类型为非管理类型：

[MA5200G-ethernet-24-vlan0-0]access-type interface

㉔ 配置上行口IP地址：

[MA5200G]interface Ethernet 24 0/0

[MA5200G-Ethernet24/0/0]IP Address 10.21.35.2 255.255.255.252

㉕ 配置默认路由：

[MA5200G]IP Route-static 0.0.0.0 0.0.0.0 10.21.35.1

㉖ 配置交换机。

接用户的端口为Access类型，PVID=1～10；和MA5200G相接的端口为Trunk类型，透传的VLAN包括1～10，PVID不能为1～10。

㉗ 配置上行设备。

上行设备配置到客户网段的回程路由，目的网段为 MA5200G 下的客户地址段，下一跳为MA5200F上行接口的地址 10.31.40.2 即可。

(3) 测试步骤。

① 用户拨号。

将PC接到交换机的相应端口(PVID=1～10的Access端口)，打开拨号工具，输入相应的用户名和密码，用户可以认证通过。

② 查看到用户的在线信息。

在 MA5200F 上可以使用 display access-user domain pppoe | ip <ip-addr>|username <username> 等命令查看到用户的在线信息。

③ 能ping通MA5200F上行设备的所有地址。

实践项目二　VLAN 静态用户业务

实践目的：掌握 VLAN 的配置流程及组网结构，掌握 VLAN 的配置指令。
实践设备：MA5200 系列产品，PC 若干台。
实践要求：了解 VLAN 的配置流程及组网结构，掌握 MA5200 VLAN 的配置指令。
实践内容：
(1) 网络配置。
网络组网结构如图 2-35 所示。

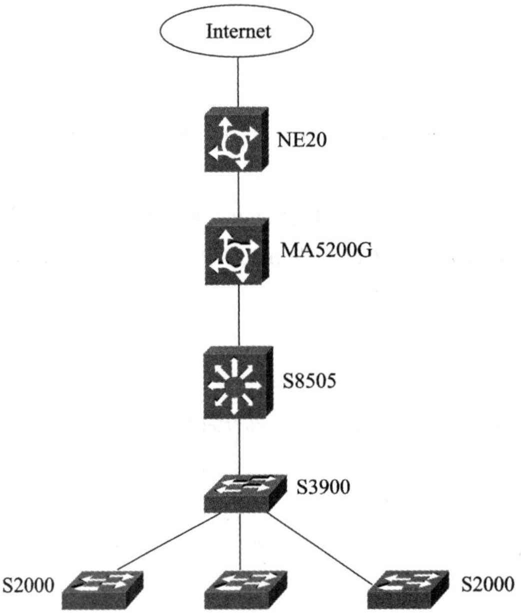

图 2-35　网络组网结构

(2) 配置的内容。
① 创建一个名为 static 的地址池：

[MA5200G]ip pool static local

② 配置地址池的网关以及掩码：

[MA5200G-ip-pool-static]gateway 172.16.41.1 255.255.255.0

③ 配置地址池的地址段，并禁用分配给用户地址：

[MA5200G-ip-pool-static]section 0 172.16.41.2　172.16.41.254

[MA5200G-ip-pool-static]excluded-ip-address 172.16.41.2　172.16.41.254

④ 进入 AAA 视图：

[MA5200G]AAA

⑤ 添加一个新的认证方案 local-auth：

[MA5200G-aaa]authentication-scheme local-auth

⑥ 设置认证方案使用 LOCAL 认证：

[MA5200G-aaa-authen- radius-auth]authentication-mode LOCAL

⑦ 新建一个名为 static 的域：

[MA5200G]AAA

[MA5200G-aaa]domain static

⑧ 配置域下的地址池：

[MA5200G-aaa- domain-static]ip pool static

⑨ 指定该认证域的认证方案和计费方案：

[MA5200G-aaa-domain-static]authentication-scheme local-auth

[MA5200G-aaa-domain-static]accounting-scheme default0

⑩ 进入接口配置视图：

[MA5200G]interface Ethernet 1/0/0

[MA5200G-Ethernet 1/0/0]undo shutdown

⑪ 进入子接口配置视图：

[MA5200G]interface Ethernet 1/0/0.2

//这里请选择实际相接的接口，子接口号随意，但不和已有的重复

[MA5200G-Ethernet1/0/0.1]user-vlan 11 11

⑫ 进入 BAS 配置视图：

[MA5200G-Ethernet1/0/0.2] BAS

[MA5200G-Ethernet1/0/0.2-bas]access-type layer2-subscriber

[MA5200G-Ethernet1/0/0.2-bas]authentication-method bind (默认为 pppoe，必须配置)

[MA5200G-Ethernet1/0/0.2-bas]default-domain authentication static

⑬ 添加静态用户：

[MA5200G]static-user 172.16.41.2 172.16.41.254 interface Ethernet 1/0/0.2 domain static detect

⑭ 添加本地用户：

[MA5200G] local-aaa-server

[MA5200G-local-aaa-server]user ma5200g-01001000000011@static password simple static user

其中，01 为槽位，0 为子槽位，01 为端口，00000　VLAN 用户固定为 0，0011　VLAN。

下面部分在 VLAN Web 业务中已经配置过，如果前面配置未删除，则可以不用配置。

⑮ 配置上行口 IP 地址：

[MA5200G]interface Ethernet 24/0/0

[MA5200G-Ethernet24/0/0]IP Address 10.21.35.2 255.255.255.252

⑯ 配置交换机。

接用户的端口为 Access 类型，PVID=11；和 MA5200G 相接的端口为 Trunk 类型，透传的 VLAN 包括 11，PVID 不能为 11。

⑰ 配置上行设备。

上行设备配置到客户网段的回程路由，目的网段为 MA5200G 下的客户地址段，下一跳为 MA5200F 上行接口的地址 10.21.35.2 即可。

⑱ 配置相关的交换机。

(3) 测试步骤。

① 用户配置地址。

在 PC 上配置 IP 地址，IP 地址为 172.16.41.2～172.16.41.254 中任何一个地址，掩码为 24 位，网关为 172.16.41.1，DNS 按实际配置。

② 接上后用户可以正常上网。

在 MA5200G 上可以使用 display access-user domain static | ip <ip-addr>| username <username> 等命令查看用户的在线信息。

③ 用户可以 ping 通上行设备的地址。

任务 2.6 IP 城域网

【任务要求】

识记：IP 城域网的网络结构。

领会：IP 城域网提供的业务。

随着电信竞争的日趋加剧，传统电话业务逐步进入微利时代。以 Internet 为代表的数据业务按指数持续增长，数据通信量占网络业务量的比例也越来越高。为了适应这一发展趋势，宽带城域网已成为目前我国电信建设的一个重点。早期的城域网采用 ATM 技术，现在的城域网大多数采用 IP 技术，通过充分利用现有网络资源，全面提供 DDN、FR、IP 业务，从而实现语音、数据、图像的有机融合。在 IP 城域网中，需要为个人用户和大客户提供包括宽带上网、专线接入、数据互连、VPN 等在内的各种业务，为此需要组建一个高品质运营网络。

2.6.1 宽带 IP 城域网的网络结构

宽带城域网从逻辑上采用分层的建网思路，这样可使网络结构明晰，各层功能实体之间的作用定位清楚，接口开放且标准。根据网络规模不同，传统的宽带城域网可分为核心层、汇聚层和接入层，如图 2-36 所示。

(1) 核心层：将多个边缘汇聚层连接起来，为汇聚层网络(各业务汇聚节点)提供数据的高速业务承载和交换通道，同时实现和国家骨干网互联，提供城市的高速 IP 数据出口。核心层网络结构重点考虑可靠性、可扩展性和开放性。核心层节点数量，大城市一般控制在 3～6 个，其他城市一般控制在 2～4 个。

核心节点原则上采用网状连接。考虑到 IP 网络的安全，一般每个宽带 IP 城域网应选择两个核心节点与 CHINANET 骨干网路由器进行连接。

(2) 汇聚层：给各业务接入节点提供业务的汇聚、管理和分发，并将接入层的业务流汇聚到城域网骨干层。汇接节点设备完成诸如 PVC 的合并和交换，L2TP、Ipsec 等各类隧道的终结和交换，流分类，对用户进行鉴权、认证、计费管理，多 ISP 选择等智能业务处理机制等。在汇聚层的边缘需要部署 BAS 设备，由 BAS 对接入用户进行认证和业务权限控制，并为 Radius 计费系统提供时间长、流量等。

汇聚层节点的数量和位置应根据光纤和业务开展状况选定。在采用光纤的情况下，应保证每个汇聚层节点与两个核心节点相连。

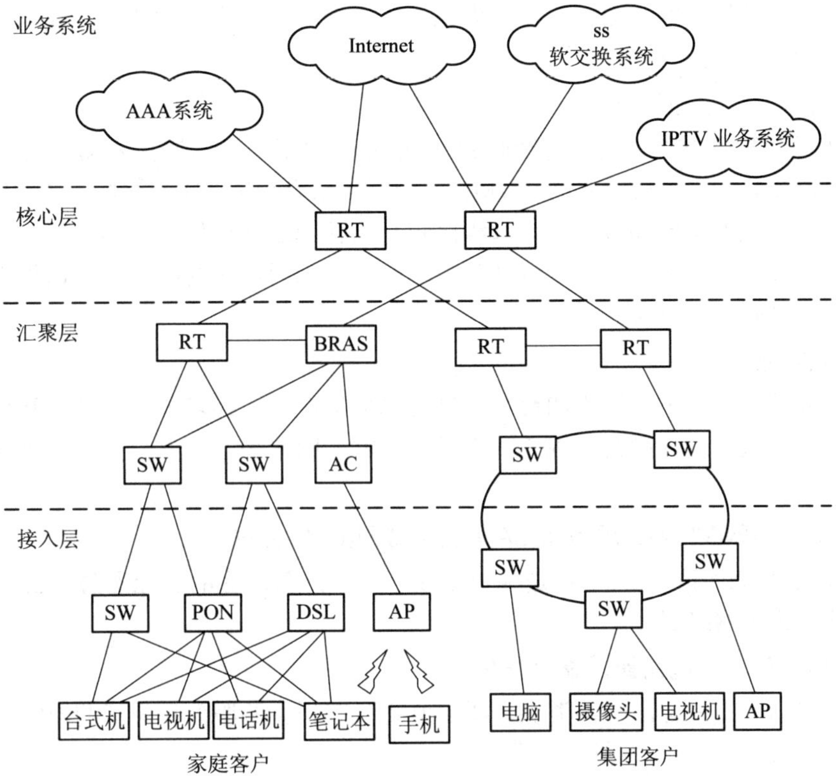

图 2-36　宽带 IP 城域网传统结构图

(3) 接入层：采用 WLAN、HFC、Lanswitch、xDSL、xPON 等多种不同接入方式，将 PC、IP STB、ePhone、IAD 等多种终端设备接入 IP 城域网，实现宽带接入，进行带宽和业务分配，为用户提供 Internet 互联、语音、视频等业务。接入节点设备完成多业务的复用和传输，并且利用光纤、双绞线和同轴电缆等连接用户。

一般情况下，核心层和汇聚层可合为一层称为汇聚层(有些情况可将汇聚层与接入层合并)，这样有利于扩大接入层的服务范围，降低宽带城域网的建设成本。而对于大中型 IP 城域网来说，核心和汇聚的节点数量多，网络规模大，往往采用典型的核心层、汇聚层和接入层三层结构。其中：接入层到汇聚层之间采用静态路由方式；汇聚层到核心层之间采用 OSPF 协议；核心层以上采用 BGP 协议。

2.6.2　宽带 IP 城域网的业务应用

1．宽带上网、LAN 上网

结合各种宽带接入技术的成熟和普及，以及可以向用户提供 xDSL、Cable、HFC、无线(Wireless)等多种上网选择，也使跨越城域网的局域网(LAN)互联成为可能，用户接入的宽带化使网上各种宽带业务最终被用户接受。目前主要采用 10/100 Mb/s 以太网到桌面的方式。

2．视频点播(VOD)、MP3 音乐、网上游戏

随着人们生活水平和质量的提高，生活节奏和竞争的加剧，对音乐和影音节目的需求日益增长，希望通过游戏来放松自己，做到足不出户就能尽收各种节目，这也是宽带网所能带给人们的一种生活享受。

3．远程教育、远程医疗

多媒体远程教育系统以视频/音频工业的最复杂的压缩和传送技术为基础，采用标准 RTP 协议，把高品质的视频/音频和 HTML 页面紧密结合，从而实现视频、音频、图像和文字教学材料在网上的实时同步传输。远程医疗是指使用远程通信技术和计算机多媒体技术提供医疗信息和服务。对于偏远地区和师资、医疗技术力量薄弱的地区，远程教育、远程医疗的展开无疑是十分有益的。

4．会议电视

会议电视就是利用电视技术和设备通过传输信道在两地或多个地点进行开会的一种通信手段。宽带城域网的建设为电视会议提供了可靠的网络平台，电视会议在企业中的应用越来越多。

5．虚拟专用网(VPN)、局域网(LAN)到局域网(LAN)互联

虚拟专用网(VPN)的需求一直是各类企业，尤其是跨地区的企业所急需的，城域网的宽带化为此提供了网络保证。

6．端口出租、主机托管、虚拟 ISP

对于网络运营商来说，给各类 ISP 和 ICP 提供多样化的服务和灵活的网络资源组合，是取得效益增长的一个有效途径。

实践项目　了解目前各运营商 IP 城域网的网络结构

实践目的：熟悉 IP 城域网的网络结构。

实践要求：每位学生通过调研、搜集网络数据等方式独立完成。

实践内容：了解电信、联通、移动、广电等公司的城域网网络结构。

过 关 训 练

一、填空题

1. OSI 参考模型共分七层，分别是物理层、(　　　　　)、(　　　　　)、(　　　　　)、会话层、表示层和应用层。

2．按分配方式分，IP 地址可分为(　　　)IP 地址和(　　　)IP 地址。

3．按使用范围分，IP 地址可分为(　　　)IP 地址和(　　　)IP 地址。

4．VLAN 的 ID 由(　　)位二进制码构成。

5．路由动作包括(　　　)和(　　　)。

6．宽带接入服务器(BRAS)主要完成(　　　)功能和(　　　)功能。与认证系统、计费系统和客户管理系统及服务策略控制系统相配合，实现用户接入的(　　　)、(　　　)和

(　　)功能。

7. PPPoE 协议的工作流程包含(　　)和(　　)两个阶段。

8. 根据网络规模不同，传统的宽带城域网可分为(　　)、(　　)和(　　)。

二、判断题

1. 分层模型中每一层使用上层提供的服务，并向其下层提供服务。(　　)

2. OSI 参考模型中不同层完成不同的功能，各层相互配合通过标准的接口进行通信。(　　)

3. ARP 协议用于将本地的主机硬件地址(MAC 地址)解析为网络中的协议地址。(　　)

4. IP 数据报生存时间一旦小于等于 0，就删除该数据报。(　　)

5. 在同一个网络中，一台主机只能有唯一的一个 IP 地址。(　　)

6. 以太网数据帧的最小长度必须大于 48 字节。(　　)

7. 路由器工作在 OSI 模型中的第三层，即网络层。(　　)

8. DHCP(动态主机配置协议)是一个局域网的网络协议，使用(　　)协议工作。

三、选择题

1. TCP/IP 协议参考模型分为(　　)等层次。

A. 应用层　　B. 传输层

C. 网际层　　D. 网络接口层

2. 属于应用层的协议有(　　)。

A. TELNET　　B. ICMP

C. DNS　　D. TCP

3. MAC 地址长度为(　　)bit。

A. 16　　B. 32

C. 48　　D. 128

4. DNS 的作用是(　　)。

A. 为客户机分配 IP 地址　　B. 访问 HTTP 的应用程序

C. 将计算机名翻译为 IP 地址　　D. 将 MAC 地址翻译为 IP 地址

5. 192.168.1.0/28 的子网掩码是(　　)。

A. 255.255.255.0　　B. 255.255.255.128

C. 255.255.255.192　　D. 255.255.255.240

6. 201.1.0.0/21 网段的广播地址是(　　)。

A. 201.1.7.255　　B. 201.1.0.255

C. 201.1.1.255　　D. 201.0.0.255

7. 当交换机的一个端口收到一帧，帧的目标地址不在 MAC 表中时，交换机(　　)。

A. 从第一个可用的链路转发出去

B. 丢弃帧

C. 把该帧通过所有其他的端口泛洪出去

D. 向发送帧站点回送一个询问信息

8. 使用 VLAN 具有以下(　　)优点。

A．控制广播风暴　　B．提高网络整体的安全性
C．网络管理简单　　D．易于维护

9．VLAN 的划分有(　　)。
A．基于端口划分 VLAN　　B．基于 MAC 地址划分 VLAN
C．基于协议划分 VLAN　　D．基于 IP 子网划分 VLAN

10．下面关于 VLAN 的描述中，正确的是(　　)。
A．VLAN 把一台交换机划分成多个逻辑上独立的交换机
B．主干链路(Trunk)可以提供多个 VLAN 之间的公共通信
C．由于包含了多个交换机，因此 VLAN 扩大了冲突域
D．一个 VLAN 可以跨越交换机

模块三 xPON 技 术

多年来，业界一直认为无源光网络(PON)是接入网未来发展的方向。一方面，由于它提供的带宽可以满足现在和未来各种宽带业务的需要，因此在解决宽带接入问题上被普遍看好；另一方面，无论在设备成本还是运维管理开销方面，其费用都相对较低。综合经济技术分析表明，目前 PON 是实现 FTTH 的主要技术。

【主要内容】

本模块包括 5 个任务，即 PON 技术概述、APON 技术、GPON 技术、EPON 技术及 10G PON 技术。

【重点难点】

重点是 PON 基本结构、PON 系统组成、PON 的工作原理，难点是 PON 的关键技术。

任务 3.1 PON 技术简介

【任务要求】

识记：PON 网络的组成。
领会：PON 的工作原理及应用。

3.1.1 PON 的基本结构

PON(Passive Optical Network，无源光网络)是一种采用点到多点(P2MP)结构的单纤双向光接入网络。

PON 系统由局端的光线路终端(OLT)、光分配网络(ODN)和用户侧的光网络单元(ONU)组成。PON 系统模型如图 3-1 所示。

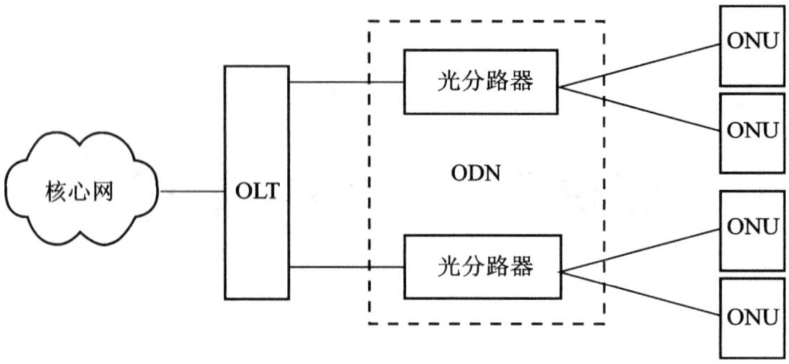

图 3-1　PON 系统模型

1. 光线路终端(OLT)

OLT 位于网络侧，放在中心局端，它可以是一个 L2 交换机或 L3 路由器，提供网络集中和接入，能完成光/电转换、带宽分配和控制各信道的连接，并有实时监控、管理及维护功能。

2. 光分配网络(ODN)

ODN 位于 OLT 和 ONU 之间，为 OLT 与 ONU 提供光传输手段，完成 OLT 与 ONU 之间的信息传输和分发，并建立 OLT 与 ONU 之间的端到端的信息传送通道。PON 为无源光网络，体现在 ODN 网络都是由无源器件组成上。

组成 ODN 的主要无源器件有单模光纤和光缆、连接器、无源光分路器(OBD)、无源光衰减器、光纤接头等。光分路器用于分发下行数据和集中上行数据。常见的无源光分路器的分光比有 1∶2、1∶4、1∶8、1∶16、1∶32、1∶64、1∶128。

ODN 网络的拓扑结构通常是点到多点的结构，可分为星型、树状型、总线型和环型等。

3. 光网络单元(ONU)

ONU 位于用户侧，有光/电和电/光转换功能，可以实现各种电信号的处理与维护管理，提供用户侧接口。

3.1.2　PON 工作原理

PON 采用波分复用技术(WDM)在单根光纤传送双向数据信息。下行波长为 1490 nm，上行波长为 1310 nm，若要传送 CATV 信号，则增加 1550 nm 的下行波长。

在下行方向(OLT 到 ONU)，OLT 将数据分组以广播的方式传输给所有的 ONU，每个分组携带一个具有传输到目的地 ONU 标识符的信头。当数据分组到达 ONU 时，由 ONU 的 MAC 层进行地址解析，提取属于自己的数据分组，丢弃其他的数据分组。

在上行方向(ONU 到 OLT)，ONU 发送的信号采用点到点方式传送给 OLT。为了避免数据冲突并提高网络效率，使用时分多址技术(TDMA)，将多个 ONU 的上行信息组成一个 TDM 信息流传送给 OLT。PON 系统工作原理示意图如图 3-2 所示。

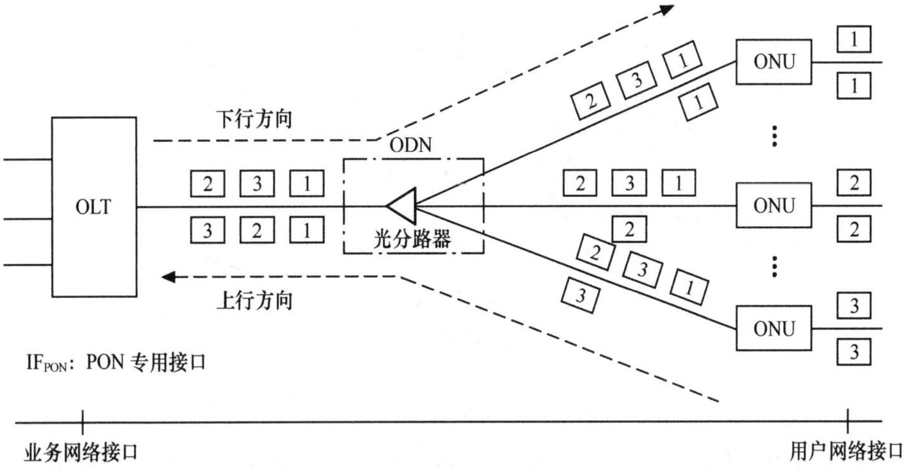

图 3-2　PON 系统工作原理示意图

3.1.3 PON 技术优点

1. 多业务

PON 系统要求提供语音、数据、视频等业务接入，且业务透明性好，实现了真正意义的全业务接入与“三网合一”。

2. 高带宽

EPON 目前可以提供上、下行对称的 1.25 Gb/s 的带宽，并且随着以太技术的发展可以升级到 10 Gb/s。GPON 则是高达 2.5 Gb/s 的带宽。

3. 长距离接入

目前，PON 标准规定距离为 20 km。

4. 成本相对低

由于 PON 系统的 ODN 部分没有电子部件，无须电源供应，因此容易铺设，基本不用维护，建设维护成本低；而且，设备相对简单，系统对局端资源占用很少，系统初期投入低，扩展容易，投资回报率高。

无源光网络是纯介质网络，彻底避免了电磁干扰和雷电影响，极适合在自然条件恶劣的地区使用。

3.1.4 PON 的应用模式

PON 最适合的应用是：接入网靠近客户的末端；ONU 服务的客户不强调必须要冗余或迂回保护；OLT 可以设立在生存性能好的节点处(例如有迂回保护的节点)，用户地理位置相对集中的地方。PON 主要有以下三种应用模式：

(1) 替代现有的二层汇聚网络。

PON 可以替代二层交换机和光纤收发器，将 LAN 的接入网引至 IP 城域网，如图 3-3 所示。

(2) 替代相关段落的接入光缆。

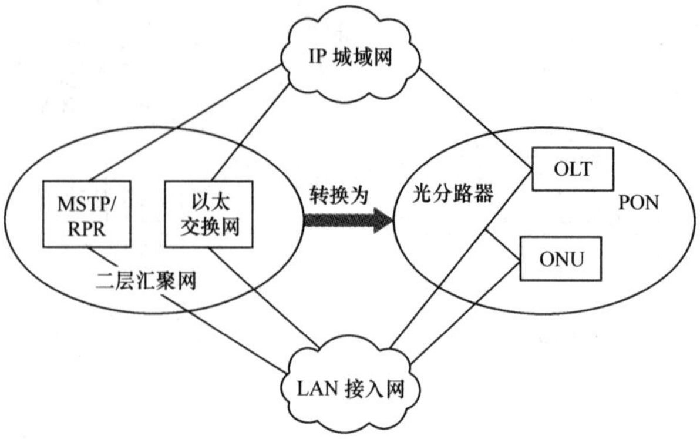

图 3-3　PON 替代二层网络

PON 系统可以替代部分光缆和光交换设备，从而节省相关段落的接入光缆，如图 3-4 所示。

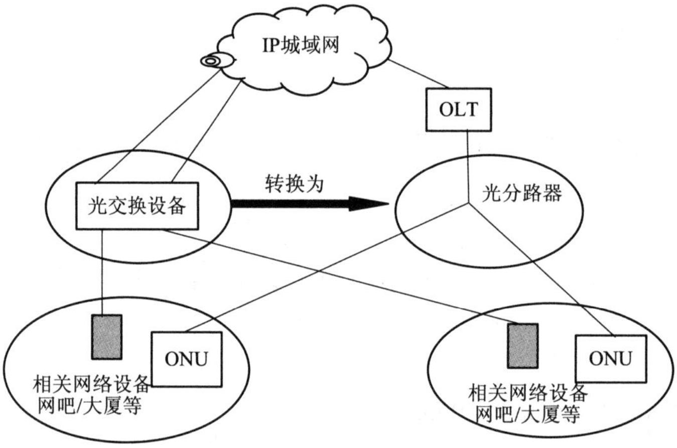

图 3-4　PON 替代相关段落的接入光缆

(3) 多业务接入方式(实现 FTTH)。

PON 系统可以提供满足不同 QoS 要求的多业务、多速率接入，能适应用户的多样性和业务发展的不确定性的要求。多业务接入方式如图 3-5 所示。

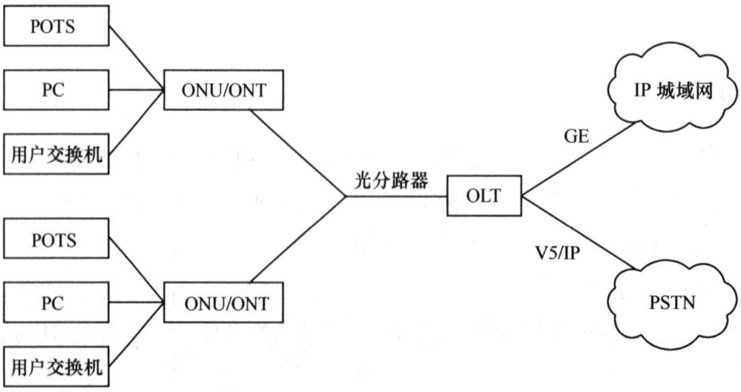

图 3-5　多业务接入方式

实践项目 调研目前光接入网的使用情况

实践目的：了解光接入网的使用情况。

实践要求：可以采用分组形式，到周围小区或企业走访用户，收集信息，独立完成报告。

实践内容：画出周围小区光接入网组网结构图。

任务 3.2 APON 技 术

【任务要求】

识记：APON 概念、APON 速率。

领会：APON 帧结构和关键技术。

3.2.1 APON 系统结构

20 世纪 90 年代中期，一些主要网络运营商成立了全业务接入网联盟(FSAN)，其目的是制定 PON 设备的统一标准，使设备商和运营商一起进入 PON 设备市场，开展竞争。第一个成果是在 ITU-T G.983 建议系列中规范了 155 Mb/s PON 系统的标准。由于使用 ATM 作为承载协议，因此该系统称为 APON 系统，后因常被人误解为只能提供 ATM 业务，故又改称为宽带无源光网络(BPON)系统，以表明这种系统能提供以太网接入、视频分配、高速租用线等宽带业务。但是，对这一代 FSAN 系统来说，最常用的称呼还是 APON。后来，APON 标准增强，开始支持下行 622 Mb/s 的速率，并且在保护方式、动态带宽分配(DBA)和其他方面增加了新的特性。

APON 主要由光线路终端 OLT、光分配网络 ODN、光网络单元 ONU 组成。APON 系统结构如图 3-6 所示。

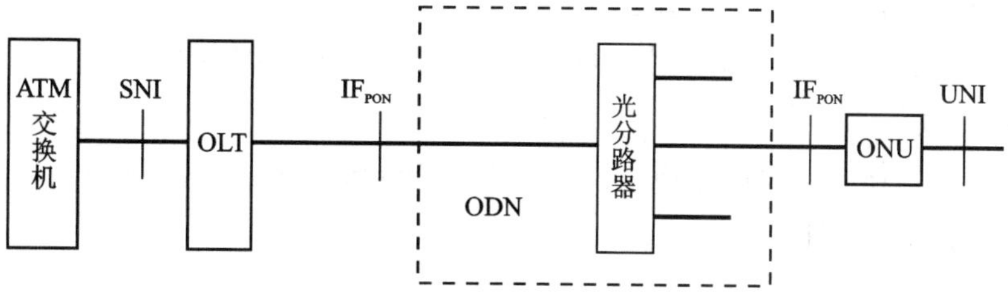

图 3-6 APON 系统结构

在 OLT 与 ONU 之间传送 ATM 信元；在 APON 的网络侧，与 OLT 连接的是 ATM 交换机；在 APON 的用户侧，ONU 可通过 ISDN、LAN 等与用户接口。

1．光线路终端(OLT)

OLT 通过标准业务接口与核心网连接，通过 PON 专用接口与 ODN 相连，并按要求提供光接入。OLT 功能块如图 3-7 所示。

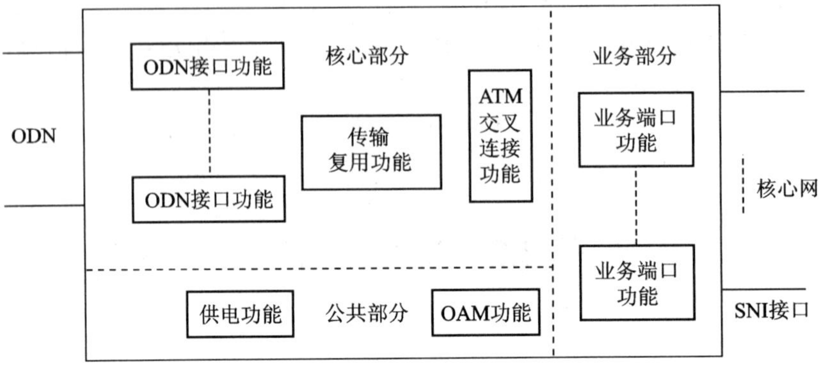

图 3-7　OLT 功能块

1) 业务端口功能

可以通过 VB5.x 或 V5.x 接口实现系统和不同类型的业务节点的接入；可将 ATM 信元插入上行的 SDH 净荷区，也可从下行的 SDH 净荷中提取 ATM 信元。

2) ATM 交叉连接功能

可以实现多个信道的交换、信元的路由选择、信元的复制、错误信元的丢弃等功能。

3) 传输复用功能

为业务端口和 ODN 接口提供 VP 连接，并在 IFPON 点为不同的 VP 分配不同的业务。不同信息(如主要内容、信令和 OAM 信息流)可用 VP 中的 VCs 来交换。

4) ODN 接口功能

(1) 完成光/电和电/光变换；

(2) 可以向下行 PON 净荷插入 ATM 信元，并从上行 PON 净荷提取 ATM 信元；

(3) 与 ONU 一起实现测距功能，并且将测得的数据进行存储，以便在电源或者光中断后重新启动 ONU 时能恢复正常工作。

根据系统所支持的用户群的大小，OLT 能够提供多个 ODN 接口。

5) OAM 功能

对 OLT 的所有功能块提供操作、管理和维护(如配置管理、故障管理和性能管理)，并提供标准接口与 TMN 连接。

6) 供电功能

将外部电源变换为机内所要求的各种电源。

2．光网络单元(ONU)

ONU 通过 PON 专用接口与 ODN 相连，通过多种 UNI 接口与不同用户终端相连，并支持多种用户终端接入。ONU 功能块如图 3-8 所示。

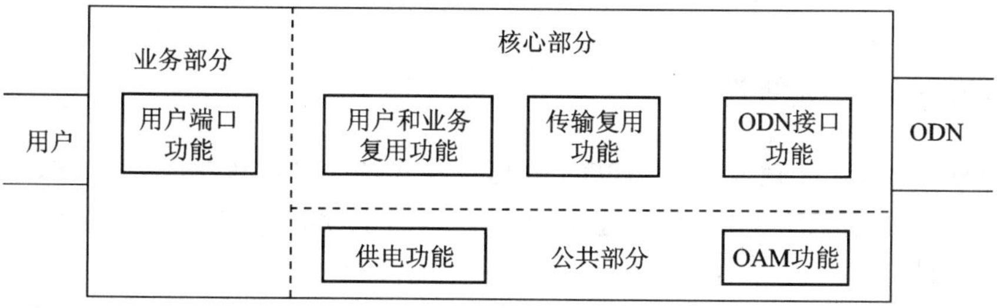

图 3-8　ONU 功能块

1) ODN 接口功能

(1) 实现光/电和电/光变换功能；

(2) 从下行信号中提取定时信号，保证频率同步；

(3) 与 OLT 一起完成测距功能；

(4) 在 OLT 控制下调整发送光功率；

(5) 若与 OLT 通信中断时，则切断 ONU 光发送，以减小该 ONU 对其他 ONU 通信的串扰。

2) 传输复用功能

(1) 用于处理和分配相关信息，即分析从 ODN 接口来的下行信号，在定时信号的控制下取出属于该 ONU 的 ATM 信元；

(2) 在规定时间内将上行 ATM 信元发送给 ODN 接口。

3) 用户和业务复用功能

(1) 对来自不同用户的 ATM 信元进行复用，经传输复用送至 ODN 接口；

(2) 对已取出的 ATM 信元进行解复用，送至各用户端口。

4) 用户端口功能

(1) 通过多种 NUI 接口与不同用户终端相连，将各种用户信息适配成 ATM 信元插入上行净荷中；

(2) 从下行净荷中提取 ATM 信元。

5) OAM 功能

对 ONU 所有的功能块提供操作、管理和维护(如线路接口板和用户环路维护、测试和告警，告警报告送给 OLT 等)。

6) 供电功能

提供 ONU 电源变换，与实际供电方式有关。

3．光分配网络(ODN)

ODN 在 OLT 和一个或多个 ONU 之间提供一条或多条光信道，主要由单模光纤和光缆、带状光纤和光缆、光连接器、无源光分路器、无源光衰减器、光接头等无源光器件组成。

根据 ITU-T 的建议，一个 ODN 的分支比最高能达到 1∶32，即一个 ODN 最多支持 32 个 ONU；光纤的最大距离为 20 km；光功率衰减范围是：B 类 10～25 dB，C 类 10～30 dB。

3.2.2 APON 系统帧结构

在 APON 中，ATM 信元是以 APON 帧格式在系统中进行传输的。APON 帧是定时长帧，因此一帧中含有的信元数随数据速率的变化而不同。APON 系统中主要有两种类型帧：下行帧和上行帧。

1. APON 系统下行帧

APON 系统下行帧结构如图 3-9 所示。

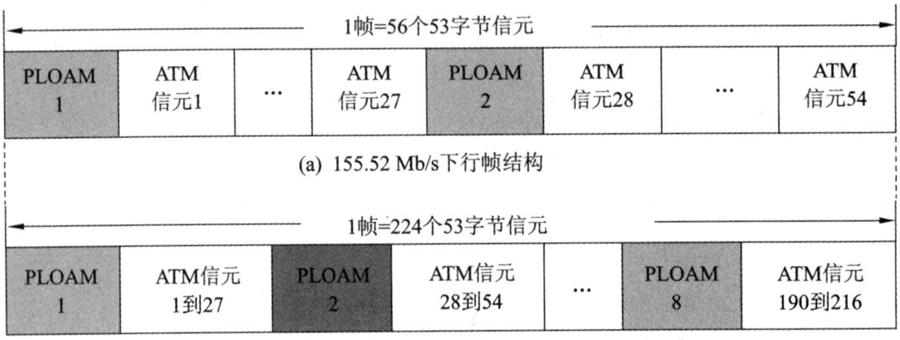

(b) 622.08 Mb/s下行帧结构

图 3-9 APON 系统下行帧结构

APON 系统下行帧是由连续的 56 个时隙流组成的，每个时隙包含一个 53 字节的 ATM 信元或 PLOAM 信元，每隔 27 个时隙插入一个 PLOAM 信元。对于速率为 155.52 Mb/s 的下行信号，每帧共 56 个时隙，其中有两个 PLOAM 信元；对于速率为 622.08 Mb/s 的下行信号，每帧共 224 个时隙，其中有 8 个 PLOAM 信元。

PLOAM 信元是物理层运行和维护信元，用来传送物理层 OAM 信息，同时携带 ONU 上行接入时所需的授权信号。通常，每个 PLOAM 信元有 27 个授权信号，而 ONU 上行接入时每帧只需要 53 个授权信号，该 53 个授权信号被映射到下行帧前两个 PLOAM 信元中，第二个 PLOAM 信元的最后一个授权由一个空闲授权信号填充。在 622.08 Mb/s 的下行帧结构中，后面的 6 个 POLAM 信元的授权信号区全部填充空闲授权信号，不被 ONU 使用，每个授权信号长度是 8 bit。

ITU-T 建议中规定有不同类型的授权信号，如表 3-1 所示。

表 3-1 授 权 信 号

类 型	编 码	定 义
数据授权	除 11111101、11111110 和 11111111 外的任何值	指示一个上行 ONU 数据授权，在测距协议中使用授权-分配消息，将数据授权值分配给 ONU；该 ONU 可发送一个数据信元，或当没有数据信元可用时发送一个空闲信元
PLOAM 授权	除 11111101、11111110 和 11111111 外的任何值	指示一个上行 ONU 的 PLOAM 授权，在测距协议中使用授权-分配消息，将 PLOAM 授权值分配给 ONU；该 ONU 总是发送一个 PLOAM 信元来响应授权

续表

类 型	编 码	定 义
分离时隙授权	除 11111101、11111110 和 11111111 外的任何值	指示一组上行 ONU 分离时隙授权，在测距协议中使用分离-时隙-授权-配置消息，OLT 分配授权给一系列 ONU，配置的每个 ONU 都发送一个微时隙
预留授权	除 11111101、11111110 和 11111111 外的任何值	这些授权可作为特殊数据授权类型，如用于表示一个特定的 ONU 接口或 QoS 等级
测距授权	11111101	用于测距过程，测距协议中给出了对授权起作用的条件
未分配的授权	11111110	指示一个未使用的上行时隙
空闲授权	11111111	用于从上行信元速率里解耦下行 PLOAM 速率。一般 ONU 忽略这些授权

2. APON 系统上行帧

APON 系统上行方向通过突发模式发送数据，每帧包含 53 个时隙，每个时隙包含 56 个字节，其中 53 个字节为 ATM 信元，3 个字节是开销字节。APON 系统上行帧结构如图 3-10 所示。

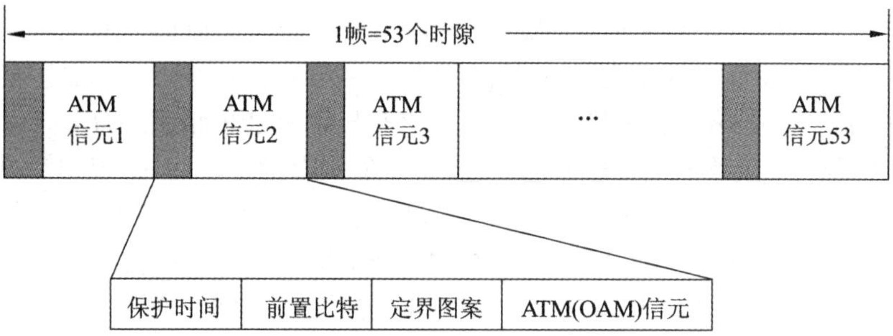

图 3-10 APON 系统上行帧结构

(1) 保护时间：在两个连续信元之间提供足够的距离，以避免冲突，最小长度是 4 bit。

(2) 前置比特：用于 OLT 同步。

(3) 定界图案：一种用于指示 ATM 信元开始的特殊码型，也可作字节同步。

开销的边界是不固定的，其中保护时间长度、前导符和定界符格式可由 OLT 编程决定，其内容由下行方向 PLOAM 信元中的控制上行开销信息决定。

3.2.3 APON 关键技术

APON 系统是点到多点的结构，每个 ONU 与 OLT 直接相连，在下行方向以 TDM 方式工作，信号是连续脉冲串，采用标准 SDH 光接口，以广播方式传送，各个 ONU 会收到所有的帧，并从中取出属于自己的信元，所以在下行方向不需要 OLT 进行控制，实现起来很容易。而上行方向是以 TDMA 方式工作的，信号是突发的，幅度不等、长度也不同的脉冲串，且间隔时间也不同。基于这种突发模式，为了保证各个 ONU 的上行信号完整地到达 OLT，需要适当的 MAC 协议进行控制，实现相对难些。涉及的主要技术有测距技术、快速比特同步技术、突发信元的收发技术、搅动技术等。

1．测距技术

由于各个 ONU 发出的 ATM 信元是沿不同路径传输到 OLT 的，其传输距离不同，并且其传输距离也会由于环境温度的变化和光电器件的老化等因素而发生动态改变，导致不同节点发出的 ATM 信元到达接入点的时延不同，造成各 ONU 间的上行时隙重叠，从而使不同的 ATM 信元发生碰撞。因此，OLT 需要引入测距技术，补偿因为 ONU 与 OLT 之间的距离不同而引起的传输时延差异，使所有 ONU 到 OLT 的逻辑距离相同，以确保不同 ONU 所发出的信号能够在 OLT 处准确地复用到一起。

APON 系统的测距过程分为三步：第一步是静态粗测，在 ONU 安装调测阶段进行，这是针对物理距离差异进行的时延补偿。为保证该过程对数据传输的影响较小，采用低频低电平信号作为测距信号。第二步是静态精测，每当 ONU 被重新激活时都要进行一次，是达到所需测距精度的中间环节，测距信号占据一个上行传输时隙。该过程结束后，OLT 指示 ONU 可以发送数据。第三步是动态精测，是在数据传输过程中使用数据信号进行的实时测距，以校正由于环境温度变化和器件老化等因素引起的时延漂移。一般测距方法有以下几种：

(1) 扩频法测距：粗测时 OLT 向 ONU 发出一条测距指令，通知 ONU 发送一个特定低幅值的伪随机码，OLT 利用相关技术检测出从发出指令到收到伪随机码的时间差，并根据这个值分配给该 ONU 一个均衡时延 Td。精测时需要开一个小窗口，通过监测相位变化实时调整时延值。这种测距的优点是不中断正常业务，精测时占用的通信带宽很窄，ONU 所需的缓存区较小，对业务的 QoS 影响不大；缺点是技术复杂，精度不高。

(2) 带外法测距：粗测时 OLT 向 ONU 发出一条测距指令，ONU 接到指令后将低频小幅的正弦波加到激光器的偏置电流中，正弦波的初始相位固定。OLT 通过检测正弦波的相位值计算出环路时延，并依据此值分配给 ONU 一个均衡时延。精测时需要开一个信元的窗口。这种测距的优点是测距精度高，ONU 所需的缓存区较小，对业务的 QoS 影响小；缺点是技术复杂，成本较高，测距信号是模拟信号。

(3) 带内法测距：粗测时占用通信带宽，当一个 ONU 需要测距时，OLT 命令其他 ONU 暂停发送上行业务，并形成一个测距窗口供这个 ONU 使用。OLT 向该 ONU 发出一条测距指令，ONU 接到指令后向 OLT 发送一个特定信号。OLT 收到这个信号后，计算出均衡时延值。精测时采用实时监测上行信号，不需要另外开窗。这种测距的优点是利用成熟的数字技术，实现简单，精度高，成本低；缺点是测距占用上行带宽，ONU 需要较大的缓存区，对业务的 QoS 影响较大。

接入网最敏感的是成本，所以 APON 应该采用带内开窗测距技术。为了克服其缺点，可采取减小开窗尺寸及设置优先级等措施。由于开窗测距是对新安装的 ONU 进行的，该 ONU 与 OLT 之间的距离可以有个估计值，根据估计值先分配给 ONU 一个预时延，这样可以大大减小开窗尺寸。如果估计距离精确度为 2 km，则开窗尺寸可限制在 10 个信元以内。为了不中断其他 ONU 的正常通信，可以规定测距的优先级较信元传输的优先级低。这样，只有在空闲带宽充足的情况下才允许静态开窗测距，使得测距仅对信元时延和信元时延变化有一定的影响，而不中断业务。

2. 快速比特同步技术

由于测距精度有限，在采用测距机制控制 ONU 的上行发送后，各 ONU 到达 OLT 的上行比特流仍存在一定的相位漂移，因此必须采取快速同步技术，将 OLT 的接收时钟同步到当前接收的、来自某一 ONU 的比特流。

由 APON 的上行帧结构可知，在每个时隙的信元之前都有 3 个开销字节，用于同步定界，并提供保护时间。开销包含 3 个域，其中保护时间可用于防止微小的相位漂移损害信号；前置比特图案可用于同步获取，实现比特同步；定界图案则用于确定 ATM 信元的边界，完成字节同步。OLT 必须在收到 ONU 上行突发信号的前几个比特内快速搜索同步图案，并以此获取码流的相位信息，达到比特同步，这样才能恢复 ONU 的信号。同步获取可以通过将收到的码流与特定的比特图案进行相关运算来实现。然而，一般的滑动搜索方法延时太大，不适用于快速比特同步。因而可采用并行的滑动相关搜索方法，即将收到的信号用不同相位的时钟进行采样，采样结果同时与同步图案进行相关运算并比较运算结果，在相关系数大于某个门限时将最大值对应的采样信号作为输出，该相位的时钟作为最佳时钟源。如果若干相关值相等，则可以取相位居中的信号和时钟。这实际上是以电路的复杂为代价来换取时间上的收益。

3. 突发信元的收发技术

APON 系统上行信号采用 TDMA 的多址接入方式，各个 ONU 必须在指定的时间内完成光信号的发送，以免与其他信号发生冲突。突发信元的收发与快速比特同步密切相关。

为了实现突发模式，收发两端都要采用特殊技术。在发送端，光突发发送电路要求能够非常快速地开启和关断，迅速建立信号，因而传统的采用反馈式自动功率控制的激光器将不适用，需要使用响应速度很快的激光器。另外，由于 APON 系统是点对多点的光通信系统，以 1∶16 系统为例，上行方向正常情况下只有 1 个激光器发光，其他 15 个激光器都处于“0”状态。根据消光比定义，即使是“0”状态，仍会有一些激光发出来。15 个激光器的光功率加起来，如果消光比不大的话，有可能远远大于信号光功率，使信号淹没在噪声中，因此用于 APON 系统的激光器要有很好的消光比。

在接收端，由于每个 ONU 到 OLT 的路径不同、距离不同、损耗不同，将使 OLT 接收到的上行光功率存在较大的变化。因此要求突发接收电路一方面必须有很大的动态范围，这可在 OLT 中采用具有自适应功能的光接收机来实现。另一方面在每次收到新的信号时，必须能快速调整接收门限电平，这可通过每个上行 ATM 信元流中开销字节的前置比特来实现。突发模式前置放大器的阈值调整电路可以在几个比特内迅速建立阈值，然后根据这个阈值正确恢复数据。

4. 搅动技术

由于 APON 系统是共享媒质的网络，在下行方向上，所有的信元都是从 OLT 以广播方式传送到各个 ONU 的，只有符合目的地址的用户才能读取对应的信元。这就带来了用户信息的安全性和保密性等问题。为了保证用户信息的安全性和保密性，APON 系统采用了搅动技术。这是一种介于传输系统扰码和高层编码之间的保护措施，基于信息扰码来实现，为用户信息提供了较低水平的保护。具体可通过 OLT 通知 ONU 上报信息扰码，然后 OLT 在传输汇聚层对下行信元进行搅动，ONU 处通过信息扰码取出属于自己的数据来实现。信息扰码长度一般为 3 个字节，利用随机产生的 3 个字节和从上行用户信息中提取的 3 个字节进行异或运算得到。信息扰码可快速更新，以满足更高的保密要求。这种搅动技术比较简单，易于实现，且附加成本较低。

从数据处理方面来看，在 APON 中，用户数据必须要在协议转化(TDM 用 AAL1/2，数据分组传输用 AAL5)下传送。这种转换对于高带宽难以适应，而执行这种功能的设备，包括一些相关的附属设备，如信元在存储器(Cell Memory)、粘连逻辑(Glue Logic)等，这也给系统增加了不少成本。

APON 的最高速率为 622 Mb/s，因二层采用的是 ATM 封装和传送技术，因此存在带宽不足、技术复杂、价格高、承载 IP 业务效率低等问题，未能取得市场上的成功。

实践项目　调研 ODN 网络组成

实践目的：了解 ODN 网络组成。
实践要求：到企业或学校实训基地去走访调研，完成调研报告撰写。
实践内容：
(1) 调研 ODN 网络包括哪些器件？
(2) 调研光分路器的种类有哪些？
(3) 调研光纤接口类型有哪几种？

任务 3.3　GPON 技 术

【任务要求】

识记：GPON 速率、GPON 优势。
领会：GPON 帧结构。

3.3.1　GPON 技术标准

GPON 是在 APON 基础上专门针对 APON 的缺点发展起来的，GPON 保留了 APON 的许多优点，与 APON 有很多相同之处，但 GPON 更高效、高速，特别是可以以本色模式和极高的效率同时支持数据和 TDM。

GPON 由 FSAN 组织于 2002 年 9 月提出，ITU-T 在此基础上于 2003 年 3 月完成了 ITU-T G.984.1 和 G.984.2 的制定，2004 年 2 月和 6 月完成了 G.984.3 的标准化，最终形成了 GPON 的标准族。

基于 GPON 技术的设备基本结构与 APON 类似，也是由局端的 OLT(光线路终端)，用户端的 ONT/ONU(光网络终端或光网络单元)，连接前两种设备的 ODN(光分配网络，由单模光纤和无源分光器组成)以及网管系统组成。

1．ITU-T G.984.1(总体特性)

ITU-T G.984.1 标准的全称是千兆比特无源光网络的总体特性，主要规范了 GPON 系统的总体要求，包括光纤接入网(OAN)的体系结构、业务类型、业务节点接口(SNI)、用户网络接口(UNI)、物理速率、逻辑传输距离和系统的性能指标。

ITU-T G.984.1 标准的主要内容如下：

(1) 支持全业务，包括话音(TDM、SONET 和 SDH)、以太网(10 Mb/s 或 100 Mb/s)、异步传输模式(ATM)、租用线及其他业务。

(2) 覆盖的物理距离至少为 20 km，最大距离差为 20 km，逻辑距离限于 60 km 以内。

(3) 支持同一种协定下的多种速率模式。

(4) 针对点到点服务管理，需要提供操作、管理、维护(OAM)的能力。

(5) 针对 PON 下行流量，以广播形式进行传输，并提供协定层的安全保护机制。

2. ITU-T G.984.2(PMD 层规范)

ITU-T G.984.2 标准的全称是千兆比特无源光网络物理媒质层(PMD)规范，主要规范了 GPON 系统的物理层要求。ITU-T G.984.2 规定，系统下行速率为 1.244 Gb/s 或 2.488 Gb/s，上行速率为 0.155 Gb/s、0.622 Gb/s、1.244 Gb/s 或 2.488 Gb/s。标准定义了在各种速率等级下 OLT 和 ONU 光接口的物理特性。

3. ITU-T G.984.3(GTC 层规范)

ITU-T G.984.3 标准的全称是千兆比特无源光网络传输汇聚层(GTC)规范，在 2003 年发布。这个标准规定了 GPON 的 TC 层帧格式、封装方法、适配方法、测距机制、QoS 机制、安全机制、动态分配和操作维护管理功能等。

ITU-T G.984.3 标准引入了一种新的传输汇聚子层，用于承载 ATM 业务流和 GPON 封装方法(GEM)业务流。GEM 是一种新的封装结构，主要用于封装那些长度可变的数据信号和时分复用(TDM)业务。

4. ITU-T G.984.4(OMCI 规范)

ITU-T G.984.4 标准的全称是 GPON 系统管理控制接口规范。2004 年 6 月正式发布的 ITU-T G.984.4 标准提出了对光网络终端管理与接口(OMCI)的要求，包括 OLT 和 ONU 之间交换信息的协议独立的管理库(Management Information Base，MIB)的管理实体，以及 ONU 管理和控制通道、协议和具体消息。

ITU-T G.984.4 的目标是实现多厂家 OLT 和 ONU 设备之间的互通。这个建议指定了协议无关的管理实体，模拟了 OLT 和 ONU 之间信息交换的过程。ITU-T G.984.4 重用了 APON 标准 G.983 中的许多内容。

5. ITU-T G.984.5(增强带宽规范)

ITU-T G.984.5 标准主要规范了缩窄下行波长的范围、ONU 新增波长过滤模块，为下一代 GPON 共存演进进行了预留。

6. ITU-T G.984.6(扩展距离规范)

ITU-T G.984.6 标准主要规范了如何在 ODN 网络中增加有源扩展盒有效扩展 GPON 的最长距离，给出了几种类型的扩展盒模型。

3.3.2 GPON 帧结构

GPON 采用 125 μs 时间长度的帧结构，可用于更好地适配 TDM 业务；同时，继续沿用 APON 中 PLOAM 信元的概念传送 OAM 信息，并加以补充和丰富。GPON 帧的净负荷中分 ATM 信元段和 GEM 通用帧段，实现了综合业务的接入。

1. GPON 下行帧结构

GPON 的下行帧由 PCBd+Payload 两部分构成。下行帧固定为 125 μs，帧频率为 8000 Hz。2.488 Gb/s 速率下行时，帧长为 38880 字节。GPON 下行帧结构如图 3-11 所示。

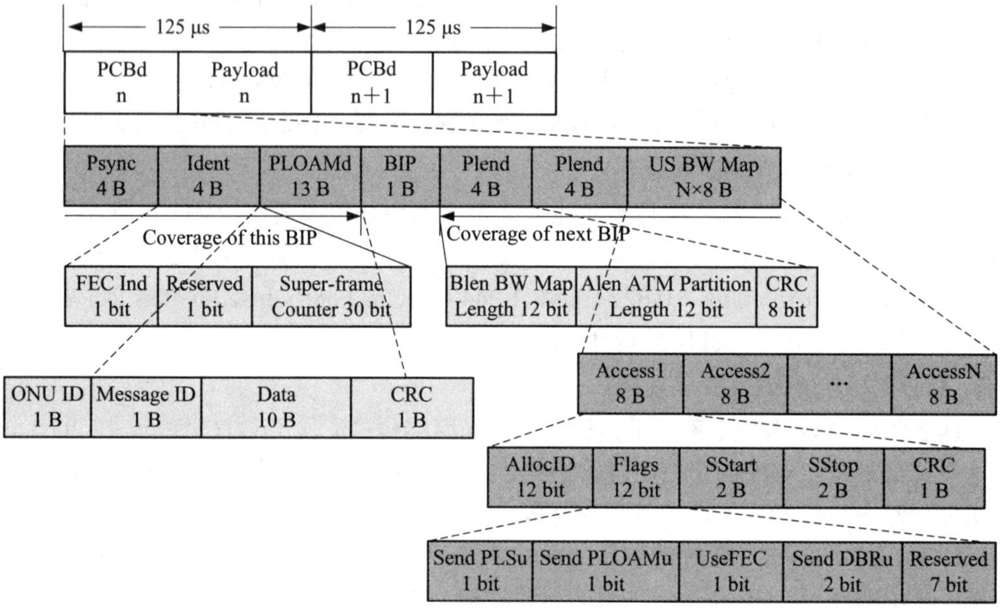

图 3-11 GPON 下行帧结构

净荷 Payload：透明承载 ATM 信元及 GEM 帧。

物理控制块字段 PCBd：由多个域组成，提供帧同步、定时及动态带宽分配等 OAM 功能。

物理同步域 Psync：固定长度为 4 字节，编码为 0xB6AB31E0，用作 ONU 与 OLT 同步。

超帧指示域 Ident：包含了 1 bit 的 FEC 前向纠错功能，这个 bit 位置 1 就是启用 FEC 功能，置 0 就是不启用；Reserved 1 bit 为保留字段；30 bit 的 Super-frame Counter 是超长帧计数器，为 0 时指示一个超帧的开始。

PLOAMd 域：用于承载下行 PLOAM 信息，完成 ONU 激活、OMCC 建立、加密配置、密钥管理和告警通知等管理功能。第一个字节为 8 bit 的 ONU ID 标识，确定一个 PON 口下 ONU 的数量最多 256 个；接着是 1 个字节的消息字段，用来定义下行消息的类型；紧接着的 10 个字节就是具体的 GPON 下行帧消息内容；最后 1 个字节为 CRC 校验。

BIP 域：用于比特间插的奇偶校验码，用作误码监测。

Plend 域：下行有效净荷长度域，用于指定“US BW Map”字段长度及净荷中 ATM 信元的数目。Plend 分为 Blen 和 Alen，Alen 用于指定 ATM 块长度，不用时置为“0”；Blen 即 12 bit 的 BW Map length，定义了后面的 BW Map 字段的长度，在 125 μs 时间周期内最多能够分配 4095 个带宽授权。BW Map 的长度就等于 8 × Blen；Plend 字段要连续传两次，目的是增强其健壮性。

US BW Map 域：8 字节分配结构的向量数组，用于上行带宽分配。数组中的每一条目代表分配给某个特定 T-CONT 的带宽。条目的数量由 Plend 域指定。AllocID 域为 12 bit，用于指示带宽分配的接收者，即特定的 T-CONT 或 ONU 的上行 OMCC 通道。这 12 bit 无固定结构，但必须遵循一定规则。Flags 域为 12 bit，用于指示下次 ONU 发送上行数据的行为。这个字段实际上是可选项。其中，bit11 为发送功率等级序号(PLSu)；bit10 指示上行突发是否携带 PLOAMu 域；bit9 指示上行突发是否启用 FEC 功能；bit8 和 bit7 指示上行突发如何发送 DBRu，00 表示不发送 DBRu，01 表示发送“模式 0”DBRu(2 B)，10 表示发送“模式 1”DBRu(3 B)，11 表示发送“模式 2”DBRu(4 B)；bit6～bit0 为预留。SStart 域长 2 字节，用于指示带宽分配时隙的开始时间。该时间以字节为单位，在上行 GTC 帧中从 0 开始，并且限制上行帧的大小不超过 65 536 字节，可以满足 2.488 Gb/s 的上行速率要求。SStop 域长 2 字节，用于指示带宽分配时隙的结束时间。该时间以字节为单位，在上行 GTC 帧中从 0 开始。CRC 为校验码，用于误码监测。

ONU 依据物理层控制块获取同步等信息，并依据其中的 ATM 信元头的 VPI/VCI 过滤 ATM 信元，依据 GEM 帧头的端口 ID 过滤 GEM 帧。

2．GPON 上行帧结构

GPON 上行帧由多个突发组成，每个上行突发由上行物理层开销(PLOu)及一个或多个与特定 AllocID 关联的带宽分配时隙组成。上行帧周期也是 125 μs，其结构如图 3-12 所示。

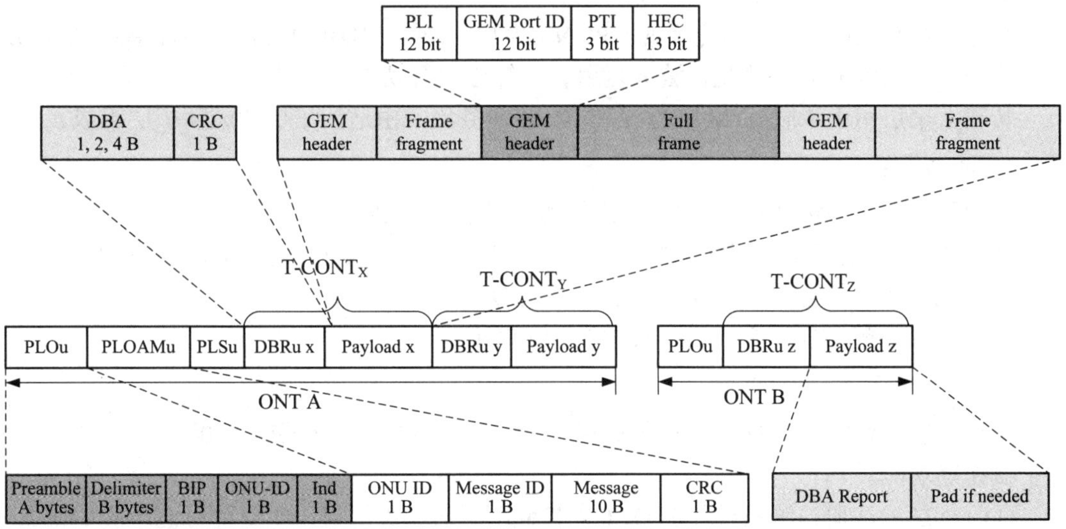

图 3-12　GPON 上行帧结构

ONU 在占据上行信道后首先发送 PLOu 单元，以使 OLT 能够快速同步并正确接收 ONU 的数据。PLOu 前面两个字段是同步码和定界符，其长度由 OLT 在初始化 ONU 时设置；BIP 用来进行奇偶校验；8 bit 的 ONU-ID 同样用来唯一标识 ONU；1 B 的 Ind 字段里提供了 ONT 的实时状态，主要看是否有上行的 T-CONT 数据要发送，用于 BDA 上报，即告诉 OLT 有哪种类型的 T-CONT 需要上传。

PLOAMu：上行操作、管理和维护字段，用于承载上行 PLOAM 信息，包含 ONU ID、Message ID、Message 及 CRC(循环校验码)，长度为 13 字节。这个字段是可选的，并非每个上行帧都必须有，具体是否上报由下行帧中来定义。

PLSu：功率测量序列，用于调整光功率，是可选项。

DBRu：上报 T-CONT 的状态，为给下一个用户带宽需求申请带宽，完成 ONU 的动态带宽分配。但不是每帧都有，当 BW Map 的分配结构中相关 Flags 置 1 时，发送 DBRu 域。DBRu 字段由 DBA 域和 CRC 域构成。根据带宽分配结构要求的 DBA 报告模式不同，DBA 域预留 1 字节、2 字节或 4 字节。CRC 域完成对 DBRu 域的 CRC 校验。

Payload：有效载荷字段，用于填充 ATM 信元或者 GEM 帧。

3. GEM 帧结构

GEM 帧同样可以分为帧头和净荷。在帧头中，PLI 用来指示紧随帧头后面的净荷长度；12 bit 的 GEM Port ID 用来唯一标识 GEM Port，可以看到一个 PON 口下面最多支持 4096 个 GEM Port；PTI 用来指示净荷的类型，看这个 GEM 帧是否为帧尾，因为一个大的 GEM 帧实际是要在分片后一个一个传送，这个字段就是标识这个 GEM 帧到底是不是最后一个分片。HFC 为头校验字节，采用自描述方式确定帧的边界，用于帧的同步与帧头保护。

3.3.3 GPON 系统模型及协议栈

1. GPON 系统层次模型

从分层结构上看，ITU-T 定义的 GPON 由物理媒质(PMD)层和传输汇聚(GTC)层构成。

物理媒质层完成 E/O 适配、波分复用、光纤连接等功能。

传输汇聚层用于承载 ATM 业务流和 GEM 业务流，由适配子层和成帧子层组成。

1) 适配子层

适配子层分为 OMCI 适配子层、ATM 适配子层和 GEM 适配子层。

(1) OMCI 适配子层：识别 VPI/VCI 和 Port ID，提供该通道数据和高层实体的交换。

(2) ATM 适配子层：完成 ATM、SDU 与 PDU 的转换。

(3) GEM 适配子层：完成 GEM、SDU 与 PDU 的转换。

2) 成帧子层

成帧子层主要完成 ONU 注册与测距、上行时隙分配、上行带宽分配、保密与安全和保护倒换等功能。

(1) ONU 的注册与测距过程在 OLT 的控制下进行，并通过上下行的标志位和 PLOAM 消息的交换来完成；ONU 响应 OLT 发起的消息。具体过程如下：

① ONU 刚刚加电时处理 LOS/LOF，在接收下行数据流后由初始状态转为待机状态。

② 在待机状态下，ONU 通过 Upstream_Overhead 信息接收 PON 工作参数进行相关配置(如定界符、功率模式、预置的均衡时延)，并转移到序列号状态。

③ OLT 给所有处于待机状态的 ONU 发送 Serial-Number Request 消息，以便发现新的 ONU 及它们的序列号；ONU 将序列号发送给 OLT。

④ OLT 收到一个新连接 ONU 的序列号后，通过 Assign_ONU-ID 消息来指配 ONU-ID。

⑤ ONU 获得 ONU-ID 后转移到测距状态。

⑥ OLT 测量这个 ONU 的到达时间。

⑦ OLT 将均衡时延通知 ONU。

⑧ ONU 插入 OLT 通知的均衡时延。

(2) 上行时隙分配。

OLT 在下行物理控制块(PCB)的上行带宽映射域(US BW Map)中传递一种指针信息，标志上行流中相应的 ONU 开始和结束传输的时间，使之在任何时间内只有一个 ONU 能够访问媒质，正常工作时没有冲突。指针以字节为单位，允许 OLT 以 64 kb/s 的粒度(因为帧长是 125 μs，一帧里的一个字节就对应 64 kb/s)对媒质进行高效的带宽控制。一些 OLT 的应用可选择以更大的粒度设置指针和时隙大小，通过动态的带宽粒度设置和带宽分配达到更大的带宽控制。

(3) 带宽分配。

DBA 是一种能在微秒或毫秒级的时间间隔内完成对上行带宽的动态分配的机制。在动态资源分配中，OLT 通过检查 ONU 的 DBA 报告自动检测输入的业务，了解网络中的拥塞情况，然后根据带宽分配策略分配合适的资源。DBA 的作用有：

① 提高最大带宽利用率。无 DBA，利用率为 40%；有 DBA，利用率达到 80%。

② 减小平均时延。无 DBA，平均时延为 100 ms；有 DBA，平均时延小于 10 ms。

(4) 保密与安全。

GPON 下行采用广播技术，同一 PON 口下的主干光纤和分光后的数据都是一样的，每个 ONU 收到的数据也都是一样的。如何保证 ONU 的数据不被其他 ONU 所获取解析？

GPON 支持下行广播数据进行 AES128 加密处理。

AES(Advanced Encrypt System)是一种国际通用的加密算法，只对 GEM 帧中的 Payload 进行加密处理。GPON 系统可以定期地进行 AES 密钥交换和更新，从而提高线路数据的可靠性。

(5) GPON 保护倒换。

① GPON 网络保护 Type A。

- 设备没有任何备份措施。
- 主干光纤故障后，由人工切换至备用光纤。
- 业务肯定中断，中断时间取决于线路恢复时间。
- 如果到用户的线路出现故障，业务就会中断，无法备份。

② GPON 网络保护 Type B。

- OLT 设备上有两个 GPON 接口。
- 此种保护方式仅限于主干光纤出现故障时，系统会自动切换到备用系统，从而实现对骨干光纤的保护。
- 保护对象仅限于 OLT 与 ODN 之间的光纤故障和 OLT 单板硬件故障，对其他类型的故障没有涉及，可能存在严重的安全隐患，无法满足客户需求。
- 无法定位故障。

③ GPON 网络保护 Type C。

- OLT 和 ONT 上均有两个 GPON 接口。OLT 的 GPON 接口需要工作在 1∶1 模式下。
- 此种保护方式是一种全保护光纤倒换方式，OLT 与 ONU 之间有完全不同的两条通路，可以保证各种故障都得到恢复。

• 当 ONU 的主用 PON 口或用户线路出现故障时，ONU 会自动将业务倒换到备用 PON 口上，业务通过备用线路和 OLT 的备份端口上行。业务基本不会中断。

• 这种保护方式实现难度较大，成本较高。

• 其中一个端口始终处于空闲状态，造成系统带宽利用率低。

④ GPON 网络保护 Type D。

• OLT 上有两个 GPON 接口。OLT 的 GPON 接口需要工作在 1 + 1 模式下。

• 此种保护方式是一种全保护光纤倒换方式，OLT 与 ONU 之间有完全不同的两条通路，可以保证各种故障都得到恢复。例如无源分光器故障，链路可以自动恢复。

• 此种网络中支持 ONU 混合方式，可以是带一个 PON 口的，也可以是带两个 PON 口的，一般根据用户的实际需要选择。

• 这种保护方式实现难度较大，成本较高。

2. GPON 系统管理模型

GPON 系统对 ONU 的管理一般通过 OLT 和 ONT/ONU 之间的 OMCI 管理通道来实现。ONT/ONU 可以即插即用，自动业务发放，远程集中管理。

1) OMCI 基本概念

OMCI(ONU Management and Control Interface)是 GPON 标准中定义的一种配置传输通道，通过在 OLT 和 ONT 之间建立专有的 ATM PVC 或者 Gem Port 传输 OMCI 消息，提供标准的获取 ONU 能力，并对其进行管理和控制。ONT 所有的配置都由 OLT 来控制，但在有告警或者属性改变时，ONT 会主动上报消息，而 ONT 只能主动上报三种消息：Alarm、AVC 和 Test Result。

ONT 在向 OLT 注册时建立 OMCI 通道。OMCI 是主从式管理协议，OLT 是主设备，ONT 是从设备，OLT 通过 OMCI 通道控制 OLT 下面连接的多个 ONT 设备。OLT 和 ONT 的 OMCI 消息交互采用了停等机制，在 OLT 收到正确的回复消息后，才会下发下一个消息配置，单个 OMCI 消息的超时时间为 1 s。

2) OMCI 通道的建立

在 ONT 注册过程中，OLT 为 ONT 分配 ONU-ID 后，ONT 会自动建立 OMCI 的 T-CONT，Alloc ID = ONU-ID。ONT 注册成功后，OLT 下发配置 OMCI Gem Port 的 PLOAM 消息，ONT 收到该消息后，在 OMCI Gem Port 和 OMCI T-CONT 之间建立对应关系。

后续 OLT 发送的 OMCI 报文通过 OMCI Gem Port 下发到 ONT，ONT 根据 Gem Port 识别出是给 ONT 的 OMCI 报文；ONT 发送给 OLT 的 OMCI 报文也是通过该 Gem Port 和 OMCI T-CONT 的上行带宽发送到 OLT。

3. GPON 的协议栈

GPON 协议栈如图 3-13 所示。

GPON 协议栈可分为两个平面，分别为 C/M(用户管理)平面和 U 平面。C/M 平面负责管理用户业务流、安全、OAM 等，其协议栈如图 3-14 所示。U 平面负责承载用户业务流，其协议栈如图 3-15 所示。

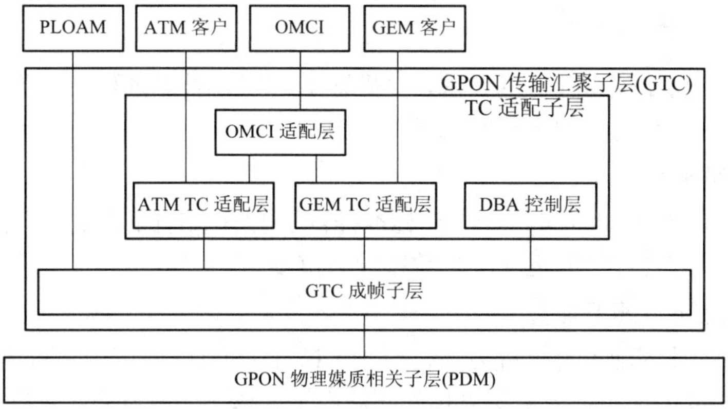

图 3-13 GPON 协议栈

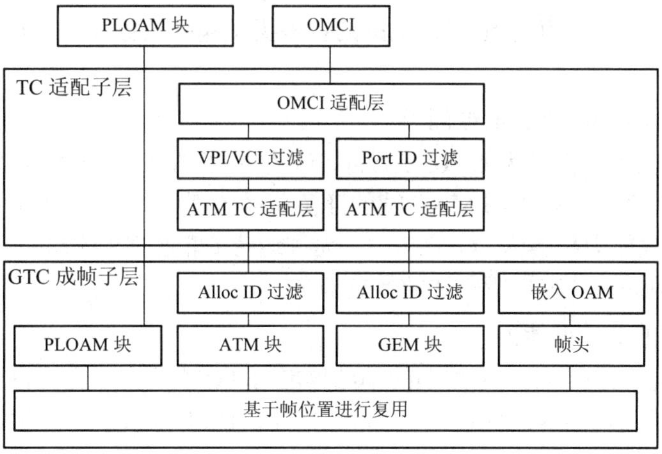

图 3-14 用户管理平面协议栈

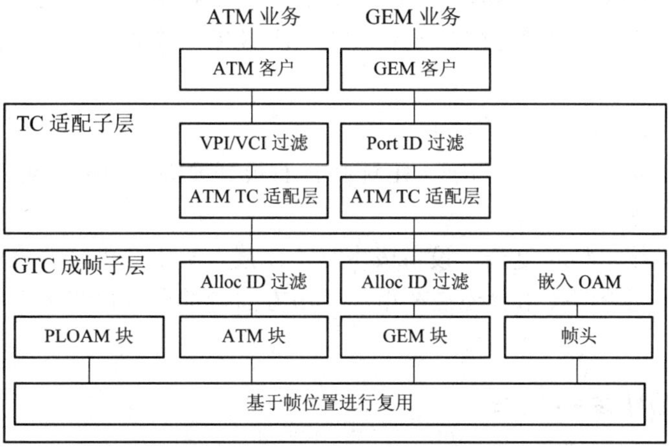

图 3-15 U 平面协议栈

3.3.4 GPON 的主要优势

GPON 充分考虑了宽带业务的需求，并借鉴了 APON 技术的研究成果，比 APON 更有效率。GPON 的技术优势主要表现在以下几个方面。

1. 高的传输速率

相对于其他 PON 标准而言，GPON 标准提供了前所未有的高带宽，下行速率高达 2.5 Gb/s，并且其非对称特性更能适应宽带数据业务市场。

2. 灵活的上/下行速率配置

GPON 支持的速率配置有七种方式，对于 FTTH、FTTC 的应用，可采用非对称配置；对于 FTTB、FTTO 的应用，可采用对称配置。由于高速光突发发射、突发接收器件价格昂贵，且随速率上升显著增加，因此这种灵活配置可使运营商有效控制光接入网的建设成本。

3. 广泛的业务支持能力

在 GPON 标准中，明确规定需要支持的业务类型包括数据业务、PSTN 业务、专用线业务和视频业务。

4. 高效、灵活的 IP 业务承载能力

GEM 帧的净负荷区范围为 4～65 535 字节，解决了 APON 中 ATM 信元所带来的承载 IP 业务效率低的弊病；而以太网 MAC 帧的净负荷区范围仅为 46～1500 字节，因此 GPON 对于 IP 业务的承载能力相当强。GPON 技术允许运营商根据各自的市场潜力和特定的管制环境，有针对性地提供其客户所需要的特定业务。

5. 高的实时业务处理能力

GPON 所采用的标准 125 μs 周期的帧结构能对 TDM 语音业务提供直接支持，无论是低速的 E1/T1 还是高速的 STM1/OC3，都能以它们的原有格式进行传输，这极大地减少了执行语音业务的时延拉动。

6. OAM&P 功能强大

GPON 借鉴 APON 中 PLOAM 信元的概念，规定了在接入网层面上的保护机制和完整的 OAM 功能，实现全面的运行维护管理功能，使 GPON 作为宽带综合接入的解决方案可运营。

7. 良好的 QoS 支持

GPON 同时承载 ATM 信元和(或)GEM 帧，有很好地提供服务等级、提供 QoS 级保障和全业务接入的能力。

目前，GPON 技术相对复杂、设备成本高，在接入网中提供千兆位业务还找不到明确的市场定位，因此无论在技术上还是在市场应用方面，都还有待继续发展完善的必要性和可行性。

实践项目　GPON 设备认知

实践目的：掌握 GPON 设备的相关信息。

实践要求：分组到企业调研，收集相关设备信息。

实践内容：

(1) 了解目前常用的 GPON 设备型号。

(2) 了解 GPON 设备的板卡名称。

(3) 了解 GPON 设备接口种类。

(4) 了解上联口和业务口速率。

任务 3.4 EPON 技 术

【任务要求】

识记：EPON 系统组成和工作原理。

领会：EPON 关键技术。

随着 IP 技术的不断完善，大多数的运营商已经将 IP 技术作为数据网络的主要承载技术，由此也衍生出大量以以太网技术为基础的接入技术；同时由于以太技术的高速发展，使得 ATM 技术完全退出了局域网，因此把简单经济的以太技术与 PON 的传输结构结合起来的 Ethernet over PON 概念，自 2000 年开始引起技术界和网络运营商的广泛重视。在 IEEE 802.3 EFM(Ethernet for the First Mile)会议上，加速了 EPON 的标准化进程，并于 2004 年 4 月通过了 IEEE 802.3ah 标准。

IEEE 802.3ah 标准中对 GEPON 技术进行较好的规范，上下行波长是 1310 nm 和 1490 nm，上下行速率为 1.25 Gb/s，传输距离是 10/20 km，分路比不超过 64，主要业务是数据和语音。若增加一个 1550 nm 波长传输电视广播信号，则可实现语音、数据和电视三合一的所谓宽带业务捆绑服务。

3.4.1 EPON 系统结构

EPON 网络采用点至多点的拓扑结构，取代点到点结构，大大节省了光纤的用量和管理成本。无源网络设备代替了 ATM 和 SDH 网元，并且 OLT 由许多 ONU 用户分担，因此建设费用和维护费用低。EPON 利用以太网技术，采用标准以太帧，无须任何转换就可以承载目前的主流业务——IP 业务，十分简单、高效，最适合宽带接入网的需要。10 GB 以太主干和城域环的出现也将使 EPON 成为未来全光网中最佳的“最后一公里”的解决方案。

一个典型的 EPON 系统也是由 OLT、ODN 和 ONU/ONT 三部分组成，其基本网络结构如图 3-16 所示。

(1) OLT 放在中心机房，既是一个交换机或路由器，又是一个多业务提供平台。在下行方向，OLT 提供面向无源光纤网络的光纤接口；在上行方向，OLT 提供多个 1 Gb/s 和 10 Gb/s 的高速以太接口，并支持 WDM 传输。为了支持其他流行协议，OLT 还支持 ATM、FR 以及 OC3/12/48/192 等速率的 SDH/SONET 的接口标准。OLT 通过支持 T1/E1 接口来实现传统的 TDM 语音的接入。OLT 根据需要可以配置多块 OLC(Optical Line Card)，OLC 与多个 ONU 通过 ODN 连接。在 EPON 中，OLT 到 ONU 间的距离最大可达 20 km，如果使用光纤放大器(有源中继器)，距离还可以扩展。

(2) ODN 由无源光分路器和光纤构成，其功能是分发下行数据并集中上行数据。

(3) ONU/ONT 为用户端设备和用户提供 EPON 接入的功能，选择接收 OLT 发送的广播数据；响应 OLT 发出的测距及功率控制命令，并作相应的调整；对用户的以太网数据进行缓存，并在 OLT 分配的发送窗口中向上行方向发送；实现其他相关的以太网功能。

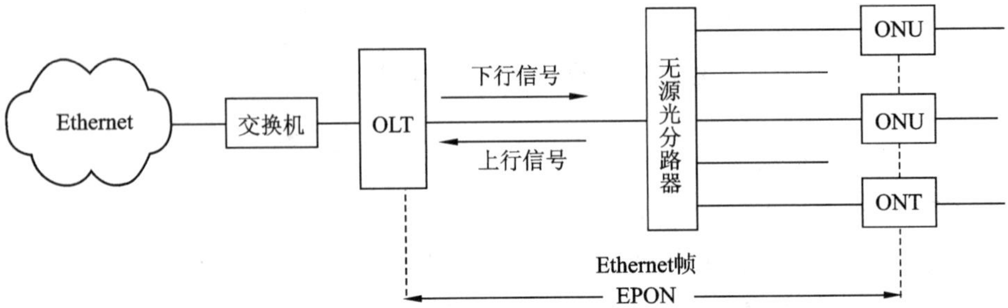

图 3-16　EPON 系统基本网络结构

EPON 中的 ONU 采用了技术成熟而又经济的以太网协议，在中带宽和高带宽的 ONU 中实现了成本低廉的以太网第 2 层和第 3 层交换功能。这种类型的 ONU 可以通过层叠来为多个终端用户提供很高的共享带宽。因为都使用以太协议，所以在通信过程中就不再需要协议转换，从而实现 ONU 对用户数据的透明传送。ONU 也支持其他传统的 TDM 协议，而且不会增加设计和操作的复杂性。在更高带宽的 ONU 中，将提供大量的以太接口和多个 T1/E1 接口。当然，对于光纤到家(FTTH)的接入方式，ONU 和 UNI 可以被集成在一个简单的设备中，不需要交换功能，从而在极低的成本下给终端用户分配所需的带宽。

在 EPON 的统一网管方面，OLT 是主要的控制中心，能够实现网络管理的主要功能。运营商可以通过中心管理系统对 OLT、ONU 等所有网络单元设备进行管理，同时可以很灵活地根据用户的需要来动态分配带宽。管理中心的远程业务分配控制功能可以让运营商通过对用户不同时段的不同业务需求作出响应，这样可以提高用户满意度。

3.4.2　EPON 帧结构

EPON 的工作原理与 APON 的主要区别是：在 EPON 中，根据以太网的 IEEE 802.3 协议，传送的是可变长度的数据包，最长可为 1518 个字节；而在 APON 中根据 ATM 协议，传送的是 53 个字节的固定长度信元，其中 48 个字节负荷，5 个字节开销。很显然，用 APON 传送 IP 业务时需要把数据包分成每 48 个字节一组，然后在每一组前附加上 5 个字节开销，这个过程耗时而复杂，也给 OLT 和 ONU 增加了额外的成本，所以 APON 系统不适合传送 IP 业务信息，而以太网则较适合携带 IP 业务，与 ATM 相比，极大减少了开销。

1. 下行帧结构

EPON 帧同 APON 帧一样，也是一种定时长帧，分上行和下行两种帧结构。EPON 系统下行帧结构如图 3-17 所示。

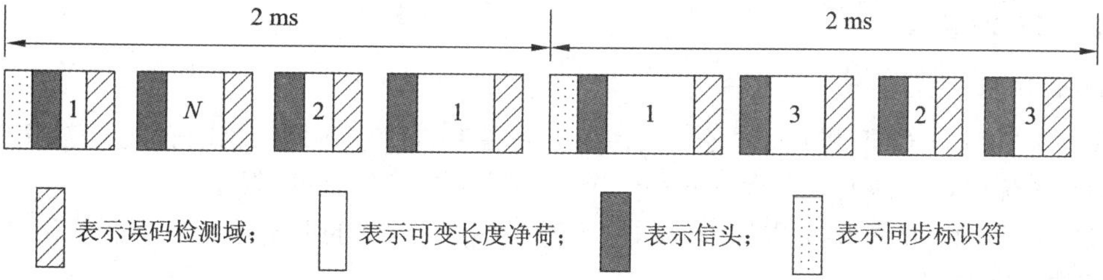

图 3-17　EPON 系统下行帧结构

每帧固定时长为 2 ms，由连续信息流组成，传输速率为 1.25 Gb/s；每帧包含一个同步标识符和多个可变长度的数据包(时隙)；同步标识符含有时钟信息，位于每帧的开头，长度为 1 个字节，用于 ONU 与 OLT 的同步。

2. 上行帧结构

EPON 系统的上行帧长与下行帧长相同，也是 2 ms，每帧有一个帧头，表示该帧的开始；每帧包含若干个长度可变的时隙，每个时隙分配给一个 ONU，各个 ONU 发送的上行数据包以 TDM 方式复合成一个连续的数据流，通过光分配器耦合送入光纤传输。EPON 系统上行帧结构如图 3-18 所示。

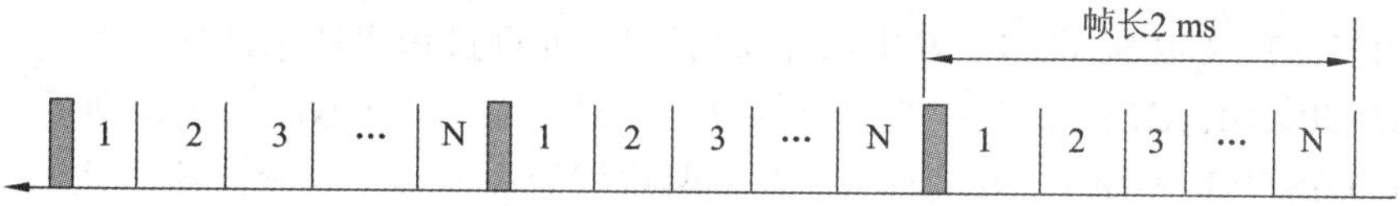

图 3-18　EPON 系统上行帧结构

3. EPON 数据包结构

可变长度的数据包按照 IEEE 802.3 协议，由信头、可变长度净荷和误码检测域三部分组成。EPON 系统中 OLT 与 ONU 之间数据包格式如图 3-19 所示。

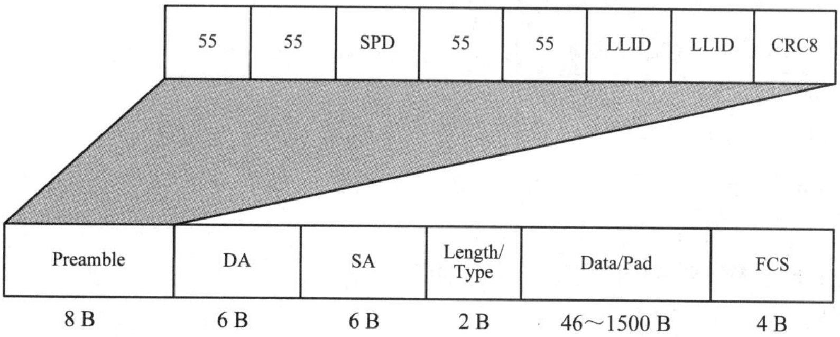

图 3-19　EPON 系统中 OLT 与 ONU 之间数据包格式

新增 LLID：用于在 OLT 上标识 ONU。

一般在 ONU 注册成功后分配一个唯一的 LLID；在每一个分组开始之前添加一个 LLID，替代以太网前导符的最后两个字节。

OLT 接收数据时，比较 LLID 注册列表；ONU 接收数据时，仅接收符合自己的 LLID 的帧或者广播帧。

4．MPCP 协议

1) 控制机制

MPCP 协议在 OLT 和 ONU 之间规定了一种控制机制，协调数据的有效发送和接收。

(1) 系统运行过程中，上行方向在一个时刻只允许一个 ONU 发送；

(2) 位于 OLT 的高层负责处理发送的定时、不同 ONU 的拥塞报告，从而优化 PON 系统内部的带宽分配。

2) 操作模式

MPCP 有两种 GATE 操作模式：初始化模式和普通模式。

(1) 初始化模式用来检测新连接的 ONU，测量环路时延和 ONU 的 MAC 地址；

(2) 普通模式给所有已经初始化的 ONU 分配传输带宽。

3) 帧类型

MPCP 帧类型包括以下几种：

(1) GATE(OLT 发出)：允许接收到 GATE 帧的 ONU 立即或者在指定的时间段发送数据。

(2) REPORT(ONU 发出)：向 OLT 报告 ONU 的状态，包括该 ONU 同步于哪一个时间戳以及是否有数据需要发送。

(3) REGISTER_REQ (ONU 发出)：在注册规程处理过程中请求注册。

(4) REGISTER (OLT 发出)：在注册规程处理过程中通知 ONU 已经识别了注册请求。

(5) REGISTER_ACK (ONU 发出)：在注册规程处理过程中表示注册确认。

3.4.3　EPON 系统工作过程

1．OLT 的操作

OLT 包括以下操作：

(1) 产生时间戳信息，用于系统参考时间；

(2) 通过 MPCP 帧指配带宽；

(3) 进行测距操作；

(4) 控制 ONU 注册。

2．ONU 的操作

ONU 包括以下操作：

(1) 通过下行控制帧的时间戳同步于 OLT；

(2) 等待发现帧(GATE)；

(3) 进行发现处理，包括测距、指定物理 ID 和带宽；

(4) 等待授权，且只能在授权时间发送数据。

3.4.4　EPON 的关键技术

在 EPON 系统的设计中引入了很多核心技术，也正是这些核心技术，才使得 EPON 在以太网中实现了光网络的接入和多业务的支持。这些技术主要包括数据链路层技术和物理层技术两大类。

1. EPON 数据链路层的关键技术

EPON 采用 TDMA 方式时，数据链路层的关键技术主要包括自动注册、系统同步、测距和时延补偿技术、动态带宽分配技术、搅动技术等。

1) 自动注册

自动注册是指 OLT 对系统中的 ONU 进行注册，主要用于系统中增加 ONU 时或者 ONU 重新启动时。ONU 注册流程如图 3-20 所示。

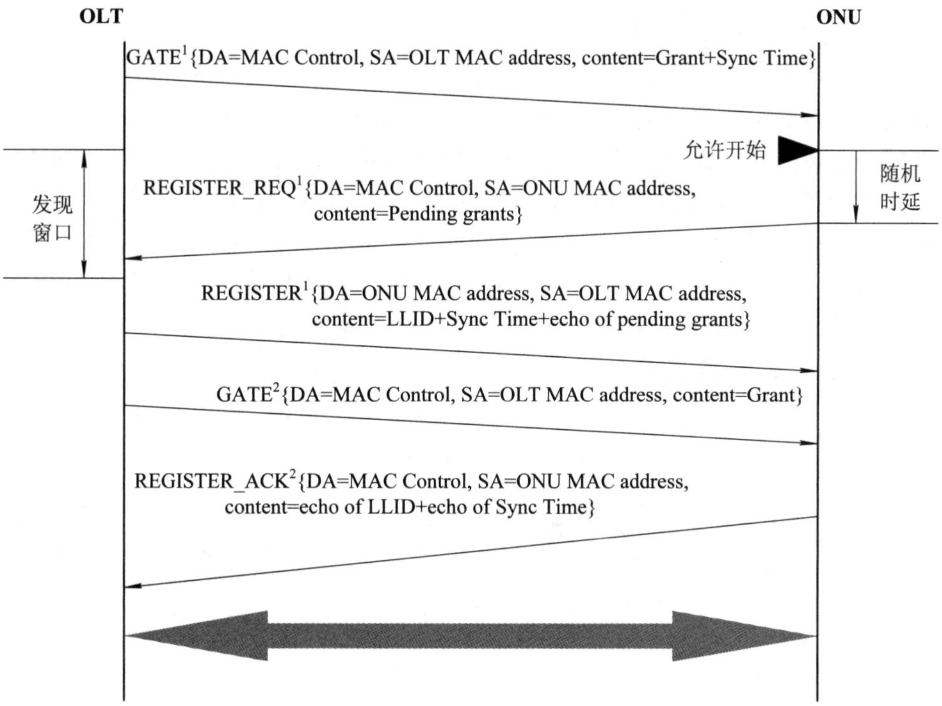

图 3-20　ONU 注册流程

(1) 自动注册过程由 OLT 发起，在广播信道上周期性产生合法的发现时间窗口。该消息中包含发现窗口的时间和长度。

(2) ONU 收到消息后等待该周期的开始，然后向 OLT 发送 REGISTER_REQ 消息。

(3) OLT 在收到 REGISTER_REQ 消息后，为该 ONU 分配 LLID，并将该 ONU 的 MAC 地址和 LLID 绑定。OLT 向 ONU 发送 REGISTER 消息，该消息中包含 ONU 的 LLID、OLT 要求的同步时间以及对 ONU 最大等待授权的数目的响应。

(4) OLT 发送标准的 GATE 消息，允许 ONU 发送 REGISTER_ACK。

(5) ONU 发送 REGISTER_ACK。

2) 系统同步

由于 EPON 中的各 ONU 接入系统是采用时分多址复用方式，因此 OLT 和 ONU 在开始通信之前必须达到同步，才会保证信息正确传输。要使整个系统达到同步，必须有一个共同的参考时钟，在 EPON 中以 OLT 时钟为参考时钟，各个 ONU 时钟和 OLT 时钟同步。

OLT 周期性地广播发送同步信息给各个 ONU，使其调整自己的时钟。

EPON 同步的要求是在某一 ONU 的时刻 T(ONU 时钟)发送的信息比特，OLT 必须在时刻 T(OLT 时钟)接收它。在 EPON 中，由于各个 ONU 到 OLT 的距离不同，因此传输时延各不相同，要达到系统同步，ONU 的时钟必须比 OLT 的时钟多一个时间提前量，这个时间提前量就是上行传输时延。也就是说，如果 OLT 在时刻 0 发送一个比特，那么 ONU 必须在它的时刻 RTT(往返传输时延)接收。RTT 等于下行传输时延加上下行传输时延，这个 RTT 必须知道并传递给 ONU。获得 RTT 的过程即为测距(Ranging)。当 EPON 系统达到同步时，同一 OLT 下面的不同 ONU 发送的信息才不会发生碰撞。

3) 测距和时延补偿

EPON 的点对多点结构决定了各 ONU 对 OLT 的数据帧时延不同，因此必须引入测距和时延补偿技术以防止数据时域碰撞，并支持 ONU 即插即用。准确测量各个 ONU 到 OLT 的距离，并精确调整 ONU 的发送时延，可以减小 ONU 发送窗口间的间隔，从而提高上行信道的利用率并减小时延。另外，测距过程应充分考虑整个 EPON 的配置情况。例如，若系统在工作时加入新的 ONU，此时的测距就不应对其他 ONU 有太大的影响。EPON 的测距由 OLT 通过时间标记在监测 ONU 即插即用的同时发起和完成。

测距和时延补偿示意图如图 3-21 所示。

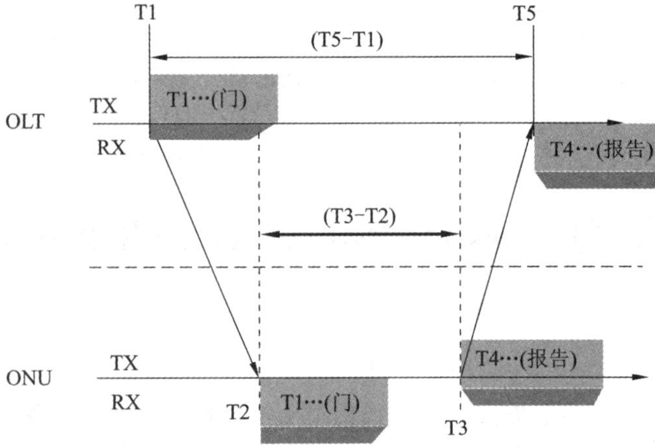

图 3-21　测距和时延补偿示意图

基本过程如下：

(1) OLT 在 T1 时刻通过下行信道广播时隙同步信号和空闲时隙标记。

(2) 已启动的 ONU 在 T2 时刻监测到一个空闲时隙标记时，将本地计时器重置为 T1。

(3) 在 T3 时刻回送一个包含 ONU 参数的(地址、服务等级等)在线响应数据帧时，数据帧中的本地时间戳为 T4。

(4) OLT 在 T5 时刻接收到该响应帧。通过该响应帧 OLT，不但能获得 ONU 的参数，还能计算出 OLT 与 ONU 之间的信道时延为：RTT = (T5 − T1) − (T3 − T2) = (−T1) − T1 = T5 − T4。

(5) 在 OLT 侧进行时延补偿，发送给 ONU 的授权反映出由 RTT 补偿的到达时间。

例如，如果 OLT 在 T 时刻接收数据，OLT 发送包括时隙开始的 GATE＝T − RTT。在时戳和开始时间之间所定义的最小时延，实际上就是允许处理时间；在时戳和开始时间之间所定义的最大时延，是保持网络同步。

(6) OLT 再依据 DBA 协议为 ONU 分配带宽。

在 ONU 离线后，由于 OLT 长时间(如 3 min)收不到 ONU 的时间戳标记，则判定其离线。

4) 动态带宽分配(DBA)技术

目前，MAC 层争论的焦点在于 DBA 的算法及 802.3ah 标准中是否需要确定统一的 DBA 算法，由于直接关系到上行信道的利用率和数据时延，因此 DBA 技术是 MAC 层技术的关键。带宽分配分为静态和动态两种，静态带宽由打开的窗口尺寸决定，动态带宽则根据 ONU 的需要由 OLT 分配。EPON 中如果采用静态带宽分配，则对数据通信这样的变速率业务很不适合。如按峰值速率静态分配带宽，则整个系统带宽很快就被耗尽，带宽利用率很低。而采用动态带宽分配，可以使系统带宽利用率大大提高，在带宽相同的情况下可以承载更多的终端用户，从而降低用户成本。另外，DBA 所具有的灵活性为进行服务水平协议(SLA)提供了很好的实现途径。

目前，一般采用的方案是基于轮询的带宽分配方案，即：ONU 实时地向 OLT 汇报当前的业务需求，如各类业务在 ONU 的缓存量级，OLT 根据优先级和时延控制要求分配给 ONU 一个或多个时隙，各个 ONU 在分配的时隙中按业务优先级算法发送数据帧。由此可见，由于 OLT 分配带宽的对象是 ONU 的各类业务而非终端用户，对于 QoS 这样一个基于端到端的服务，必须有高层协议介入才能保障。

5) 搅动技术

根据 EPON 的安全性需求和对实现代价的综合考虑，在 EPON 系统中采用搅动方案来实现信息安全保证。搅动方案分为下行搅动和上行搅动两种，搅动过程包括 OLT 和 ONU 间密钥的同步和更新。通过定义新的 OAM 帧来实现 OLT 与 ONU 之间密钥的握手动态交互。OAM 帧格式包括了通用以太网帧格式中所有的域，通过唯一的类型标识符标识，并以 2 字节操控代码区分不同的 OAM 帧。OAM 帧包括新密钥请求帧、新密钥确认帧、搅动失步通知帧。

在 EPON 的下行方向上，为了隔离用户数据信息，OLT 侧根据下行数据的目的地不同采用不同的密钥进行搅动；为了充分保密，除了保证正常进行的前导码不搅动外，搅动区间为目的 MAC 地址到 FCS 域。在 ONU 侧，对接收到的数据的相应字段与 OLT 侧相一致的密钥进行解搅动处理，恢复搅动之前的数据。

在 EPON 的上行方向，为了防止用户假冒，ONU 侧对 MAC 控制帧和 OAM 帧进行搅动处理。由于要判断帧类型，搅动区间为帧类型标识符之后到 FCS 域，在 OLT 侧根据帧类型标识对控制帧和 OAM 帧的相应字段进行解搅动处理，然后进行 FCS 校验，如果正确则表明这是合法的控制帧，进行相关处理；如果出现 FCS 错误，则表明这是用户伪造的控制帧或者控制帧在线路上传输错误，应当丢弃，从而防止用户通过数据通道伪造 OAM 帧或控制帧，更改系统配置或捣毁系统。

2. EPON 物理层的关键技术

为降低 ONU 的成本，EPON 物理层的关键技术集中于 OLT，包括突发信号的快速同步、网同步、光收发模块的功率控制和自适应接收。

在 EPON 系统中，由于 OLT 接收到的信号为各个 ONU 的突发信号，因此 OLT 必须能在很短的时间(几个比特)内实现相位的同步，进而接收数据。此外，由于上行信道采用 TDMA 方式，而 20 km 光纤传输时延可达 0.1 ms(105 bit 的宽度)，为避免 OLT 接收侧的数据碰撞，必须利用测距和时延补偿技术实现全网时隙同步，使数据包按 DBA 算法的确定时隙到达。另外，由于各个 ONU 相对于 OLT 的距离不同，造成 OLT 的接收模块，不同时隙的功率不同，甚至在 DBA 应用中相同时隙的功率也不同(同一时隙可能对应不同的 ONU)，这种现象称为远近效应。因此，OLT 必须能够快速调节其“0”“1”电平的判决点。为解决“远近效应”，曾提出过功率控制方案，即 OLT 在测距后通过 OAM 数据包通知 ONU 的发送功率等级。由于该方案会增加 ONU 的造价和物理层协议的复杂度，并且使线路传输性能限定在离 OLT 最远的 ONU 等级，因而未被 EFM 工作组采纳。

3. EPON 的 QoS 问题

在 EPON 系统中支持 QoS 的关键三个方面：一是物理层和数据链路层的安全性；二是如何支持业务等级区分；三是如何支持传统业务。

1) 安全性

在传统的以太网中，对物理层和数据链路层安全性考虑甚少。因为在全双工的以太网中是点对点的传输，而在共享媒体的 CSMA/CD 以太网中，用户属于同一区域。但在点到多点模式下，EPON 的下行信道以广播方式发送，任何一个 ONU 可以接收到 OLT 发送给所有 ONU 的数据包。这对于许多应用，如付费电视、视频点播等业务是不安全的。MAC 层之上的加解密控制只对净负荷加密，而保留帧头和 MAC 地址信息，因此非法 ONU 仍然可以获取任何其他 ONU 的 MAC 地址；MAC 层以下的加密可以使 OLT 对整个 MAC 帧各个部分加密，主要方案是给合法的 ONU 分配不同的密钥，利用密钥对 MAC 的地址字节、净负荷、校验字节甚至整个 MAC 帧进行加密。但是，密钥的实时分配与管理方案会加重 EPON 的协议负担和系统复杂度。目前对 MAC 帧净负荷实施加密措施已得到 EFM 工作组的共识，但对于 MAC 地址是否加密及以何种方式加密还未确定。根据 IEEE 802.3ah 规定，EPON 系统物理层传输的是标准的以太网帧，对此，IEEE 802.3ah 标准中为每个连接设定 LLID 逻辑链路标识，每个 ONU 只能接收属于自己 LLID 的数据包，其余的数据包丢弃不再转发。不过 LLID 主要是为了区分不同连接而设定，ONU 侧如果只是简单根据 LLID 进行过滤显然还是不够的。为此，IEEE 802.3ah 工作组从 2002 年下半年起成立单独的小组，负责整个 802 体系的安全性问题的研究和解决。目前提出的安全机制从几个方面来保障：物理层 ONU 只接收自己的数据帧，AES 加密，ONU 认证。

2) 业务区分

由于 EPON 的服务对象是家庭用户和小企业，业务种类多，需求差别大，计费方式多样，而利用上层协议并不能解决 EPON 系统中的数据链路层的业务区分和时延控制，因此支持业务等级区分是 EPON 必备的功能。目前的方案是：在 EPON 的下行信道上，OLT 建立 8 种业务队列，不同的队列采用不同的转发方式；在 EPON 的上行信道上，ONU 建立 8 种业务端口队列，既要区分业务又要区分不同用户的服务等级。此外，因为 ONU 要对 MAC 帧进行组合，以便时隙突发并提高上行信道的利用率，所以可以进一步引入帧组合的优先机制用于区分服务。但在 ONU 端，如何既能区分业务类型又能区分用户等级是需要研究的又一问题。

3) EPON 系统中 TDM 业务的传输

尽管数据业务的带宽需求正快速增长，但现有的电路业务还有很大的市场，在短期内仍将发挥其巨大的作用，在今后几年内仍是业务运营商的主要收入来源。所以，在 EPON 系统中承载电路交换网业务，将分组交换业务与电路交换业务结合，有利于 EPON 的市场应用和满足不同业务的需要。因此，EPON 实际都是考虑网络融合需求的多业务系统。EFM 对 TDM 在 EPON 上如何承载，在技术上没有作具体规定，但有一点是肯定的，就是要兼容以太网帧格式。如何保证 TDM 业务的质量实际上也就成为多业务 EPON 的关键技术之一。

影响传统业务(语音和图像)在 EPON 中传输的性能指标主要是时延和丢帧率。无论 EPON 的上行信道还是下行信道都不会发生丢帧，因此 EPON 所要考虑的重点是保证面向连接业务的低时延。低时延由 EPON 的 DBA 算法和时隙划分的“低颗粒度(Tin Granularity)”保障，而对传统业务端到端的 QoS 支持则由现存的协议如虚拟局域网(VLAN)(IEEE 802.1p～IEEE 802.1r)、IP-VPN、多协议标签交换(MPLS)来实现，其中 VLAN 和 MPLS 是被看好的应用于 EPON 的 QoS 保障协议。

3.4.5 APON、GPON 和 EPON 对比

在所有的 PON 系统中，光接口占系统成本的主要部分，其余部件的价格相差不大，所以不管哪种 PON 系统，系统成本都比较接近，这时关键就要看各自的接入效率了。假设系统的线路速率为 1.25 Gb/s，那么 100%效率的网络将提供 1.25 Gb/s 的吞吐量，而 50%效率的网络只能提供 622 Mb/s 的吞吐量。因此为了获得相同的吞吐量，后者的系统成本就要加倍。

APON、GPON、EPON 三种技术各有不同的特点和优势，为了便于区分使用，下面从不同方面对其进行比较，如表 3-2 所示。

表 3-2　各种 PON 效率比较

技术		APON	GPON	EPON
线路编码		NRZ		8B/10B 编码
支持的光模块等级		CLASS A、CLASS B/B+、CLASS C		PX10、PX20
QoS		可靠		不可靠
波长/nm		下行 1480～1500，上行 1260～1360		下行 1310，上行 1490
相关标准		ITU-T G.983	ITU-T G.984	IEEE 802.3ah
最大分光比		1∶32	1∶128	1∶64
支持的速率	上行	155 Mb/s	155 Mb/s、622 Mb/s、1.25 Gb/s、2.448 Gb/s	1.25 Gb/s
	下行	155 Mb/s、622 Mb/s	1.25 Gb/s、2.448 Gb/s	1.25 Gb/s
协议和封装格式		ATM	ATM 或 GFP	IEEE 802.3 以太帧
承载协议效率		90%	100%	97%
总体效率(10%TDM，90%DATA)		71%	97.8%	74%

(1) 在线路编码方面，APON 和 GPON 均采用非归零码，效率达 100%；而 EPON 采用 8B/10B 编码，本身引入了 20%的损耗，效率为 80%。

(2) 在支持的光模块等级方面，GPON 支持 CLASS A、CLASS B/B+、CLASS C 等级的光模块，特别是 CLASS B+、CLASS C 级别的光模块，光功率预算超过 28 dB；EPON 支持 PX10、PX20 光模块，且最多能够支持 25 dB 的功率预算。

(3) 在 QoS 方面，APON 和 GPON 均能提供可靠的 QoS，而 EPON 仅在数据传输方面有好的性能，在处理语音、视频等实时业务时先天不足。为实现综合业务，EPON 标准必须附加复杂的 QoS 保证机制。

(4) 在支持速率方面，APON 支持下行 622 Mb/s、上行 155 Mb/s 的非对称速率和上、下行均为 155 Mb/s 的对称速率。GPON 有多种速率的选择方案，服务提供商可根据实际需要进行配置，以满足不同用户的需求。而 EPON 仅支持上、下行均为 1.25 Gb/s 的对称速率。

(5) 在总体效率方面，APON 和 GPON 都可以支持多种业务，但 GPON 对数据和语音的总体效率比 APON 高一些，因为 GPON 采用的 GFP 帧可以直接支持 TDM 业务，无论是低速的 E1/T1 还是高速的 STM-1/OC3，都能以它们的原有格式进行传输，极大地减少了执行语音业务的时延及抖动。而 EPON 仅对数据业务有一定优越性，总体效率较低，如何确保实时业务的 QoS 还需探讨。

3.4.6 xPON 设备介绍

目前，我国 xPON 设备生产厂家主要有中兴、华为、烽火、贝尔等。下面以中兴产品为例介绍 xPON 设备组成。

1. 中兴 C220

ZXA10 C220 是大容量、高密度、汇聚型的全业务光接入平台，支持 EPON、10G EPON 和 GPON，提供大容量、高带宽的数据、语音、视频和移动基站回传等综合业务接入。作为 xPON 系统中 OLT 设备，和终端 ONU/ONT 设备通过 ODN 网络相连，以满足 FTTH、FTTB、FTTC 和 FTTCab(Fiber to the Cabinet，光纤到交换箱)等多种组网需求。由于 ZXA10 C220 对 GPON 的支持程度有限，因此仅在 EPON 网络中使用该设备。

1) C220 机框介绍

ZXA10 C220 采用 6U 标准插箱，外形尺寸为 265.9 mm × 482.6 mm × 358.5 mm(高 × 宽 × 深)。插箱结构简单，由前后梁、左右侧板和导轨条构成。每个插箱配有两块电源板(框内互助)和 14 个槽位。槽位之间间隔为 1 英寸。6U 单元用来插各种业务线卡和交换主控板，整个系统有 14 个卡槽：7 号、8 号卡槽是控制交换板槽位，高 6U；其余 12 个卡槽是通用线卡槽位，高 4.5U，可用于除控制交换板、电源板之外的所有业务单板、上联板。C220 机框配置图如图 3-22 所示。

图 3-22　C220 机框配置图

2) C220 单板介绍

(1) 控制交换板 GCSAS。GCSAS 单板是 ZXA10 C220 的控制交换板，位于机框的 7 号和 8 号槽位。GCSAS 板不能与其他用户板混插。GCSAS 板主要包括四大功能模块：

① 数据交换模块：对以太网业务进行交换及相关的 QoS 处理，与背板接口是 GE 或者 XAUI。

② 定时模块：对整个系统的时钟进行处理，包括时钟源的选择、频率变换及锁相、时钟分配、帧头处理。

③ 系统管理模块：包括整个系统的控制软件及协议处理软件、板间通信模块、开销处理。

④ 主备管理模块：根据 7、8 号槽位单板的状态进行主备竞争、倒换，通知各个线卡进行相应的倒换处理，保证主用主控板发生故障时，备用主控板能够及时启用，从而提高系统稳定性。

(2) 以太网上联板 EIG/EIGM。EIG 板提供 4 路千兆以太网光接口，EIGM 板提供 2 路千兆以太网光接口+2 路 10M/1000M/1000M 以太网电接口或者 4 路 10M/1000M/1000M 以太网电接口。

(3) 4 路 EPON 板(EPFCB)。EPFCB 单板完成 EPON 系统中 OLT 侧的相关功能，支持与多种公司 PON ONU 对接。每块单板支持 4 路 EPON 的 OLT 端口，每路上行速率为 1.25 Gb/s，下行速率为 1.25 Gb/s。

3) C220 告警指示灯

(1) 控制交换板 GCSAS 告警指示灯如表 3-3 所示。

表 3-3 GCSAS 告警指示灯

符号	颜 色	含 义
RUN	不亮	未上电，未插卡或插卡不匹配，或者 CPU 未启动
	绿灯常亮	单板自检通过，但还未配置数据
	绿灯不定速快闪	单板正处于配置过程中
	绿灯 1 s 亮 1 s 暗慢闪	单板运行正常
	红灯常亮	单板运行故障
	红灯 1 s 亮 1 s 暗慢闪	槽位错误/板类型不匹配
	黄灯常亮	单板正在运行引导程序
MS	绿灯亮	主备用指示灯，灯亮表示本板主用，灯灭表示本板备用
ALM	红灯亮	系统告警指示灯，灯亮表示单板工作不正常
CALM	不亮	2 MHz 系统外时钟没有配置
	绿灯亮	2 MHz 系统外时钟配置为 bit 或 Hz 输入且没有丢失
	红灯亮	2 MHz 系统外时钟输入且丢失

(2) 以太网上联板 EIG 告警指示灯如表 3-4 所示。

表 3-4　EIG 告警指示灯

符号	颜　色	含　　义
RUN	不亮	未上电，未插卡或插卡不匹配，或者 CPU 未启动
	绿灯常亮	单板自检通过，但还未从主控板或网管上读取到数据
	绿灯不定速快闪	单板正处于从主控板(或网管)上下载数据
	绿灯 1 s 亮 1 s 暗慢闪	单板运行正常
	红灯常亮	单板硬件出现重大故障，如自检不通过；或者软件运行在不支持的硬件版本上；或者正常运行过程中网管下重启命令
	红灯 1 s 亮 1 s 暗慢闪	此板不应插在该槽位(与网管配置的不同)
	黄灯常亮	单板正在运行引导程序；或者正在从主控板上下载软件版本；或者没有合法版本，单板无法运行
	黄灯 1 s 亮 1 s 暗慢闪	单板与主控板上的软件版本不匹配，单板没有设置成版本自动更新
ACT1-4	绿灯不亮	GE 光口未连接或链路未连接
	绿灯亮	GE 光口已连接(LINK)
	绿灯闪烁	GE 光口有数据收发(ACTIVE)

(3) EPON 板 EPFCB 告警指示灯如表 3-5 所示。

表 3-5　EPFCB 告警指示灯

符号	颜　色	含　　义
RUN	不亮	未上电，未插卡或插卡不匹配，或者 CPU 未启动
	绿灯常亮	单板自检通过，但还未从主控板或网管上读取数据
	绿灯不定速快闪	单板正处于从主控板(或网管)上下载数据
	绿灯 1 s 亮 1 s 暗慢闪	单板运行正常
	红灯常亮	单板硬件出现重大故障，如自检不通过；或者软件运行在不支持的硬件版本上；或者正常运行过程中网管下重启命令
	红灯 1 s 亮 1 s 暗慢闪	此板不应插在该槽位(与网管配置的不同)
	黄灯常亮	单板正在运行引导程序；或者正在从主控板上下载软件版本；或者没有合法版本，单板无法运行
	黄灯 1 s 亮 1 s 暗慢闪	单板与主控板上的软件版本不匹配，单板没有设置成版本自动更新
ACT1-4	绿灯不亮	EPON 光口未连接或链路未连接
	绿灯亮	EPONE 光口已连接(LINK)
	绿灯闪烁	EPON 光口有数据收发(ACTIVE)

2. 中兴 C300

ZXA10 C300 是大容量、高密度、汇聚型的全业务光接入平台，支持 EPON、GPON、10G EPON、P2P，并支持 NG PON、WDM PON 的平滑升级，且提供大容量、高带宽的数据、语音、视频和移动基站回传等综合业务接入。作为 xPON 系统中 OLT 设备，和终端 ONU/ONT 设备通过 ODN 网络相连，以满足 FTTH、FTTB、FTTC 和 FTTCab 等多种组网需求。而且，ZXA10 C300 支持 P2P FE/GE 光接入业务，通过与光接入终端配合，为用户提供点对点服务。

1) 中兴 C300 机框介绍

ZXA10 C300 支持 ETSI 21 英寸和 IEC 19 英寸两种机框，这里主要使用 IEC 19 英寸机框。除了背板和风扇单元，两种机框内的单板可以共用。IEC 19 英寸机框共有 21 个槽位，其中 10 槽、11 槽、19 槽、20 槽的槽位宽度为 25 mm，其余槽的槽位宽度为 22.5 mm。0 槽、1 槽、19 槽、20 槽分别插两块 4.5U 高度的单板。0 槽、1 槽为电源板槽位，19 槽、20 槽为上联板槽位。18 槽为公共接口板，其余槽为业务板槽位。中兴 C300 19 英寸机框槽位图如图 3-23 所示。

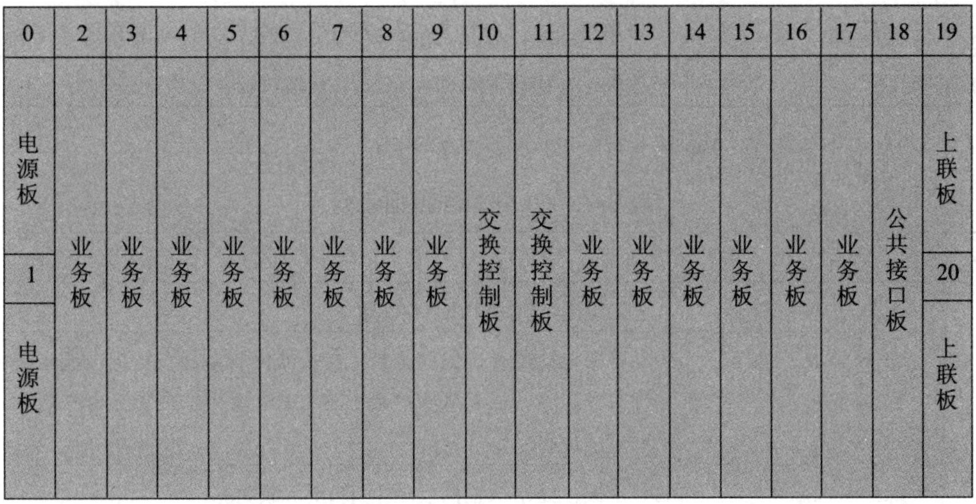

图 3-23　中兴 C300 19 英寸机框槽位图

2) 中兴 C300 板卡介绍

(1) 交换控制板(SCXM)。SCXM 板是 10GE 总线交换控制板，支持 400 Gb/s 交换容量和 32K MAC 地址表。

(2) 以太网上联板 GUFQ。GUFQ 板为 4 路 GE/FE 光口以太网上联板。4 路光口可以为 GE 光口(需配置 1 块 GFSQ 子卡)或 FE 光口(需配置 1 块 FFSQ 子卡)。

(3) EPON 接口板 ETGO。ETGO 板为 8 路 EPON 接口板，提供 EPON 接入。

(4) GPON 接口板 GTGO。GTGO 板为 8 路 GPON 接口板。GTGO 板包括两个功能模块：GPON MAC 和 TM。GPON MAC 完成 PON 层所有功能；TM 实现业务层的处理。

3) 中兴 C300 告警指示灯

(1) 交换控制板 SCXM 告警指示灯如表 3-6 所示。

表 3-6　SCXM 告警指示灯

符号	颜　色	含　　义
RUN	不亮	未上电，未插卡或插卡不匹配，或者 CPU 未启动
	绿灯常亮	单板自检通过，但还未从主控板或网管上读取数据；或者正在运行引导程序；或者从主控板上下载软件版本；或者无合法版本，单板无法运行
	绿灯不定速快闪	单板正处于从主控板(或网管)上下载数据
	绿灯 1 s 亮 1 s 暗慢闪	单板运行正常
	红灯常亮	单板硬件出现重大故障，如自检不通过；或者软件运行在不支持的硬件版本上；或者正常运行过程中网管下重启命令
	红灯 1 s 亮 1 s 暗慢闪	此板不应插在该槽位(与网管配置的不同)
	黄灯 1 s 亮 1 s 暗慢闪	单板与主控板上的软件版本不匹配，单板没有设置成版本自动更新。业务运行正常
MS	绿色	主用指示灯，灯亮表示本板主用，灯灭表示本版备用
HDD	红色	单板正在操作 FLASH，不允许插拔该板

(2) 以太网上联板 GUFQ 告警指示灯如表 3-7 所示。

表 3-7　GUFQ 告警指示灯

符号	颜　色	含　　义
RUN	不亮	未上电，或者 CPU 未启动
	绿灯常亮	单板自检通过，但还未从主控板或网管上读取数据；或者正在运行引导程序；或者从主控板上下载软件版本；或者无合法版本，单板无法运行
	绿灯快闪	单板正处于从主控板(或网管)上下载数据
	绿灯 1 s 亮 1 s 暗慢闪	单板运行正常
	红灯常亮	单板硬件出现重大故障，如自检不通过；或者软件运行在不支持的硬件版本上；或者正常运行过程中网管下重启命令
	红灯 1 s 亮 1 s 暗慢闪	此板不应插在该槽位(与网管配置的不同)
	黄灯 1 s 亮 1 s 暗慢闪	单板与主控板上的软件版本不匹配，单板没有设置成版本自动更新。业务运行正常
ACT i i=1–4	绿灯亮	第 i 个光口已建立链接
	绿灯闪烁	第 i 个光口在收发数据
	不亮	第 i 个光口未建立链接

(3) EPON 接口板 ETGO 告警指示灯如表 3-8 所示。

表 3-8 ETGO 告警指示灯

符号	颜 色	含 义
RUN	不亮	未上电，或者 CPU 未启动
	绿灯常亮	单板自检通过，但还未从主控板或网管上读取数据；或者正在运行引导程序；或者从主控板上下载软件版本；或者无合法版本，单板无法运行
	绿灯快闪	单板正处于从主控板(或网管)上下载数据
	绿灯 1 s 亮 1 s 暗慢闪	单板运行正常
	红灯常亮	单板硬件出现重大故障，如自检不通过；或者软件运行在不支持的硬件版本上；或者正常运行过程中网管下重启命令
	红灯 1 s 亮 1 s 暗慢闪	此板不应插在该槽位(与网管配置的不同)
	黄灯 1 s 亮 1 s 暗慢闪	单板与主控板上的软件版本不匹配，单板没有设置成版本自动更新。业务运行正常
ACT i i=1–8	不亮	第 i 个 EPON 光口未配置 ONU(未激活)
	绿灯闪烁	第 i 个 EPON 光口工作正常(激活，有数据收发)
	红灯亮	第 i 个 EPON 光口有告警

(4) GPON 接口板 GTGO 告警指示灯如表 3-9 所示。

表 3-9 GTGO 告警指示灯

符号	颜 色	含 义
RUN	不亮	未上电，或 CPU 未启动
	绿灯常亮	单板自检通过，但还未从主控板或网管上读取数据；或者正在运行引导程序；或者从主控板下载软件版本；或者无合法版本，单板无法运行
	绿灯快闪	单板正处于从主控板(或网管)上下载数据
	绿灯 1 s 亮 1 s 暗慢闪	单板运行正常
	红灯常亮	单板硬件出现重大故障，如自检不通过；或者软件运行在不支持的硬件版本上；或者正常运行过程中网管下重启命令
	红灯 1 s 亮 1 s 暗慢闪	此板不应插在该槽位(与网管配置的不同)
	黄灯 1 s 亮 1 s 暗慢闪	单板与主控板上的软件版本不匹配，单板没有设置成版本自动更新。业务运行正常
ACT i i=1–8	不亮	第 i 个 GPON 光口未配置 ONU，或者没有插光模块，或者关闭，或者是 Type B 保护口
	绿灯闪烁	第 i 个 GPON 光口工作正常，ONU 工作正常
	红灯亮	第 i 个 GPON 光口有告警(LOS)

实践项目一　EPON 设备认知

实践目的：掌握 EPON 设备的相关信息。
实践要求：分组到企业调研，收集相关设备信息。
实践内容：
(1) 了解目前常用的 EPON 设备型号。
(2) 了解 EPON 设备的板卡名称。
(3) 了解 EPON 设备接口种类。
(4) 了解上联口和业务口速率。
(5) 了解设备配置时至少需要哪些板卡。

实践项目二　EPON 设备基本配置

实践目的：掌握 OLT 基本配置命令及业务开通。
实践设备：OLT(中兴 C200)、PC、串口线、网线、尾纤。
实践要求：能灵活地使用配置命令。
实践内容：
(1) ZXA10 C200 物理配置。
开局时需要添加机架、机框、单板。具体配置如下：

```
ZXAN#config terminalt                    //进入全局配置模式
ZXAN(config)#add-rack rackno 0 racktype ZXPON
                                         //在第一次配置系统时用<add-rack>命令添加机架
ZXAN(config)#add-shelf shelfno 0 shelftype ZXA10C200-B
                                         //在第一次配置系统时用<add-shelf>命令添加机框
ZXAN(config)#add-card slotno 1 EPFC      //在 1 号槽位添加 EPFC 单板
```

注意：
① 目前只能增加 1 个机架，因此“rackno”只能选 0。
② 目前只能增加 1 个机框，因此“shelfno”只能选 0。
③ 无须添加主控板。
④ C200 中其他用户单板添加到 1～3、6 槽位。如果只有单块主控板，则 5 号槽位也可以添加用户板。

用<show card>命令显示 C200/C220 系统当前的所有单板配置和状态。
在特权模式下，可用<del-card>命令删除 C200/C220 系统的用户单板。
(2) ZXA10 C200 管理配置。
ZXA10 C200 支持以下三种管理方式：
· 超级终端方式：使用串口线，不考虑设备的带内/带外地址，直接登录设备。
· Telnet 方式：当计算机可以 ping 通设备带内/带外地址时，可以使用 Telnet 方式登录设备。
· 统一网管方式：在设定了设备的带内/带外地址后，可以使用 NetNumen N31 网管软件，通过带内网管/带外网管方式登录设备。

采用网管登录必须先设定设备的带内网管 IP 地址或带外网管 IP 地址。带内网管指通过上联的业务通道进行管理；带外网管指通过前面板的带外网管口进行管理。在工程中使用较多的是带内网管方式，带外网管方式一般在本地维护时使用。

① 带内网管配置。

a. 用串口线连接 C200/C220 机框控制交换板前面“console”接口和调试电脑的串口，串口配置为缺省，通过超级终端登录。

b. 带内网管配置过程如下：

- 创建带内网管 VLAN：

```
ZXAN<config>#VLAN 100                //创建用于带内网管的 VLAN，并进入 VLAN
ZXAN<vlan>#exit                      //退出 VLAN
```

- 配置带内网管 IP：

```
ZXAN<config>#interface VLAN 100      //进入 interface VLAN100
ZXAN<config-if>#IP Address 10.61.86.220 255.255.252.0    //设置带内网管的 IP 以及子网掩码
```

- 上联口以 tag 方式加入 VLAN 中：

```
ZXAN<config>#interface gei_0/4/1           //进入上联口配置模式
ZXAN<config-if>#switchport VLAN 100 tag     //把上联口以 tag 方式加入 VLAN100
```

- 配置网管缺省路由：

```
ZXAN<config>#IP Route 0.0.0.0 0.0.0.0 10.61.87.254    //设置目的网段以及网关
```

② 带外网管配置。

带外网管配置如下：

```
ZXAN(config)#nvram mng-IP-Address 10.62.31.211 255.255.255.0   //IP 地址视当地配置情况而定
```

(3) ZXA10 C200/C220 业务开通。

① ONU 的认证注册。

ONU 的认证注册配置如下：

```
ZXAN<config>#interface epon-olt_0/1/1                          //进入 PON 口
ZXAN<config-if>#onu 1 type ZTE-F401 mac 0015.EB71.F6C8         //根据 MAC 地址添加 ONU
ZXAN<config>#interface epon-onu_0/1/1:1                        //进入 PON ONU 口
ZXAN<config-if>#authentication enable        //开通 ONU，新添加的 ONU 默认状态是未开通的，
故需要执行此命令，否则业务不通
ZXAN<config-if>#bandwidth downstream maximum 100000           //设置下行最大带宽
ZXAN<config-if>#bandwidth upstream maximum 100000             //设置上行最大带宽
ZXAN#show onu unauthentication epon-olt_0/1/1       //显示相关 PON 口下已注册未认证的 ONU
ZXAN#show onu authentication epon-olt_0/1/1         //显示相关 PON 口下已注册认证的 ONU
ZXAN#show onu all-status epon-olt_0/1/1             //显示相关 PON 口下所有 ONU 的状态
ZXAN#show onu detail-info epon-onu_0/1/1:1          //显示 ONU 的 Admin State，即是否开通
ZXAN#show onu bandwidth downstream/upstream epon-olt_0/1/1     //显示某个 PON 口下所有
                                                               //ONU 的上/下行带宽
ZXAN#show onu bandwidth downstream/upstream epon-onu_0/1/1:1  //显示某个 ONU 的上/下行带宽
```

② 创建业务 VLAN。

在 config 模式下，利用 vlan 命令逐个创建所有的业务 VLAN；或者在 vlan 模式下，批量创建所有业务 VLAN。

逐个创建业务 VLAN：

```
ZXAN(config)#VLAN   100
```

批量创建所有业务：

```
vlanZXAN<config>#VLAN database
ZXAN<vlan>#VLAN   100，200，300        //批量增加业务 VLAN
```

③ 上联口配置。

上联口配置如下：

```
ZXAN<config>#interface gei_0/4/1                        //进入上联口
ZXAN<config-if>#switchport mode trunk                   //把端口模式改成 trunk
ZXAN<config-if>#switchport VLAN 100 200 300   tag       //把该端口以 tag 方式加入 VLAN
```

④ 下行口 EPON ONU 口配置。

下行口 EPON ONU 口配置如下：

```
ZXAN<config>#interface epon-onu_0/1/1:1                 //进入 EPON ONU 口
ZXAN<config-if>#switchport mode trunk                   //把端口模式改成 trunk
ZXAN<config-if>#switchport VLAN 100, 200, 300   tag     //把该端口以 tag 方式加入 VLAN
```

⑤ ONU 远程配置。

ONU 远程配置如下：

```
ZXAN<config>#pon-onu-mng epon-onu_0/1/1:1               //进入 ONU 远程配置模式
ZXAN<epon-onu-mng>#VLAN port eth_0/1 mode transparent //如果以太网接口下面接交换机，
                                                        //则把用户端口设置成 transparent 模式
ZXAN<epon-onu-mng>#VLAN port eth_0/1 mode tag VLAN 100 priority 0  //如果直接接计算机上网，
                                                        //则把用户端设置成 tag 模式并决定 PVID
```

验证：查看单板、已注册的 ONU 和上/下行带宽。

任务 3.5　10G PON 技术

【任务要求】

识记：10G PON 波长规划。

领会：10G PON 标准。

3.5.1　10G EPON 技术

1. 10G EPON 标准

“宽带中国”战略首次在国家层面将宽带网络定位为“新时期我国经济社会发展的战

略性公共基础设施”。随着云计算、高清视频、虚拟现实等新兴业务的迅猛发展，用户带宽以每 5 至 6 年 10 倍速度增长，现有接入网技术需要不断进行升级以适应更高的带宽和技术要求。在固定宽带网络接入技术中，无源光网络(PON)已经是全球各大运营商主要的 FTTx 解决方案。

PON 技术研究起源于 1995 年，在经历了 14 年左右各种 PON 技术研究发展后，2009 年，IEEE 正式发布了 10G EPON 标准 IEEE 802.3av。10G EPON 根据速率定义分为两类，即非对称方式(下行速率为 10 Gb/s，上行速率为 1 Gb/s)和对称方式(上/下行对称速率为 10 Gb/s)。

2. 10G EPON 波长规划

为了实现与 1G EPON 的兼容，10G EPON 没有使用 1G EPON 系统所使用的 1490 nm 的下行波长；同时考虑避开模拟视频波长(1550 nm)和 OTDR 测试波长(1600～1650 nm)，IEEE 802.3av 标准选择 1577 nm 作为 10 Gb/s 下行信号的波长(波长范围 1574～1580 nm)。因此，在下行方向，10 Gb/s 信号与 1 Gb/s 信号为 WDM 方式；而上行方向，1 Gb/s 信号的波长是 1310 nm(1260～1360 nm)，IEEE 802.3av 标准规定 10 Gb/s 信号的上行波长是 1270 nm(1260～1280 nm)。可见二者有重叠，不能采用 WDM 方式，只能采用双速率 TDMA 方式。

10G EPON OLT 同时发现 10G/10G ONU、10G/1G ONU 和 1G/1G ONU 三种 ONU 可以共存。

10G EPON 下行采用不同波长方式，上行采用双速率突发模式接收技术，通过 TDMA 机制协调 1G 和 10G 光节点共存。

3. 10G EPON 光模块

OLT 模块利用波分集成技术，集成了 1270 nm / 1310 nm / 1490 nm / 1577 nm 四个波长。其中，1490 nm 和 1577 nm 用于下行(分别传输连续 1.25G 和 10.3125G 信号)，1310 nm 用于 1.25G 突发上行接收，1270 nm 用于 10.3125G 突发上行接收，从而实现在同一光配线网络下的共存与平滑改造。

3.5.2 10G GPON 技术

1. 10G GPON 标准

从 2008 年开始，ITU-T 逐渐完成了下一代 GPON 技术的标准化，定义了 NG-PON1 和 NG-PON2。NG-PON1 是 PON 的中期演进，兼顾已有的 GPON 的标准，而 NG-PON2 是 PON 的远期发展方向。NG-PON1 细分成 XG-PON1 和 XG-PON2。XG-PON1 是非对称的(下行速率是 10 Gb/s，上行速率是 2.5 Gb/s)，XG-PON2 是对称的(上/下行速率都是 10 Gb/s)。2016 年 6 月，ITU-T 在 XG-PON1 和 NG-PON2 之间增加了新的技术方案，即 XGS-PON。

ITU-T 在定义 10G 标准时尽可能利用当前已有的传输汇聚子层的定义，以便各种不同 10G 标准的互通。例如，G.989 的 NG-PON2 理论上是基于 XG-PON1 的标准来发展的，它可以看成是 XG-PON1(G.987 系列)的基础上添加了上行 10G 速率的支持以及波长的管理和控制。后来，ITU-T 在 NG-PON2 标准的基础上产生了 XGS-PON 的总体概述标准 G.9807.1。

规范中除了包含 10 Gb/s 上/下行对称速率的定义，还增加了光纤到分配点的场景

(Fttdp)，G.Fast UNI 的支持(G.9701)，通过波长堆叠的方式支持 GPON/XG-PON 共存的选项、支持 MEF Carrier Ethernet 2.0、支持以太网 JumboFrame(大于 2000 字节但小于 9000 字节的数据帧)，以及拓展睡眠模式的支持。

XGS-PON 的传输汇聚子层的定义是基于 NG-PON2(G.989.3)和 XG-PON(G.987.3)的。XGS-PON 的物理媒体相关层(G.9807.1 附录 B)是来自 XG-PON 的物理媒体相关层(G.987.2)，其中上行 10 Gb/s 的物理媒体相关层的参数又基本来自 IEEE 802.3 的 clause 75，标准在定义时尽可能考虑了重用已有的技术和光模块(例如参考了 IEEE 10G EPON 802.3 中的光器件的要求)。

ONU 的管理和控制接口通过 ITU-TG.988 来定义和支持，尽可能最大程度地重用原来 GPON 的 OMCI 要求。

XGS-PON 要求支持至少 1∶64 的分光比，最小光传输距离不低于 20 km。10 Gb/s 的 XGS-PON 标准实际定义的上行、下行速率都是 9.95328 Gb/s。

目前，NG-PON2 的 4 × 10 Gb/s 带宽需求不迫切，并且 NG-PON2 光模块的成本还太高，另外可调波长的光模块迟迟没有达到量产的阶段，所以 XGS-PON 作为在 GPON 和 NG-PON2 演进过程之间的一个实用方案被迅速定义和推广。

2. XGS-PON 的波长

XGS-PON 标准中定义了两种情况，即基本波长和可选波长方案。目前，厂家优先实现的是基本波长方案。

1) 基本波长

XGS-PON 支持跟 XG-PON1 一样的波长范围(下行 1575～1580 nm，上行 1260～1280 nm)。当一个 PON 系统同时覆盖 XGS-PON 和 XG-PON1ONU 部署时，OLT 侧可以同时接收和处理来自 XGS-PON(10 Gb/s)和 XG-PON1(2.5 Gb/s)ONU 的上行数据和消息。

2) 可选波长

重用 GPON 的波长(下行 1480～1500 nm，上行 1300～1320 nm)，但前提条件是运营商尚且没有部署 GPON 系统。这样，XGS-PON 和 XG-PON 就可以通过波长堆叠的方式来同时部署。

根据波长方案的不同，XGS-PON 的光功率损耗在基本波长模式下支持 28 dB，而在可选波长方案的情况下支持 29 dB。

3. XGS-PON 的汇聚子层

XGS-PON 中的传输汇聚子层基本上是重用了 G.989.3 中的定义以及 G.987.3 的标准。另外在 XGS-PON 的汇聚子层中定义了对 XG-PON 的支持。XGS-PON 传输汇聚子层中的 XGEM Port ID、Alloc ID 以及 ONU ID 的分配情况分别如表 3-10、表 3-11 和表 3-12 所示。

表 3-10　XGEM Port ID 分配表

XGEM Port ID	XG-PON1 G.987	XGS-PON G.9807	XG-PON2 G.989
缺省	0～1022	0～1020	0～1020
可分配的(业务)	1023～65534	1021～65534	1021～65534
空闲状态	65535	65535	65535

表 3-11 Alloc ID 分配表

Alloc ID	XG-PON1 G.987	XGS-PON G.9807	XG-PON2 G.989
缺省	0～1022	0～1020	0～1020
广播	1023	1021、1022、1023	1021、1022、1023
可分配的(业务)	1024～16383	1024～16383	1024～16383

表 3-12 ONU ID 分配表

ONU ID	XG-PON1 G.987	XGS-PON G.9807	XG-PON2 G.989
可分配的	0～1022	0～1020	0～1020
保留	—	1021	1021、1022
广播/保留	—	1022	—
广播/未分配	1023	1023	1023

在 XGS-PON 中，ONU ID 以及缺省的 Alloc ID、XGEM Port ID 只能分配到 1020。另外，1021 和 1022 不能被 OLT 作为 XGEM Port ID 分配给 XG-PON 的 ONU。

4. XGS PON 支持“双速”

“双速”是指 OLT 侧可以同时接收和处理来自 XGS-PON(10 Gb/s)和 XG-PON(2.5 Gb/s) ONU 的上行流量。这是对现有的 XG-PON 的现场部署的前向兼容性，支持现有的 XG-PON 用户升级到对称 10G 速率的 XGS-PON，或者使 XG-PON1 和 XGS-PON 的用户能同时工作在相同的 PON 端口下。

5. XGS-PON 的升级以及不同 10G PON 的共存

双速情况下的混合共存模式对于运营商来说，他们可以有更加灵活的网络部署业务。例如，他们可以在相同的 OLT 的 PON 端口下面选择普通的终端用户支持 XG-PON，选择商业用户使用 XGS-PON。

图 3-24 所示是从已有的 XG-PON 网络升级到 XGS-PON 网络。

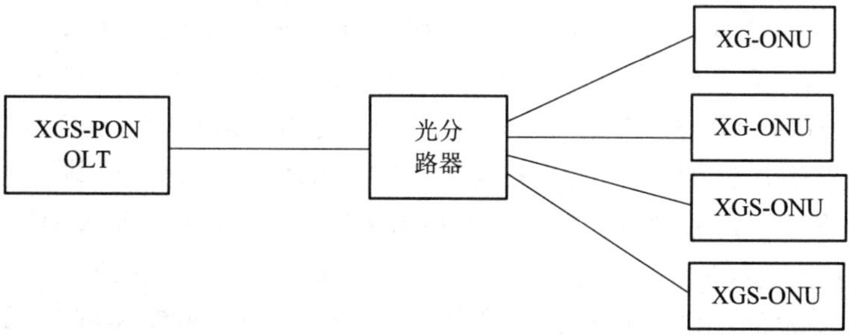

图 3-24 1577 nm/1270 nm XGS-PON 与 XG-PON ONU 的并存方案

XGS-ONU 和 XG-ONU 在同一个 XGS-PON 的 OLT 网络中并存，它们都占用了相同的波长范围，即 1270 nm 的上行波长和 1577 nm 的下行波长。

另一种升级的场景是 GPON ONU、XG-PON 和 XGS-PON 并存的网络部署。GPON ONU 使用 1490 nm/1310 nm 的下行/上行波长，同时 XGS-ONU 和 XG ONU 都占用了相同的波长范围，即 1270 nm/1577 nm 的上行/下行波长。在双速情况下，与 XGS-PON 相比，因为

XG-PON 上行速率只是 2.5 Gb/s，所以 XG-PON 需要 4 倍的时间来传输相同的 1 bit 数据。

3.5.3 下一代 PON 技术

1. 下一代 PON 标准进展

当前全球宽带接入市场逐步进入千兆时代，未来 10G 入户将成为宽带接入建设的必然趋势。随着 4K 视频和 5G 技术的加速发展，10G PON 技术也难以满足未来的驻地接入、移动前传和回传的带宽需求，支持 25G/100G 更高速率的 PON 技术正逐步成为业界研究热点。

10G PON 之后 PON 技术的演进主要有两种方式：一种是单波长速率提升，速率由 10 Gb/s 提升到 25 Gb/s 或 40 Gb/s 等；另一种是采用多波长叠加方式，每波长承载的速率是 10 Gb/s/25 Gb/s，多波长叠加到 40 Gb/s / 80 Gb/s / 100 Gb/s。

FSAN 组织在 2011 年启动 NG-PON2 的标准研发，2015 年完成标准制定。FSAN 组织选择了 TWDM-PON 作为主要技术方案，采用 4/8 波长叠加方式，每波长采用 10G TDM 方式，在移动回传和商业客户中可选择点对点的 WDM overlay 技术。NG-PON2 的关键需求主要为 40G 下行和 40G / 10G 上行，实现 20 km 传输距离和 1∶64 分光。ITU 标准组织也在关注单波 25G 的研究进展。

2013 年，IEEE 开始启动 NG EPON 研究，成立了 IEEE ICCOM，对 NG EPON 的市场需求、技术方案进行分析，2015 年 3 月发布了 NG EPON 技术白皮书。2015 年 7 月开始启动 100G EPON 标准制定，命名为 IEEE 802.3ca，在 2018 年发布 100 G EPON 标准。100 G EPON 目标定义了 3 种 MAC 层速率，即 25G、50G 和 100G，其中 25G 分为非对称 10G/25G 和对称 25G/25G 两种制式。

2020 年 10 月 8 日，AOI、Chorus、台湾中华电信、Ciena、MACOM、MaxLinear、NBN Co.、诺基亚、住友电工和 Tibit Communications 等 10 家行业领导者一起成立了 25G 对称 PON 多源协议(25GS-PON MSA)，以加速 25G 对称 PON 的开发。该组织希望能实现 ITU-T SG15/Q2 未能完成的工作，即在 GPON 域内对称 25G PON 操作的标准化方法上达成共识。

25GS-PON MSA 强调了以 25GS-PON 来弥合 10G PON 和 50G PON 之间空缺的重要性和紧迫性。25GS-PON 为通信服务商提供最经济、最及时的 PON 光纤技术在演进途经该 MSA 时定义了 25GS-PON 标准，以解决 ITU-T 中 10G XGS-PON 和 50G PON 之间的断层。该 MSA 是在 ITU-T SG15/Q2 小组未能就 25GS-PON 标准化达成共识之后创建的，而 25GS-PON 被许多世界顶级运营商和供应商视为关键技术。25GS-PON MSA 的成立突显了 25GS-PON 对行业的重要性。该技术寻求一种经济高效且及时的网络升级途径，以满足移动 5G 时代和大型企业日益增长的对称连接需求。目前，25GS-PON MSA 已制定了 25GS-PON 标准，它包括基于 IEEE 802.3ca 25G EPON 标准的光学规范，以及作为 XGS-PON 扩展的传输汇聚(TC)层。诺基亚公司 2022 年 2 月发布了 25G PON 技术标准。

2. 25G/100G PON 调制技术

由于接入网技术升级快，规模巨大，投入高，因此高性能和低成本一直是决定接入网技术演进的关键因素。其中光器件由于成本占比高，更是接入网技术升级需要考虑的重中之重。当前 E/GPON 和 10G PON 的光器件产业链已经成熟，而 10G PON 之后 25G/40G 光器件具有技术密集、成本高的特点，产业链尚待培育。传统基于 OOK 调制的 PON 技术在 10G 之后，会出现色散大、接收灵敏度下降等问题，在设计中使用色散补偿和均衡算法来提升性能是常见方案。高速光器件的带宽是保障性能和制约其成本的核心要素，如果使用低带宽的光器件来传输高速信号，就需要引入双二进制和 PAM4 等高级调制技术(例如使用高速 AD/DA 和 DSP 器件)，这些也会提高电路实现的复杂度。

对于 10G PON 之后的下一代 PON，业界最近研究较多的是单波长 25G PON，其实现方式主要有 NRZ 调制、双二进制调制和 PAM4 调制三种。

1) NRZ 调制

基于 NRZ 调制的 25G PON 主要有两种实现方式：一种是发送端和接收端均采用 25G 光器件；另一种是发送端采用 25G 光器件，为降低成本，接收端采用 10G 带宽光器件，通过 DSP 带宽补偿算法来实现 25G 传输速率。这两种方案的调制均采用 OOK 直接调制方式。

NRZ 调制关键技术主要有如下几点：

(1) 上行 25G 突发模式的电芯片 BCDR 实现难度大；

(2) 如果波长规划在 O 波段之外，还要增加色散补偿算法；

(3) 为满足 PON 网络功率预算要求，发送端一般引入预加重，接收端采用均衡算法以提高灵敏度。

NRZ 调制的优点是系统实现简洁，关键光器件可以重用 100G 以太网和 10 G PON 的成熟产业链。25G 光器件当前成本较高，随着其在数据中心和 FTTx 的大规模应用，未来会有一定下降空间。

2) 双二进制调制

双二进制是一种二进制的数据编码方式，它将二进制中逻辑信号“0”转换为逻辑信号“+1”和“−1”，使信号的频谱带宽减小为原来一半。

在光纤通信中双二进制有两种应用形式：一种是采用三电平幅度调制。这种形式的双二进制在接收机需要双二进制解码电路，与传统二进制 IM-DD 系统相比，三电平幅度调制会导致接收机灵敏度劣化。另一种是采用光双二进制，即使用 M-Z 调制器，采用幅度调制和相位调制(AM-PSK)相结合方式。该方案的特点是接收端可以与传统二进制 IM-DD 系统的接收机兼容，不会导致灵敏度劣化。三电平幅度调制方案的优点是系统实现简单，电域、光域的信号带宽与 NRZ 的系统相比可以减小一半；缺点是与 NRZ 系统相比，系统光功率预算会下降。光双二进制的优点是在接收端不需要判断所接收的相位是多少，只要取出其幅值即可，因此在接收端仅使用传统的直接检测器件；其缺点是 M-Z 调制器的体积大和成本高。

3) PAM4 调制

脉冲幅度调制(PAM)是高阶调制技术的一种，原理是将两个或两个以上比特信息映射到不同的发射脉冲幅度(电压)上增加每个符号的比特传输速率。使用 PAM 调制的主要目的是在提高传输速率的情况下，降低或者保持传输信号的带宽不变，从而降低或保持发射和接收机的成本。PAM 4 调制有 4 个幅度信息，每个幅度上可携带 2bit 的信息。PAM-4 调制的色散容限相对于 NRZ 可提升 4 倍。PAM4 调制可以采用 12.5G 带宽光器件，传输 25G 的信号，但是相应代价是在发送端和接收端要采用高速 AD 和 DA 等技术进行编解码，接收端还需要采用相对复杂的算法进行带宽补偿。

综合以上分析，单波长 25G PON 实现需要对光器件带宽和电层复杂度两个核心因素进行权衡，选择出性价比合适的实现方案。基于 NRZ 编码的 25G PON 由于架构简洁，器件成熟度高，近期成为标准制定和业界研究的主要热点。单波长实现 25G 传输速率后，就可以结合多波长叠加以及通道绑定(Channel Binding)技术来实现 50G PON(2 波长)和 100G PON(4 波长)。

3. 25G/100G PON 波长规划

25G/100G PON 系统的波长选择主要考虑光纤色散、光纤损耗、已有 PON 系统兼容性、光器件成本和技术实现复杂度等几方面因素。

25G/100G PON 包含 25G、50G 和 100G 三种速率，100G 采用 4 个波长，每个波长 25G。可选的波长规划主要有以下三种方案：

(1) 全 O 波段：上、下行 4 对波长均位于 O 波段；

(2) O/C/L 波段一：第一个波长通道 Lane0 上、下行波长位于 O 波段，其他波长位于 C、L 波段；

(3) O/C/L 波段二：所有上行波长位于 O 波段，所有下行波长位于 C、L 波段。

全 O 波段方案可以采用 NRZ 调制，无须复杂的色散补偿处理，可以重用 100G 以太网产业链，也可以使用 DML 和 EML 激光器，物理层实现简单。O/C/L 波段方案波长范围大，如要激光器波长漂移指标降低，可以采用无制冷激光器；合分波器设计容易，可以使用 EDFA 放大器。但 C、L 波段色散大，需要采用复杂调制、均衡等技术进行色散补偿，其性能、成本影响还需进一步研究。

4. 下一代 PON 演进趋势

1) 技术升级换代

对于 IEEE 标准体系，EPON 演进到 10G EPON 之后，对称 10G EPON 将逐渐成为主流；10G EPON 之后将演进到单波长 25G EPON 和多波长 50G/100G EPON，其中单波长 25G EPON 采用 NRZ 技术是近期标准组织主要讨论的技术方向，PAM4 等高级调制技术在单波长 50G 以上速率可能成为未来研究热点。对于 ITU 标准体系，非对称 XG-PON1 将逐步演进到对称 XGS-PON。NG-PON2 未来要规模商用，需要解决技术复杂和成本较高的问题。对于 NG-PON2 之后的下一代 PON 技术，ITU 在物理层技术上将会和 IEEE 逐步融合。

2) 平滑演进兼容

对于下一代 PON 技术兼容性，考虑到带宽需求的增长、波长资源和成本因素，二代 PON 兼容是比较合理的选择，即 EPON 和 10G EPON 兼容，10G EPON 和 25G/100G EPON 兼容，GPON 和 10G GPON 兼容，10G GPON 和 NG-PON2 兼容。

实践项目 10G PON 设备认知

实践目的： 掌握 10G PON 设备的相关信息。

实践要求： 分组到企业调研，收集相关设备信息。

实践内容：

(1) 了解目前常用的 10G PON 设备型号。

(2) 了解 10G PON 设备的板卡名称。

(3) 了解 10G PON 设备接口种类。

过 关 训 练

一、填空题

1. PON 采用(　　　　)在单根光纤传送双向数据信息。

2. 为了避免数据冲突并提高网络效率，使用(　　　　　)技术将多个 ONU 的上行信息组成一个 TDM 信息流传送到 OLT。

3. APON 系统使用(　　　)作为承载协议。

4. 速率为 155.52 Mb/s 的 APON 系统下行帧是由连续的(　　　)个时隙流组成，每个时隙包含(　　)个字节。

5. APON 系统上行方向通过(　　)模式发送数据，每帧包含(　　　)个时隙，每个时隙包含(　　)个字节。

6. GPON 下行帧中 Payload 净荷透明承载(　　　　)及(　　　　)。

7. GPON 系统帧周期为(　　　)，帧频率为(　　　)。

8. 从分层结构上看，ITU-T 定义的 GPON 由(　　　　　)和(　　　　)构成。

9. 传输汇聚层由(　　　　)和(　　　　)组成。

10. 影响传统业务(语音和图像)在 EPON 中传输的性能指标主要是(　　　)。

二、选择题

1. PON 系统由(　　)组成。

A. OLT　　B. ONU　　C. ODN　　D. OBD

2. 常见的无源光分路器有(　　)。

A. 1∶8　　B. 1∶12　　C. 1∶32　　D. 1∶64

3. APON 系统的关键技术有(　　)。

A. 测距技术　　B. 快速比特同步技术

C. 突发信元的收发技术　　D. 搅动技术

4. APON 系统的最大距离为(　　)km。

A. 10　　B. 20　　C. 40　　D. 60

5. GPON 系统中成帧子层主要完成(　　)等功能。

A. ONU 注册与测距　　B. 上行时隙分配

C. 上行带宽分配　　D. 保密与安全及保护倒换

6. DBA 的作用有(　　)。

A. 提高最大带宽利用率　　B. 减小平均时延

C. 提高系统可靠性　　D. 防止碰撞冲突

7. EPON 系统使用的波长有(　　)。

A. 上行 1270 nm　　B. 上行 1310 nm

C. 下行 1577 nm　　D. 下行 1490 nm

8．EPON 系统的优势有(　　)。

A．节省光纤的用量　　B．建设费用和维护费用低

C．管理成本低　　D．承载 IP 业务十分简单

9．EPON 系统中 OLT 的主要操作有(　　)。

A．产生时间戳信息，用于系统参考时间

B．控制 ONU 注册

C．进行测距操作

D．通过 MPCP 帧指配带宽

10．IEEE 802.3av 标准规定 10 Gb/s 信号的波长为(　　)。

A．上行 1270 nm　　B．上行 1310 nm

C．下行 1577 nm　　D．下行 1490 nm

三、判断题

1．PON 无源光网络是一种采用点到点结构的单纤双向光接入网络。(　　)

2．PON 为无源光网络，体现在 ODN 网络都是由无源器件组成。(　　)

3．OLT 将数据分组以广播的方式传输给所有的 ONU。(　　)

4．每个 ONU 都可以接收 OLT 以广播的方式传输来的所有数据分组。(　　)

5．在上行方向，ONU 发送的信号采用点到点方式送给 OLT。(　　)

6．APON 系统中通过测距技术防止信元发生碰撞。(　　)

7．GPON 有很好的提供服务等级、提供 QoS 级保障和全业务接入的能力。(　　)

8．OLT 既是一个交换机或路由器，又是一个多业务提供平台。(　　)

9．在 EPON 中，OLT 到 ONU 间的距离最大可达 10 km。(　　)

10．EPON 采用 8B/10B 编码，本身引入了 20%的损耗，效率为 80%。(　　)

模块四　无线接入技术

近年来，随着电信市场的开放及通信与信息产业技术的快速发展，各种高速率的宽带接入不断涌现，从而使宽带无线接入系统凭借其建设速度快、运营成本低、投资成本回收快等特点，受到电信运营商的青睐。

目前，常见的宽带无线接入技术分为固定无线接入和移动无线接入两大类。宽带无线接入技术的发展趋势是：一方面充分利用过去未被开发或者应用不是很广泛的频率资源，实现尽量高的接入速率；另一方面融合微波和有线通信领域成功应用的先进技术如高阶QAM 调制、ATM、OFDM、CDMA、IP 等，实现更大的频谱利用率、更丰富的业务接入能力和更灵活的带宽分配方法。

【主要内容】

本模块包括 6 个任务，分别为无线接入技术概述、LMDS 技术、MMDS 技术、WLAN 技术、5G 技术、蓝牙等内容。

【重点难点】

重点是 WLAN 技术，难点是 WLAM 工作原理。

任务 4.1　无线接入技术概述

【任务要求】

识记：无线接入系统组成。

领会：无线接入技术。

伴随着通信的飞速发展和电话普及率的日益提高，在人口密集的城市或位置偏远的山区安装电话，在铺设最后一段用户线时面临着一系列难以解决的问题：铜线和双绞线的长度在 4～5 km 的时候出现高环阻问题，通信质量难以保证；山区、岛屿以及城市用户密度较大而管线紧张的地区，用户线架设困难而导致耗时、费力、成本居高不下。为了解决这个所谓的“最后一公里”的问题，达到安装迅速、价格低廉的目的，作为接入网技术中的一个重要部分——无线接入技术便应运而生。无线接入是指从交换节点到用户终端之间，部分或全部采用了无线手段。

4.1.1 无线接入系统的组成

典型的无线接入系统主要由控制器、操作维护中心、基站、固定终接设备和移动终端等几个部分组成。

1. 控制器

控制器通过其提供的与交换机、基站和操作维护中心的接口与这些功能实体相连接。控制器的主要功能是处理用户的呼叫(包括呼叫建立、拆线等)，对基站进行管理，通过基站进行无线信道控制、基站监测和对固定用户单元及移动终端进行监视与管理等。

2. 操作维护中心

操作维护中心负责整个无线接入系统的操作和维护，其主要功能是对整个系统进行配置管理，对各个网络单元的软件及各种配置数据进行操作；在系统运转过程中对系统的各个部分进行监测和数据采集；对系统运行中出现的故障进行记录并告警；除此之外，还可以对系统的性能进行测试。

3. 基站

基站通过无线收发信机提供与固定终接设备和移动终端之间的无线信道，完成语音呼叫和数据的传递。控制器通过基站对无线信道进行管理。基站与固定终接设备和移动终端之间的无线接口可以使用不同技术，并决定整个系统的特点，包括所使用的无线频率及其一定的适用范围。

4. 固定终接设备

固定终接设备为用户提供电话、传真、数据调制解调器等用户终端的标准接口——Z接口。它与基站通过无线接口相接，并向终端用户透明地传送交换机所能提供的业务和功能。固定终接设备可以采用定向天线或无方向性天线，直接指向基站方向，从而提高无线接口中信号的传输质量，增加基站的覆盖范围。

根据所能连接的用户终端数量的多少，固定终接设备可分为单用户单元和多用户单元。单用户单元(SSU)只能连接一个用户终端，适用于用户密度低、用户之间距离较远的情况；多用户单元则可以支持多个用户终端，一般较常见的有支持 4 个、8 个、16 个和 32 个用户的多用户单元，多用户单元在用户之间距离很近的情况下(比如一个楼上的用户)比较经济。

5. 移动终端

移动终端从功能上可以看作是由固定终接设备和用户终端合并构成的一个物理实体。由于它具备一定的移动性，因此支持移动终端的无线接入系统除了应具备固定无线接入系统所具有的功能外，还要具备一定的移动性管理等蜂窝移动通信系统所具有的功能。

4.1.2 无线接入技术种类

1. GSM 接入技术

GSM 是第二代移动通信技术。它采用窄带 TDMA 技术，允许在一个射频即“蜂窝”同时进行 8 组通话。GSM 是 1991 年开始投入使用的，到 1997 年年底，已经在 100 多个国家运营，成为欧洲和亚洲实际上的标准。

GSM 数字网具有较强的保密性和抗干扰性，音质清晰，通话稳定，并具备容量大、频率资源利用率高、接口开放、功能强大等优点。

GSM 移动通信网的数据传输速度为 9.6 kb/s。

2. GPRS 接入技术

相对原来 GSM 的拨号方式的电路交换数据传送方式，GPRS 是分组交换技术。由于使用了“分组”的技术，因此用户上网可以不再断线。

此外，使用 GPRS 上网的方法与 WAP 并不同，用 WAP 上网就如在家中上网，先“拨号连接”，但上网后便不能同时使用该电话线，而 GPRS 就较为优越，下载资料和通话是可以同时进行的。从技术上来说，如果单纯进行语音通话，可继续使用 GSM，但如果有数据传送需求时，最好使用 GPRS，它把移动电话的应用提升到一个更高的层次。同时，发展 GPRS 技术也十分“经济”，因为它只需对现有的 GSM 网络进行升级即可。

GPRS 的用途十分广泛，包括通过手机发送及接收电子邮件，在互联网上浏览等。GPRS 的最大优势在于：它的数据传输速度非 WAP 所能比拟。与 GSM 相比，GPRS 速率快，可以达到 115 kb/s。GPRS 还有“永远在线”的特点，即用户随时与网络保持联系。

3. CDMA 接入技术

CDMA(码分多址)被称为第 2.5 代移动通信技术。

CDMA 手机具有话音清晰、不易掉话、发射功率低和保密性强等特点，被称为“绿色手机”。更为重要的是，基于宽带技术的 CDMA 使得移动通信中视频应用成为可能。CDMA 与 GSM 一样，也是属于一种比较成熟的无线通信技术。与使用 TDM 技术的 GSM 不同的是，CDMA 并不给每一个通话者分配一个确定的频率，而是让每一个频道使用所能提供的全部频谱。因此，CDMA 数字网具有高效的频带利用率和更大的网络容量、简化的网络规划、高通话质量、良好的保密性及信号覆盖、不易掉话等优势。

另外，CDMA 系统采用编码技术，其编码有 4.4 亿种数字排列，每部手机的编码还随时变化，这使得盗码只能成为理论上的可能。

4. WCDMA 接入技术

WCDMA 技术能为用户带来最高 2 Mb/s 的数据传输速率，在这样的条件下，现在计算机中应用的任何媒体都能通过无线网络轻松地传递。WCDMA 的优势在于：码片速率高，有效地利用了频率选择性分集和空间的接收与发射分集，可以解决多径问题和衰落问题；采用 Turbo 信道编解码，提供较高的数据传输速率；FDD 制式能够提供广域的全覆盖；下行基站区分采用独有的小区搜索方法，无须基站间严格同步；采用连续导频技术，能够支持高速移动终端。

相比第二代移动通信技术，WCDMA 具有更大的系统容量、更优的话音质量、更高的频谱效率、更快的数据速率、更强的抗衰落能力、更好的抗多径性，能够应用于高达 500 km/h 的移动终端，而且能够从 GSM 系统进行平滑过渡，保证运营商的投资，为 3G 运营提供了良好的技术基础。WCDMA 通过有效利用宽频带，不仅能顺畅地处理声音、图像数据，还能与互联网快速连接；此外，WCDMA 和 MPEG-4 技术结合起来，还可以处理真实的动态图像。

5. 3G 技术

3G 是第三代移动通信技术(又称为国际移动电话 2000)，是指支持高速数据传输的蜂窝移动通信技术。该技术规定，移动终端以车速移动时，其传输数据速率为 144 kb/s，室外静止或步行时速率为 384 kb/s，而室内为 2 Mb/s。

3G 服务能够同时传送声音及数据信息，速率一般在几百 kb/s 以上。3G 是指将无线通信与国际互联网等多媒体通信结合的新一代移动通信系统，目前存在三种标准：CDMA2000、WCDMA、TD-SCDMA。

中国国内支持国际电联确定的三个无线接口标准，分别是中国电信的 CDMA2000、中国联通的 WCDMA、中国移动的 TD-SCDMA。

6. 4G 技术

4G 是第四代通信技术的简称。2012.1.20 ITU 正式审议通过的 4G(IMT-Advanced)标准为 LTE-Advanced，即 LTE 的后续研究标准。

LTE 项目是 3G 的演进，它改进并增强了 3G 的空中接入技术，采用 OFDM(正交频分复用)和 MIMO(多输入多输出)作为其无线网络演进的唯一标准。其主要特点是：在 20 MHz 频谱带宽下能够提供下行 100 Mb/s 与上行 50 Mb/s 的峰值速率，可流畅承载视频、电话会议等业务，并能够满足几乎所有用户对于无线服务的要求。相对于 3G 网络，4G 网络大大提高了小区的容量，同时也极大地降低了网络延迟：内部单向传输时延低于 5 ms，控制平面从睡眠状态到激活状态迁移时间低于 50 ms，从驻留状态到激活状态的迁移时间小于 100 ms。

4G 不再局限于电信行业，还可以应用于金融、医疗、教育、交通等行业，使局域网、互联网、电信网、广播网、卫星网等能够融为一体组成一个通播网，无论使用什么终端，都可享受高品质的信息服务，向宽带无线化和无线宽带化演进。

4G 的核心技术有正交频分复用(OFDM)技术、软件无线电技术、智能天线技术、多输入多输出(MIMO)技术和基于 IP 的核心网。

7. 5G 技术

第五代移动通信技术(简称 5G)是具有高速率、低时延和大连接特点的新一代宽带移动通信技术，是实现人、机、物互连的网络基础设施。

国际电信联盟(ITU)定义了 5G 的三大类应用场景，即增强移动宽带(eMBB)、超高可靠低时延通信(uRLLC)和海量机器类通信(mMTC)。为满足 5G 多样化的应用场景需求，5G 的关键性能指标更加多元化。ITU 定义了 5G 八大关键性能指标，其中高速率、低时延、大连接成为 5G 最突出的特征，即用户体验速率达 1 Gb/s，时延低至 1 ms，用户连接能力达 100 万连接/平方公里。

8. 无线局域网

无线局域网(Wireless LAN，WLAN)是计算机网络与无线通信技术相结合的产物。它不受电缆束缚，可移动，能解决因有线网布线困难等带来的问题，并且具有组网灵活、扩容方便、应用广泛，可与多种网络标准兼容等优点。WLAN 既可满足各类便携机的入网要求，也可实现计算机局域网远端接入、图文传真、电子邮件等多种功能。

9. 无线光接入系统 FSO

无线光接入系统是将光通信与无线通信结合，通过大气而不是光纤来传输光信号的。

这一技术既可以提供类似光纤的速率，又不需要频谱这样的稀有资源。其主要特点是：传输速率高，以 2～622 Mb/s 的高速数据传输；传输距离为 200～6000 m 的范围；由于工作在红外光波段，因此对其他传输系统不会产生干扰，安全性强；信号发射和接收通过光仪器，无需天馈线系统，设备体积较小。

10. 固定宽带无线接入(MMDS/LMDS)技术

按使用频段的不同，固定宽带无线接入系统可以划分为 MMDS 和 LMDS 两大系列。这是一种微波的宽带技术，又被称为“无线光纤”技术。它可在较近的距离实现双向传输语音、数据图像、视频、会议电视等宽带业务，并支持 ATM、TCP/IP 和 MPEG2 等标准。采用一种类似蜂窝的服务区结构，将一个需要提供业务的地区划分为若干服务区，每个服务区内设基站，基站设备经点到多点无线链路与服务区内的用户端通信。每个服务区覆盖范围为几公里至十几公里，并可相互重叠。 由于 NMDS/ LMDS 具有更高带宽和双向数据传输的特点，可提供多种宽带交互式数据及多媒体业务，克服传统的本地环路的瓶颈，满足用户对高速数据和图像通信日益增长的需求，因此是解决通信网接入问题的利器。

11. DBS 卫星接入技术

DBS 卫星接入技术也叫直播卫星接入技术。该技术利用位于地球同步轨道的通信卫星将高速广播数据送到用户的接收天线，所以它一般也称为高轨卫星通信。其特点是通信距离远，费用与距离无关，覆盖面积大且不受地理条件限制，频带宽，容量大，适用于多业务传输，可为全球用户提供大跨度、大范围、远距离的漫游和机动灵活的移动通信服务等。在 DBS 系统中，大量的数据通过频分或时分等调制后利用卫星主站的高速上行通道和卫星转发器进行广播，用户通过卫星天线和卫星接收 Modem 接收数据，接收天线直径一般为 0.45 m 或 0.53 m。

由于数字卫星系统具有高可靠性，不像 PSTN 网络中采用双绞线的模拟电话需要较多的信号纠错，因此可使下载速率达到 400 kb/s，而实际的 DBS 广播速率最高可达到 12 Mb/s。

12. 蓝牙技术

蓝牙的英文名称为“Bluetooth”，实际上它是一种实现多种设备之间无线连接的协议。通过这种协议能使蜂窝电话、掌上电脑、笔记本电脑、相关外设和家庭 Hub 等包括家庭 RF 的众多设备之间进行信息交换。蓝牙应用于手机与计算机的相连，可节省手机费用，实现数据共享、因特网接入、无线免提、同步资料、影像传递等。

13. Home RF 技术

Home RF 技术主要为家庭网络设计，旨在降低语音数据成本。为了实现对数据包的高效传输，Home RF 采用了 IEEE 802.11 标准中的 CSMA/CA 模式，它与 CSMA/CD 类似，以竞争的方式来获取对信道的控制权，在一个时间点上只能有一个接入点在网络中传输数据。不像其他协议，Home RF 提供了对流业务(Stream Media)的真正意义上的支持。由于对流业务规定了高级别的优先权，并采用了带有优先权的重发机制，这样就确保了实时性流业务所需的带宽和低干扰、低误码。

Home RF 工作在 2.4 GHz 频段。它采用数字跳频扩频技术，速率为 50 跳/s，共有 75 个带宽为 1 MHz 跳频信道。调制方式为恒定包络的 FSK 调制，分为 2FSK 与 4FSK 两种。采用调频调制可以有效地抑制无线环境下的干扰和衰落。在 2FSK 方式下，最大数据的传输速率为 1 Mb/s；在 4FSK 方式下，速率可达 2 Mb/s。

实践项目　调研无线接入网应用情况

实践目的：掌握无线接入网应用情况。

实践要求：分组到企业调研，收集相关技术信息。

实践内容：

(1) 了解目前常用的无线接入技术种类。

(2) 了解无线组网情况。

任务 4.2　本地多点分配业务(LMDS)

【任务要求】

识记：LMDS 的含义、LMDA 特点及实现因素。

领会：LMDS 的基本原理。

4.2.1　LMDS 概述

LMDS(Local Multipoint Distribution Service，本地多点分配业务)是一种微波宽带业务，以蜂窝网络的形式向特定区域提供业务，工作在微波频率的高端(10～40 GHz 频段)，组网灵活方便、使用成本低，是一种非常有前途的宽带固定无线接入技术。它可在较近的距离(3～5 km)开展点对多点双向传输语音、视频和图像信号等多种宽带交互式数据及多媒体业务，支持 ATM、TCP/IP、MPEG2 等标准。LMDS 为“最后一公里”的宽带接入和交互式多媒体应用提供了经济和便捷的解决方案，因此号称“无线光纤”接入技术。

1．LMDS 字母的含义

L(本地)：指在一个小区的覆盖区域以及其频率范围限度内，信号的传播性。LMDS 基站发射机的范围最大达 10 km。

M(多点)：由基站到用户的信号是以点对多点或广播方式发送，而由用户到基站的信号回传则是以点对点的方式传送。

D(分配)：指信号的分配方式。它可同时包括语音、数据、因特网服务和视频业务，并将不同的信号分配到不同的用户站(接收设备)。

S(业务)：指网络运营者与用户之间在业务上是提供与使用关系，即用户从 LMDS 网络所能得到的业务服务完全取决于网络运营商对网络业务的选择。

2．LMDS 的特点

与传统的有线接入或者低频段无线接入方式相比， LMDS 具有以下优势：

(1) 工作频带宽，可提供宽带接入。

目前，各国分配的 LMDS 工作频带带宽至少有 1000 MHz，可支持的用户接入数据速率高达 155 Mb/s，能够满足广大用户对通信带宽日益增长的需求。

(2) 运营商启动资金较小，后期扩容能力强，投资回收快。

在网络建设初期，服务商只需小部分投资建立一个配置较简单的基站，覆盖若干用户即可开始运营。运营者所需的初期投资较少，仅在用户数量增加即有业务收入时才需再增加资金投入，所以投资回收也很快。

(3) 业务提供速度快。

LMDS 系统实施时，不仅避免了有线接入开挖路面的高额补偿费，而且设备安装调试容易、建设周期大大缩短，可以迅速为用户提供服务。

(4) 在用户发展方面极具灵活性。

LMDS 系统具有良好的可扩展性，容量扩充和新业务提供都很容易，服务商可以随时根据用户需求进行系统设计或动态分配系统资源，添加所需的设备，提供新的服务，不会因用户变化而造成资金或设备的浪费。

(5) 可提供质优价廉的多种业务。

LMDS 工作在毫米波波段、10～40 GHz 频率上，被许可的频率是 24 GHz、28 GHz、31 GHz、38 GHz，其中以 28 GHz 获得的许可较多，该频段具有较宽松的频谱范围，最有潜力提供多种业务。LMDS 的宽带特性决定了它几乎可以承载任何业务，如语音、数据和图像等业务。

(6) 频率复用度高、系统容量大。

LMDS 基站的容量很可能超过其覆盖区内的用户业务总量。因此，LMDS 系统很可能是一个“范围”受限系统而不是“容量”受限系统，特别适用于高密度用户地区。

3．LMDS 系统局限性

(1) LMDS 服务区覆盖范围较小，不适合远程用户使用。LMDS 采用无线通信单元来覆盖半径通常为 3～5 km 的地理区域。

(2) 由于工作频率高，通信质量受雨、雪等天气影响较大。基站覆盖的范围受“降雨衰减”效应(Rain Fade)的限制。降雨衰减是指雨滴对微波的散射和吸收所造成的信号失真。此外，墙壁、山丘乃至枝叶茂盛的树木也会阻挡和反射信号并使信号失真。频率越高，影响越大。因此，该技术主要应用于本地接入，是提供“最后一公里”的一种解决方案。

(3) 基站设备相对比较复杂，价格较贵，所以在用户少时，平均每个用户成本较高。LMDS 自身的特点，决定它更适用于大城市或其他人口比较稠密的地区。

4.2.2 LMDS 体系结构

LMDS 提供了一个从用户终端到核心网络的接入平台。一个典型的 LMDS 应用运营系统通常由基础骨干网、基站、用户终端设备和网管系统组成。骨干网是指网络的核心层，它不仅提供了一个多业务的网络平台，同时也是各个中心站之间相互连接的物理通道。核心层网络平台可由ATM(异步传送模式)、IP(因特网协议)、ATM+IP、SONET(同步光网络)/SDH(同步数字系列)/WDM(波分复用)等技术构成，负责与现有各网络之间互联互通，如 PSTN(公用电话交换网)、FR(帧中继)、CATV(有线电视)网等，从而使 LMDS 网络能够提供几乎所有现存网络的业务。

LMDS 系统本身主要由三部分组成：中心站(基站)系统、终端站(远端站)系统和网络管理系统(Network Management System，NMS)，如图 4-1 所示。

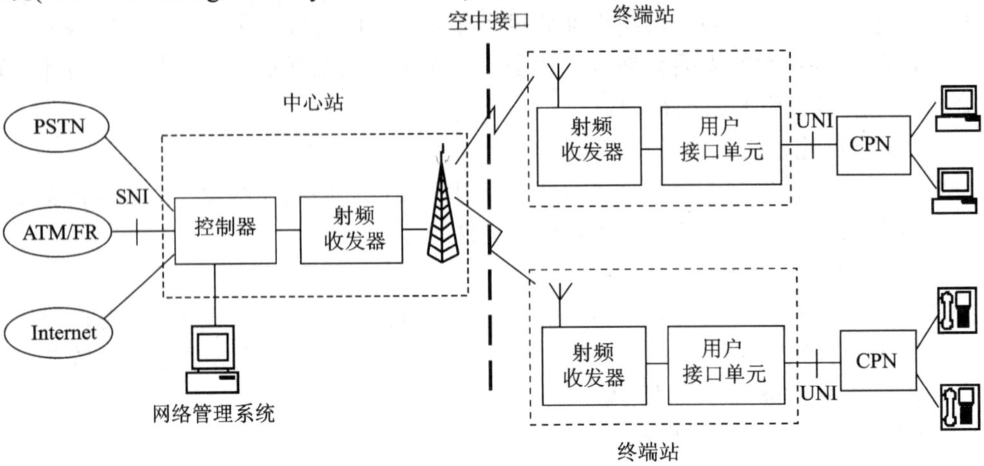

图 4-1　LMDS 系统参考模型

1．终端站设备

终端站设备放在最靠近用户的一侧，负责将用户通过无线方式连接至中心站并与骨干网络相连。它可以提供多种业务接口，如 E1、POTS、10/100BaseT、FR、ATM、ISDN、N×64 kb/s 等，也可以支持多种应用。

一般来说，终端站都包括室外单元(含定向天线、微波收发设备)与室内单元(含调制与解调模块以及与用户室内设备相连的网络接口模块)。

终端站设备通过 TDM 与 FDM 广播方式在中心站到终端站的下行链路上接收由中心站传来的数据信息；在终端站到中心站的上行链路上利用 TDMA 或 FDMA 方式共享整个扇区带宽所发送的用户信息。

2．中心站设备

每个 LMDS 中心站覆盖一个蜂窝小区，在每个蜂窝小区内可划分多个扇区，为覆盖区域内的固定用户提供点对多点的无线链路通信服务。中心站设备在逻辑上分为中心控制站和中心射频站两部分。中心控制站包括调制解调设备、MAC 卡及网络-网络接口板等。MAC 卡主要用来发送、接收终端站的相关业务请求。中心控制站提供与中频电缆相连的接口，并通过中频电缆连接中心射频站。中心射频站可以采用全向天线进行覆盖，也可以采用扇区天线进行扇区化覆盖，增加系统的容量。

中心站设备主要提供 LMDS 系统至核心网络的接口，完成信号在核心网络与无线传输之间的转换，并负责无线资源的管理。中心站将数据送入骨干网络，完成所需的语音交换、ATM 交换和 IP 交换等。目前，大多数厂家的中心站设备支持到核心网络 STM-1 的 ATM 接口(电接口或光接口)，也有能够提供 N × E1(E1 = 2.048 Mb/s)的电路仿真接口的设备，从而实现 POTS、ISDN、数字租用线或帧中继等业务。

3．网络管理系统

网络管理系统的实现多基于传输控制协议/网际协议(TCP/IP)的简单网络管理协议(SNMP)，主要负责管理多个区域内的用户网络，完成告警与故障诊断、系统配置、计费、系统性能分析和安全管理等功能。当由多基站提供区域覆盖时，需要进行频率复用与极化方式规划、无线链路计算、覆盖和干扰的仿真与优化等工作。

4.2.3 LMDS 的实现因素

1．工作频段

LMDS 系统的工作频段一般为 10～40 GHz，这个频段是微波频段，在毫米波的波段附近，由于该波段的微波在空间直线传输，只能实现视距接入，其无线传输路径必须满足视距通信要求，因此在基站和终端站之间的无线传输路径上不能存在任何阻挡。

目前，很多国家规划了 LMDS 的应用频段，一般在 10～40 GHz 频段上，主要有 10 GHz、24 GHz、26 GHz、31 GHz 和 38 GHz。例如：美国 LMDS 系统占用频段为 28 GHz 与 31 GHz，带宽为 1.3 GHz；其他国家对 LMDS 占用频段划分各不相同，但一般都在 20～40 GHz，带宽通常为 1 GHz 以上。

我国信息产业部于 2002 年发布了《接入网技术要求——26 GHz 本地多点分配系统(LMDS)》(YD/T 1186—2002)，我国 LMDS 系统占用频段为 26 GHz，按 FDD 双工方式规划的 LMDS 工作频率范围为 24.450～27.000 GHz。具体规定如下：

(1) 下行射频(基站发、终端站收)为 24.507～25.515 GHz；

(2) 上行射频(终端站发、基站收)为 25.575～26.765 GHz；

(3) 可用带宽为 2 × 1.008 GHz，双工间隔为 1.25 GHz；

(4) 基本信道间隔为 3.5 MHz、7 MHz、14 MHz 和 28 MHz。

2．多址方式

多址方式是指基站设备采用何种办法正确接收来自本扇区内多个远端用户的信号。

LMDS 下行主要采用 TDM(时分复用)的方式将信号向相应扇区广播，每个用户终端在特定的频段内接收属于自己的信号。

基站设备主要以 TDMA 和 FMDA 中的一种接收来自本扇区内多个远端用户的信号。若采用 TDMA 方式，则若干远端站可以在相同频段的不同时隙向基站发射信号，并且 TDMA 方式支持按需要分配带宽。但采用 TDMA 方式时，需要同步和定时系统才能正常工作，与 FDMA 方式相比，效率较低，且需要预先分配时隙。这种方式更适合为突发性的数据业务提供服务，可以实现灵活的带宽分配，统计复用，如 Internet 接入应用。若采用 FDMA 方式，则相同扇区中不同远端在不同频段上向基站发射信号，彼此互不干扰。这种方式则适合于业务量大、稳定、突发少的租用线业务。

3．调制解调技术

目前较普遍的调制方式为 QPSK (四相相移键控)，也可用 16QAM(正交振幅调制)，甚至 64QAM。采用 16QAM 或者 64QAM 等高阶调制方式可以有效地扩大系统的容量。简单来说，采用 16QAM，相同频段可以支持的容量是 QPSK 的 2.3 倍；如果采用 64QAM，则为 3.5 倍。但是调制技术越复杂，则在相同条件下覆盖的范围就越小。根据用户离基站距离的远近，混合选择多种调制方式可以明显扩大容量，而采用细化扇区的办法同样也能达到相同的效果，但显然要增加额外的设备费用。

4．动态带宽分配

LMDS 系统在 TDM 模式下时，带宽的动态分配在通信链路上的上、下行方向上可同时进行，即此时的动态分配是基于上、下行信道双方向的总带宽之和来实现的，从而能更好地满足用户的需求。

LMDS 系统以 FDM 方式工作时，它仅在采用 TDMA 多址方式时才能实现动态带宽分配。此时，通信链路上行或下行单一方向上的总带宽将根据用户的需求进行动态带宽分配。通过实时向提出需求的终端用户分配所需的带宽，LMDS 系统形成了统计带宽增益，可以最大限度地利用空中的频谱资源。目前，大部分宽带无线电接入系统均采用 FDM 的双工模式。

5. 无线 ATM

LMDS 系统的传输主要通过 ATM 与无线技术的结合来实现，即采用 ATM 信元作为基本的无线传输机制。这种方式使 LMDS 网络具有较大的通信容量，能对多种业务进行灵活、综合处理。它将无线的统计复用功能与 ATM 的统计复用功能相结合，明显提高了频带的利用率。这种实现方式有如下主要特性：可满足各种用户的接入需求，提供用户动态带宽分配功能；为不同的通信业务提供基于标准的QoS(服务质量)控制机制；可承载语音、数据、视频等多种业务的多媒体无线平台；为有线和无线用户提供端到端的服务；可与现存的宽带网络互联。

作为宽带局域网和广域网的承载系统，ATM 越来越得到大家的认可。在蜂窝无线网络中，中心站可以作为 ATM 的节点，与有线网络进行无缝连接，提供无线宽带业务。目前，绝大部分 LMDS 设备提供商都采用 ATM 信元流的方式来进行 LMDS 业务分配工作。与标准的 ATM 信元相比，无线 ATM 信元增加了信元序列号，用来判断信元的连续性和重复性；并在信元的结尾处加入了 CRC(循环冗余码)，用于无线链路的纠错与校验。在无线 ATM 中，由于信道条件相对恶劣，采用 FEC(前向纠错编码)和 ARQ(自动重发请求)可以有效地改善信元丢失率。

4.2.4 LMDS 商用现状

随着通信市场日益开放，电信业务正向数据化、宽带化、综合化、个性化飞速发展。宽带无线接入技术以投资少、见效快、组网灵活等优势，在国内接入市场具有较强的竞争力，能在日趋激烈的高速数据业务竞争中快速占领市场。

LMDS 技术为人口稠密的市区和郊区通信提供一种低成本、有效的解决方案。利用高容量的无线本地环，运营商能够迅速为大量用户区提供语音和数据业务。中国大城市数量多，人口密集，建设单位成本特别低，对运营商来说效益比别的接入方式显著。因为 LMDS 以大容量、低廉的建设与运营成本、短周期等特性使其可以承载各种业务，如在语音方面，它不仅语音质量高、无延时、传输速率高，而且有 QoS 的保证和较高的可靠性，能够快速进入市场。可以预见，宽带无线技术将逐渐成为高速多媒体应用的强大网络接入方案。

各运营商充分利用 LMDS 的技术特点对这种接入方式进行了灵活的应用。例如，将 LMDS 作为有线传输接入资源的替代方案，在有线接入方式尚未到位的情况下，迅速实现宽带接入一步到位，获得了良好的应用效果。LMDS 在国内各大运营商试验网主要的应用领域包括大客户的综合宽带接入、网吧宽带接入、公话超市、移动基站互连以及电路出租等。

各运营商在商用中都获得了满意的应用效果，尤其是中国电信在北方的应用。例如，华北某省电信主要面向网吧宽带接入；中国移动在东北某省省会城市主要用于基站互连以及大客户综合接入；中国电信在华北某省几个主要城市面向网吧和话吧的接入以及大客户专线出租业务的应用；中国移动在西南某省主要用于基站互连和无线局域网的接入。

在中国，LMDS 应用分配的带宽为 1008 MHz，具有可用频率资源多，运营商启动资金较小，后期扩容能力强，投资回收快，网络运行、维护费用比较低的特点。另外，从网络规划设计到系统建成，通常只需短短几个月的时间，在用户发展方面极具灵活性且投资沉淀很少。LMDS 还可提供保证 QoS 的混合业务。根据这些技术特点，将 LMDS 在市场细分为以下几个方面：

(1) 集团用户：对长话及数据有很高的需求，如政府机关、医疗部门、教育部门、金融、证券集团、工商企业集团等。

(2) 集中型商业用户：对业务量需求较大，对服务质量要求也较高，如写字楼用户、出租的商业大厦。

(3) 住宅智能化小区：主要用于满足居民用户的生活娱乐需求，也包括部分在小区内的商业用户。

(4) 网吧/话吧：面向低收入消费群体，业务量大，业务需求相对比较简单。网吧一般需要宽带网络互联，通常可采用 10/100M 以太网接入方式解决。

(5) 与移动基站互连：LMDS 提供宽带接入和基站互连的统一平台。因此，对于即将获得 3G 牌照的固网运营商而言，可先建设 LMDS 网络以提供宽带接入应用，同时为将来的基站互连做好准备，也可将部分资源出租给其他运营商作为基站互连使用。

从以上分析不难看出，运营商选择 LMDS 作为接入手段，在中国未来发展中必然有十分广阔的应用前景。

实践项目　LMDS 技术应用情况调研

实践目的：了解 LMDS 的组网及应用。

实践要求：每位学生通过调研、搜集网络数据等方式独立完成。

实践内容：

(1) 了解各运营商的 LMDS 网络结构。

(2) 了解各运营商的 LMDS 应用情况。

任务 4.3　多信道多点分配业务(MMDS)

【任务要求】

识记：MMDS 的含义、MMDA 特点及实现因素。

领会：MMDS 的基本原理。

4.3.1 MMDS 概述

MMDS(多信道多点分配业务)是一种固定无线通信技术，也是一种以视距传输为基础的图像分配传输技术，可以通过无线微波传送有线电视信号。它的正常工作频段一般为 2～5 GHz，可以在反射天线周围 50 km 范围内将 100 多路数字电视信号直接传送至用户。MMDS 系统(实现 MMDS 的设备组成系统)设备体积小、重量轻、占地面积少、安装调试方便、成本低廉，很适合中小城市或郊区有线电视覆盖不到的地方。

在系统的更新换代方面，MMDS 技术将会比其他通信技术更容易升级。MMDS 最显著的特点就是各个降频器本振点可以不同，可由用户自选频点，这对于用户避开当地的开路无线电视或 CATV 占用的频道有极大的好处。

早期 MMDS 主要是一种单向非分配型图像业务传输系统，现在可以用比 T1 更快的速率发送和接收数据信号。在 MMDS 系统中，通常是用以太网与无线 Modem 连接。

MMDS 技术可以为用户提供多种业务功能，这包括点对点面向连接的数据业务、点对多点业务、点对点无连接型网络业务。

(1) 点对点面向连接的数据业务：为两个用户或者多个用户之间发送多分组的业务。该业务要求有建立连接、数据传送以及连接释放等工作程序。

(2) 点对多点业务：可以根据某个业务请求者的要求，把单一信息传送给多个用户。该业务又可以分为点对多点多信道广播业务、点对多点群呼业务等。

(3) 点对点无连接型网络业务：业务中的各个数据分组彼此互相独立，用户之间的信息传输不需要端到端的呼叫建立程序，分组的传送没有逻辑连接，分组的交付没有确认保护。

除了提供点对点、点对多点的数据业务外，MMDS 还能支持用户终端业务、补充业务、GSM 短消息业务和各种 GPRS 电信业务。

4.3.2 MMDS 的体系结构

MMDS 系统分为模拟 MMDS 系统与数字 MMDS 系统，早期 MMDS 系统是模拟 MMDS 系统，它是一个单向广播系统，把接收到的电视节目和调频立体声节目，经技术处理后形成载有多路电视节目的微波信号通过无方向性的微波天线或定向天线发送出去。数字 MMDS 系统与模拟 MMDS 系统相比较，具有传输容量大、传输质量高、覆盖范围大、可进行信号加密及收视收费控制、可实现双向交互功能和 Internet 接入等特点。随着数字化技术的发展，数字 MMDS 系统已取代模拟 MMDS 系统。

一个数字 MMDS 系统主要由 MMDS 发射机、发射天线和接收天线、降频器、机顶盒等设备组成，如图 4-2 所示。

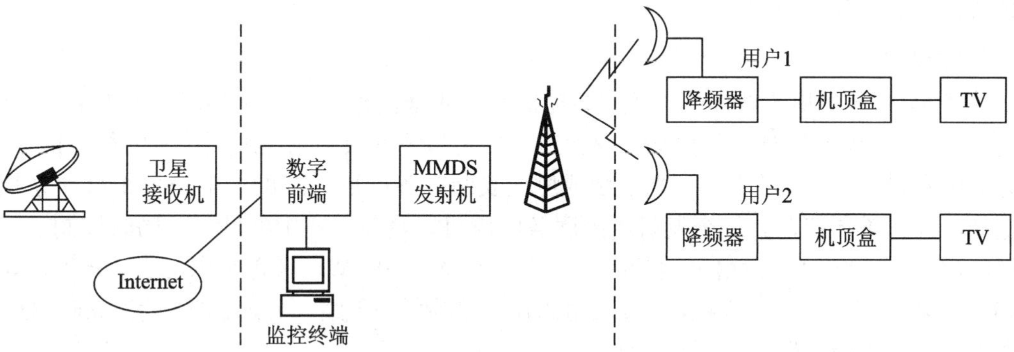

图 4-2　MMDS 系统结构

1. MMDS 发射机

数字 MMDS 发射机的主要任务是将输入的视频、音频和数据信号，经 MPEG-2 数字压缩、数字复接和 QAM 调制，再经过上变频器后输出 MMDS 微波信号。

数字 MMDS 发射机分为单频道 MMDS 发射机和宽频 MMDS 发射机。

单频道 MMDS 发射系统先将多路信号调制到微波频段，再经频道合成后送入发射天线。单频道 MMDS 发射系统采用独立发射机，每频道发射功率较大，传输距离可达 40～50 km，但成本造价较高。对于传输距离较远的县、乡、镇，建议使用单频道 MMDS 发射系统。

宽带 MMDS 发射机是多频道发射机，先将多频道电视信号调制成 VHF 或 UHF 射频频道信号，混合后再在宽带发射机中上变频到微波发射频段及功率放大然后送入发射天线。

宽频 MMDS 发射机与单频道 MMDS 发射系统比较，具有性能好、价格低、体积小、安装方便、维护简单、易于扩容等特点。对于自然村来说，采用宽带 MMDS 发射系统，传输距离可达 1～2 km。如覆盖 2 km 的自然村，只需用 10 W 宽带 MMDS 发射机便可传输十多套节目，且采用低价格的喇叭天线覆盖，成本很低。

宽带 MMDS 发射机一般包括室内单元和室外单元两部分。室内单元主要由发射机的监控、监测部分和电源组成，工作人员通过监控单元能全面掌握置于铁塔上的发射机工作状态；室外单元主要由发射机模块、功放模块、电源模块、监测和诊断模块、下变频组件及风机组成。对于小功率宽带 MMDS 发射机，不分室内单元和室外单元，室外主机仅配有 MMDS 下变频器，输出射频测试信号到室内，直接用场强仪或电视机监测、监视，省略了室内单元，降低了设备成本。

由于 MMDS 系统是将前端的电视信号通过无线电波向空中发射，在覆盖范围内，用户借助廉价接收设备便可接收。如何杜绝非法用户有以下几种解决方案：

(1) 在前端加上可寻址加扰系统，对信号进行加扰及对用户进行授权。在接收端通过解扰器将信号还原为可收看信号，这样即使盗接信号者有解扰器，由于其未被授权，也只能收到加扰后被扰乱的信号。

(2) 在 MMDS 发射前端加扰(编码)，接收用户可向加扰单位购买解码器，安装在接收端的前端就可收到信号。目前加扰有三种方法：视频加扰、音频加扰和音视频全部加扰。

(3) 在前端增添一套加扰设备对发送的信号进行加扰。现行的加扰方案有射频加扰和视频基带加扰两种。

2. 天线

数字 MMDS 发射天线即基站天线，提供水平或垂直极化、全向或不同方位角、不同辐射场形、不同天线增益的各种 MMDS 发射天线。它与波导或同轴电缆连接有两种接口方式，并有加压密封或非加压密封、顶端安装或侧面安装等各种形式，可根据各种 MMDS 系统要求选择，以求最佳覆盖。一个发射塔的服务区就可以覆盖一座中型城市，同时控制上行和下行的数据流。MMDS 发射天线功率一般为 500 W、800 W，覆盖范围可达 40～50 km；MMDS 接收天线即用户站天线，一般采用比较简单的屋顶天线，天线尺寸一般为 0.5～3.0 m，天线形状一般为矩形栅状或圆形栅状。

3. 降频器

降频器即降频变换器，是数字 MMDS 的下变换器，它将数字 MMDS 信号变换成射频(RF)数字信号。MMDS 最显著的特点就是各个降频器本振点不同，可由用户自选频点，即多点本振。对集体接收必须在分前端把已解调解码后输出的视频、音频信号，调制到 VHF 或 UHF 射频频段上，再混合其他模拟电视 RF 信号，送入 CATV 分配网；对个体用户接收，只要连接一台综合解码器便可使用普通模拟电视接收。

4. 机顶盒

数字 MMDS 机顶盒是数字 MMDS 接收解码器(又称数字 MMDS 解扰器)，它将数字 MMDS 的下变换器输出的 RF 数字信号转换成模拟电视机可以接收的信号。

机顶盒(STB)一般分为电视机顶盒和网络机顶盒。电视机顶盒通过接收来自卫星或广播电视网、使用 MPEG 数字压缩方式的电视信号，获得更清晰、更稳定的图像和声音质量；网络机顶盒内部包含操作系统和 IE 浏览软件，通过 PSTN 或 CATV 连接到 Internet，使用电视机作为显示器，从而实现没有电脑的上网。

5. MMDS 系统的技术要求

按照国际通信标准，MMDS 频道配置应该与国际接轨，在 2503～2687 MHz 频段内，以每频道 8 MHz 带宽邻频道间隔排列 23 个电视信道，并在 2684～2700 MHz 专用频段内，用于数据及语音通信传输及双向传输的上行回传。在 200 MHz 带宽内，以梳状方式分成两个独立组，A 组采用奇数频道号，B 组采用偶数频道号，以隔频道排列。

MMDS 系统作为一级供电发射系统，应有两个独立电源或自备发电机，并备有交流稳压电源。输出电压电力供给要没有短暂的脉冲电压，或采用铁磁稳压器抑制各种浪涌电压和雷击时从电源进入的感应电压。

MMDS 系统微波站必须可靠接地，按国际通信标准要求：收发天线系统接地电阻不应大于 4 Ω；技术用房接地电阻不应大于 4 Ω；设备系统接地电阻应小于 4 Ω；设置在铁塔(或高层建筑)上的设备接地电阻应小于 4 Ω；MMDS 系统的工作接地系统、保护接地系统和防雷接地系统应分设接地体，再将三个接地体汇接成一个总接地系统。

MMDS 系统必须有良好的防雷设施，供电线路和通信线路也必须有防雷措施；雷击放电时产生巨大的能量，除直接通到地面外，还可通过长传输线产生感应电进入电子设备。所以，MMDS 系统的发射机房主发射天线的传输线要每隔 1～2 m 安装不锈钢接地夹子。上、下端应与铁塔金属结构连接，然后在塔底接至接地系统。

MMDS 系统的发射机与频道合成器之间的传输线应尽量短，频道合成器波导输出口距离墙面至少 0.6 m。此外，MMDS 系统的房屋与天线铁塔应尽量靠近，MMDS 机房最好设在楼顶上，以缩短馈线长度；拐弯要少，并要有馈线架。MMDS 系统的机房通往室外的走线沟槽、孔洞及穿墙处，应加以密封，防止雨水、风、雪、霜、雾进入系统机房。

为保护发射机系统正常运行(尤其是大功率发射机)，应保证机房内通风和室温的条件，机房的温度应保证在 0～45℃之间。有条件的最好采用空调设备，以保持机房内为+20℃～+27℃的理想温度。发射机内部过热会自动保护而暂时停机，直到温度恢复为止。另外，低温会引起设备内部的冷凝，会影响电气性能。

在使用 MMDS 系统来接收信号时，需要注意的是接收点的选择，面对发射台方向不能有遮挡，要避开通信、雷达等干扰源。

在对 MMDS 信号接收系统调试时，需要使用场强仪，用连接线与下变频器、馈电器连接起来。先把场强仪或电视机调到欲收的频道上，然后调节天线的方向角与仰角找到主信号后再微调场强仪的频率，反复调整使信号最强；MMDS 系统的接收天线高度尽量安装在高层建筑物顶上。考虑到周围树木的影响，一般在冬天安装时，信号电平调整得高些，留有余量，而夏季由于树木影响信号电平要弱些。

MMDS 系统的下变频器输出，可对个体信号进行接收，也能集体接收进入 CATV(有线电视)分配网；倘若集体接收信号时，有的系统可以直接进入 CATV 分配网，有的系统在 MMDS 接收后，再与本地卫星接收信号及地面电视广播信号在 CATV 分前端中混合进入分配网。

另外在混合接收信号时，一定要注意考虑频道的分配、交互调干扰、电平均衡等问题。

4.3.3　MMDS 的商用现状

国内有的大城市已经成功地建成了数字 MMDS 系统，并且投入使用。数字 MMDS 不应该单纯为了多传电视节目，而应该充分发挥数字系统的功能，同时传送高速数据，开展增值业务。高速数据业务能促进地区经济的发展，同时也为 MMDS 经营者带来更大的经济效益。MMDS 技术已成为移动网络的重要接入补充手段，充分发挥 3.5 GHz 频段的效率。

从目前我国有线电视网的实际情况出发，MMDS 电缆传输混合网的分类如下：

(1) 一级传输网：各省、市把卫星信号及微波干线传送来的中央加密节目，通过微波骨干网传送到全省的地(州)、县微波站。

(2) 二级传输网：各地(州)、县有线台接收本省微波传送来的加密节目，并插入本地区的自办节目，在人口密集的地区和地势最高点设立 MMDS 发射台。

(3) 三级传输网：各乡、镇、村定向接收 MMDS 微波信号后，再加上来自卫星的多套电视节目，建立 CATV 分前端，再用同轴电缆传输到各集体用户或个体用户。

MMDS 无线传输网与有线电视光纤网一样，可采用加/解扰技术，实现可寻址收费系统和计算机用户管理系统。MMDS 无线传输网与光纤网一样，可实现双向传送话务和数据信息，视频点播、电视会议等。

4.3.4　MMDS 与 LMDS 的比较

MMDS 与 LMDS 是目前主流的两种固定宽带无线接入方式，但各自侧重的应用领域不同，技术性能也不完全一样。

1. 工作频段不一样

LMDS 的工作频段在 10～40 GHz 之间；

MMDS 的工作频段在 2～5 GHz 之间，相对而言，这个频率段的资源比较紧张。由于 MMDS 的工作频段比 LMDS 的工作频段低很多，因此雨衰也比 LMDS 小许多。

2. 主要应用不同

LMDS 主要应用于数据通信，为本地区域用户提供宽带接入；而 MMDS 则主要用于电视节目的无线传输。

3. 接入性能不同

LMDS 的可用频带宽度至少是 1 GHz 以上，而 MMDS 频带最多为 200 MHz，这也决定了 MMDS 的传输性能要远小于 LMDS。LMDS 所支持的用户数要远多于 MMDS，MMDS 适用于用户相对分散、容量小的地区。

4. 成本不同

MMDS 设备可以非常小型化，生产和安装成本都要远低于 LMDS，技术也比 LMDS 更成熟。

实践项目　MMDS 应用情况调研

实践目的：了解 MMDS 的组网及应用。

实践要求：每位学生通过调研、搜集网络数据等方式独立完成。

实践内容：

(1) MMDS 应用场合。

(2) 了解各运营商的 MMDS 组网结构。

(3) 了解各运营商的 MMDS 应用情况。

任务 4.4　WLAN 技 术

【任务要求】

识记：WLAN 的概念、特点、标准和组成。

领会：WLAN 系统组及工作原理、WLAN 组网。

4.4.1　WLAN 概述

近些年来随着个人数据通信的发展，功能强大的便携式数据终端以及多媒体终端得到了广泛的应用。为了使用户能够在任何时间、任何地点均可以实现数据通信的目标，要求传统的计算机网络由有线向无线、由固定向移动、由单一业务向多媒体发展，由此无线局域网技术得到了快速的发展。

在无线局域网(Wireless Local Area Networks，WLAN)发明之前，人们要想通过网络进行联络和通信，必须先用物理线缆(铜绞线)组建一个运行通路，为了提高效率和速度，人们后来又发明了光纤。当网络发展到一定规模后，人们又发现，这种有线网络无论组建、拆装还是在原有基础上进行重新布局和改建，都非常困难，且成本和代价也非常高，于是WLAN的组网方式应运而生。

无线局域网是指利用射频(Radio Frequency，RF)技术，使用电磁波替代有线媒介所构成的局域网络。

无线局域网不是用来取代有线局域网的，而是用来弥补有线局域网之不足，以达到网络延伸之目的，使得无线局域网能利用简单的存取架构让用户透过它，实现无网线、无距离限制的网络互通。下列情形可能需要无线局域网：

(1) 无固定工作场所的使用者；

(2) 有线局域网络架设受环境限制；

(3) 作为有线局域网络的备用系统。

1．无线局域网的特点

WLAN利用无线技术在空中传输数据、语音和视频信号，作为传统布线网络的一种替代方案或延伸。无线局域网的出现使得原来有线网络所遇到的问题迎刃而解，它可以使用户任意对有线网络进行扩展和延伸，可以在有线网络的基础上通过无线接入点、无线网桥、无线网卡等无线设备使无线通信得以实现。WLAN在不进行传统布线的同时，提供有线局域网的所有功能，并能够随着用户的需要随意更改扩展网络，实现移动应用。无线局域网把个人从办公桌边解放了出来，使他们可以随时随地获取信息，提高了员工的办公效率。一般而言，对比于传统的有线网络，无线局域网的优势体现在：

(1) 可移动性。由于没有线缆的限制，用户可以在不同的地方移动工作，即网络用户不管在任何地方都可以实时访问信息。

(2) 布线容易。由于不需要布线，消除了穿墙或过天花板布线的繁琐工作，因此安装容易，建网时间可大大缩短。

(3) 组网灵活。无线局域网可以组成多种拓扑结构，可以十分容易地从少数用户的点对点模式扩展到上千用户的基础架构网络。

(4) 成本优势。这种优势体现在用户网络需要租用大量的电信专线进行通信的时候，自行组建的WLAN会为用户节约大量的租用费用。在需要频繁移动和变化的动态环境中，无线局域网的投资更有回报。

另外，无线网络通信范围不受环境条件的限制，室外可以传输几十千米，室内可以传输数十、几百米。在网络数据传输方面也有与有线网络等效的安全加密措施。

2．无线局域网的应用

无线局域网应用在以下方面：

移动办公的环境，如大型企业、医院等需要移动工作的应用环境；

难以布线的环境，如历史建筑、校园、工厂车间、城市建筑群、大型的仓库等不能布线或者难于布线的环境；

频繁变化的环境，如活动的办公室、零售商店、售票点、医院、野外勘测、试验、军事、公安、银行金融以及流动办公、网络结构经常变化或者临时组建的局域网；

公共场所，如航空公司、机场、货运公司、码头、展览和交易会等应用环境；

小型网络用户，如办公室、家庭办公室(SOHU)用户。

3. WLAN 协议

1985 年，美国联邦通信委员会(FCC)授权普通用户可以使用 ISM 频段，从而把无线局域网推向商业化发展。这里 ISM 分别取自 Industrial(工业)、Scientific(科研)及 Medical(医疗)的第一个字母，许多工业、科研和医疗设备使用的无线频率集中在该频段。FCC 定义的 ISM 频段为 902～928 MHz、2.4～2.4835 GHz 和 5.725～5.875 GHz 三个频段。目前，世界上大部分国家的无线电管理机构也分别设置了各自的 ISM 频段，1996 年中国无线电管理委员会开放了 2.4～2.4835 GHz 的 ISM 频段。ISM 频段为无线网络设备供应商提供了产品频段，如果发射功率及带外辐射满足无线电管理机构的要区，则无须提出专门的申请即可使用这些 ISM 频段。ISM 频段对无线产业产生了巨大的积极影响，保证了无线局域网网元器件的顺利开发。

国际电子电气工程师协会(IEEE)802 工作组负责局域网标准的开发，如以太网和令牌网等。1990 年 11 月，IEEE 召开了 803.11 委员会，开始制定无线局域网络标准，1997 年 11 月 26 日正式发布。

IEEE 802.11 无线局域网标准的制定是无线网络技术发展的一个里程碑。IEEE 802.11 规范了无线局域网网络的媒体访问控制(Mediun Access Control，MAC)层及物理(Physical，PHY)层。IEEE 802.11 标准除了介绍无线局域网的优点及各种不同特性外，还规定了各种不同生产商的无线产品互联的要求和标准。IEEE 802.11 标准的颁布，使得无线局域网在各种有移动要求的环境中被广泛接受。1998 年，各供应商推出了大量基于 IEEE 802.11 标准的无线网卡和访问节点。

由于 IEEE 802.11 在速率和传输距离上都不能满足人们的需要，因此 IEEE 小组又相继推出了 IEEE 802.11b 和 IEEE 802.11a 两个新标准。历经十几年的发展，IEEE 802.11 家族已经从最初的 IEEE 802.11 发展到了目前 IEEE 802.11a、IEEE 802.11b、IEEE 802.11g、IEEE 802.11n 等。

1) IEEE 802.11

IEEE 802.11 工作在 2.4 GHz 频段，支持数据传输速率为 1 Mb/s、2 Mb/s，用于短距离无线接入，支持数据业务。

该标准主要定义物理层和媒体访问控制(MAC)规范，允许无线局域网及无线设备制造商建立互操作网络设备。物理层定义了数据传输的信号特征和调制方法、两个射频(RF)传输方法和一个红外线传输方法。其中，RF 传输方法采用跳频扩频(FHSS)和直接序列扩频(DSSS)，DSSS 采用 B/SK 和 QPSK 调制方式，FHSS 采用 GFSK 调制方式。MAC 层使用载波侦听多路访问／冲突检测(CSMA/CA)方式来让用户共享无线媒体，因为在 RF 传输网络中冲突检测比较困难，所以该协议用避免冲突检测代替在 802.3 协议中使用的冲突检测。

2) IEEE 802.11a

IEEE 802.11a 工作在 5 GHz 频段，数据传输速率为 6～54 Mb/s(动态可调)，支持语音、数据和图像业务，适用于室内、室外无线接入。

IEEE 802.11a 标准在 IEEE 802.11 基础上扩充了标准的物理层，可采用 OFDM、B/SK、DQPSK、16QAM、64QAM 调制方式，可提供无线 ATM 接口、以太网无线帧结构接口、

TDD/TDMA 空中接口；一个扇区可接入多个用户，每个用户可带多个用户终端。

3) IEEE 802.11b

802.11b 标准(Wireless Fidelity，Wi-Fi)工作在 2.4 GHz 频段，数据传输速率可在 1 Mb/s、2 Mb/s、5.5 Mb/s、11 Mb/s 之间自动切换，支持数据和图像业务，适用于一定范围内的移动办公。

IEEE 802.11b 标准在 IEEE 802.11 基础上扩充了标准的物理层，可采用直接序列扩频(DSSS)和补码键控(CCK)调制方法；在网络安全机制上，IEEE 802.11b 提供了 NAC 层的接入控制和加密机制，达到与有线局域网相同的安全级别。

4) IEEE 802.11g

由于 IEEE 802.11b 和 IEEE 802.11a 工作在不同的频段上，物理层调制方式也不同，IEEE 802.11a 不能兼容目前的 IEEE 802.11b 的产品；同时 5 GHz 频段在许多国家还没有获得正式批准，而且 11 Mb/s 的传输速率满足不了视频服务带宽的需求。IEEE 802.11g 标准方案在确保兼容现有使用 2.4 GHz 频带的 IEEE 802.11b 的同时，实现了 54 Mb/s 数据传输速率。IEEE 802.11g 中规定的调制方式有两种，包括 IEEE 802.11a 中采用的 OFDM 与 IEEE 802.11b 中采用的 CCK。通过规定两种调制方式，既达到了用 2.4 GHz 频带实现 IEEE 802.11a 水平的数据传送速率，也确保了与装机数量超过了 1100 万台的 IEEE 802.11b 产品的兼容。

5) IEEE 802.11n

802.11n 是在 802.11g 和 802.11a 之上发展起来的一项技术，最大的特点是速率提升，理论速率最高可达 600 Mb/s。802.11n 可工作在 2.4 GHz 和 5 GHz 两个频段。

802.11n 采用智能天线技术，通过多组独立天线组成的天线阵列，可以动态调整波束，保证让 WLAN 用户接收到稳定的信号，并可以减少其他信号的干扰。因此，其覆盖范围可以扩大到好几平方公里，使 WLAN 移动性极大提高。

802.11n 采用了一种软件无线电技术，它是一个完全可编程的硬件平台，不同系统的基站和终端都可以通过这一平台的不同软件实现互通和兼容，这使得 WLAN 的兼容性得到极大改善。这意味着 WLAN 将不但能实现 802.11n 向前后兼容，而且可以实现 WLAN 与无线广域网络的结合，比如 3G。

802.11n 可以将 WLAN 的传输速率由 802.11a 及 802.11g 提供的 54 Mb/s 提高到 300 Mb/s，甚至高达 600 Mb/s，得益于将 MIMO(多输入多输出)与 OFDM(正交频分复用)技术相结合而应用的 MIMO OFDM 技术，不仅提高了无线传输质量，也使传输速率得到极大提升。

802.11n 主要是结合物理层和 MAC 层的优化来充分提高 WLAN 技术的吞吐量。主要的物理层技术涉及 MIMO、MIMO OFDM、40MHz、Short GI 等，从而将物理层吞吐提高到 600 Mb/s。如果仅仅提高物理层的速率，而没有对空口访问等 MAC 协议层进行优化，802.11n 的物理层优化将无从发挥。就好比即使建了很宽的马路，但是如果车流的调度管理跟不上，仍然会出现拥堵和低效。所以，802.11n 对 MAC 采用了 Block 确认、帧聚合等技术，大大提高了 MAC 层的效率。

6) IEEE 802.11ac

IEEE 802.11ac 是一个 802.11 无线局域网(WLAN)通信标准，它通过 5 GHz 频带进行通信。理论上，它能够提供最多 1 Gb/s 的传输速率进行多站式无线局域网通信，或是最少 500

Mb/s 的单一连接传输速率。

802.11ac 是 802.11n 的继承者。它采用并扩展了源自 802.11n 的空中接口(Air Interface)概念，包括更宽的 RF 带宽(提升至 160 MHz)、更多的 MIMO 空间流(Spatial Streams)(增加到 8)、多用户的 MIMO 以及更高阶的调制(Modulation)(达到 256QAM)。

7) IEEE 802.11e

IEEE 802.11e 标准主要为了改进和管理 WLAN 的服务质量，保证能在 IEEE 802.11 无线网络上进行语音、音频、视频的传输，实现可视会议、媒体流的传送，增强安全应用及移动访问应用等。在一些对时间敏感、有严格要求的业务(如语音、视频)中，QoS(服务质量)是非常重要的指标，因此 IEEE 802.11e 在 MAC 层加入了 QoS 功能，其中的混合协调功能可以单独使用或综合使用以下两种信道接入机制：一种是基于竞争式的，另一种是基于轮询式的。MAC 层采用的是与以太网不同的时分多址(TDMA)协议，并对重要通信增加额外纠错功能。

8) IEEE 802.11f

IEEE 802.11f 即接入点内部协议，该标准目的是改善 IEEE 802.11 协议的切换机制，使用户能够在不同的交换区间(无线信道)或者在接入设备间漫游。这就使无线局域网能够提供与移动通信同样的移动性。IEEE 802.11f 就是专门针对接入点之间的漫游而制定的协议。

通常 WLAN 的接入点设备可能来自不同的提供商，在没有 IEEE 802.11f 的条件下，为确保用户漫游时的互通性，运营商只能安装同一提供商的产品。若在接入点设计中加入 IEEE 802.11f，就能消除产品选择的限制，确保不同提供商产品的互操作性。

9) IEEE 802.11i

IEEE 802.11i 是 IEEE 为了弥补 802.11 脆弱的安全加密功能(Wired Equivalent Privacy，WEP)而制定的修正案，于 2004 年 7 月完成。其中定义了基于 AES 的全新加密协议 CCMP(CTR with CBC-MAC Protocol)。

4.4.2 WLAN 系统结构

根据不同的应用环境和业务需求，WLAN 可通过无线电、采取不同网络结构来实现互联，通常将相互连接的设备称为站，将无线电波覆盖的范围称为服务区。WLAN 中的站有固定站、移动站、半移动站等三类，如装有无线网卡的台式 PC、装有无线网卡的笔记本电脑、个人数字助理(PDA)、802.11 手机等。

1. 无线局域网常用设备

1) 无线接入点

无线接入点(Access Point)即通常所说的 AP，也被称为无线访问点。它是大多数无线网络的中心设备。无线路由器、无线交换机和无线网桥等设备都是无线接入点定义的延伸，因为它们所提供的最基础的作用仍是无线接入。AP 在本质上是一种提供无线数据传输功能的集线器，它在无线局域网和有线网络之间接收、缓冲存储和传输数据，以支持一组无线用户设备。接入点通常通过一根标准以太网线连接到有线主干线路上，并通过内置或外接天线与无线设备进行通信。

2) 无线路由器

无线路由器是一种带路由功能的无线接入点，它在家庭及小企业中经常应用。无线路由器具备无线 AP 的所有功能，例如支持 DHCP、防火墙，支持 WEP/WPA 加密等。除此之外，无线路由器还包括了路由器的部分功能，如网络地址转换(NAT)功能。通过无线路由器，还能够实现跨网段数据的无线传输，例如实现 ADSL 或小区宽带的无线共享接入。

无线路由器通常包含一个若干端口的交换机，可以连接若干台使用有线网卡的电脑，从而实现有线和无线网络的顺利过渡。在接入速度上，目前符合 11 Mb/s、54 Mb/s 规范的无线路由器产品在市场上都是主流产品。

3) 无线网卡

使用无线网络接入技术的网卡可以统称为无线网卡，它们是操作系统与天线之间的接口，在功能上相当于有线局域网设备中的网卡。无线网卡由网络接口卡(NIC)、扩频通信机和天线组成，NIC 在数据链路层负责建立主机与物理层之间的连接，扩频通信机通过天线实现无线电信号的发射与接收。

无线网卡是用户站的收发设备，一般有 USB、PCI、CF 和 PCMCIA 无线网卡。无线网卡支持的 WLAN 协议标准有 802.11b、802.11a/b、802.11g。

要将计算机终端连接到无线局域网，必须先在计算机终端上安装无线网卡。安装过程如下：

(1) 将无线网卡插入计算机的扩展槽内；

(2) 在操作系统中安装该无线网卡的设备驱动程序；

(3) 对无线网卡进行参数设置，如网络类型、ESSID、加密方式及密码等。

4) 天线

无线天线相当于一个信号放大器，主要用于解决无线网络中因传输距离、环境影响等造成的信号衰减。与接收广播电台时增加天线长度后声音会清晰的情况相同，无线设备(如AP)本身的天线由于国家对功率有一定的限制，它只能传输较短的距离，当超出这个有限的距离时，可以通过外接天线来增强无线信号，达到延伸传输距离的目的。

天线的参数包括频率范围、增益值和极化。

(1) 频率范围：天线工作的频段。这个参数决定了它适用于哪个无线标准的无线设备。比如，802.11b 标准的无线设备就需要频率范围在 2.4 G 以内的天线来匹配。

(2) 增益值：天线功率放大的倍数，数值越大就表示信号的放大倍数越大。也就是说，增益值越大，信号越强，传输质量就越好。通俗来讲，增益值就是功率，即天线在指定方向上辐射功率的集中程度，通常以 dBi 为单位。

(3) 极化：电磁波的传输方向，即天线辐射时形成的电场强度方向，分为水平极化或垂直极化。一般天线可分为两类，即全向天线和定向天线。

2. WLAN 拓扑结构

无线接入网的拓扑结构通常分为无中心拓扑结构和有中心拓扑结构，前者用于少量用户的对等无线连接，后者用于大量用户之间的无线连接(WLAN 应用的主要结构模式)。

1) 无中心拓扑结构

无中心拓扑结构是最简单的对等互联结构，基于这种结构建立的自组织型 WLAN 至少有两个站，各个用户站(STA)对等互联成网型结构，称为 Ad-Hoc 网络。在每个站的计算机终端均配置无线网卡，终端可以通过无线网卡直接进行相互通信。

无中心拓扑结构 WLAN 的主要特点是：无须布线，建网容易，稳定性好，但容量有限，只适用于个人用户站之间互联通信，不能用来开展公众无线接入业务。

点对点 Ad-Hoc 对等结构就相当于有线网络中的多机(一般最多是 3 台机)直接通过网卡互联，中间没有集中接入设备(没有无线接入点(AP))，信号是直接在两个通信端点对点传输的。无中心拓扑结构如图 4-3 所示。

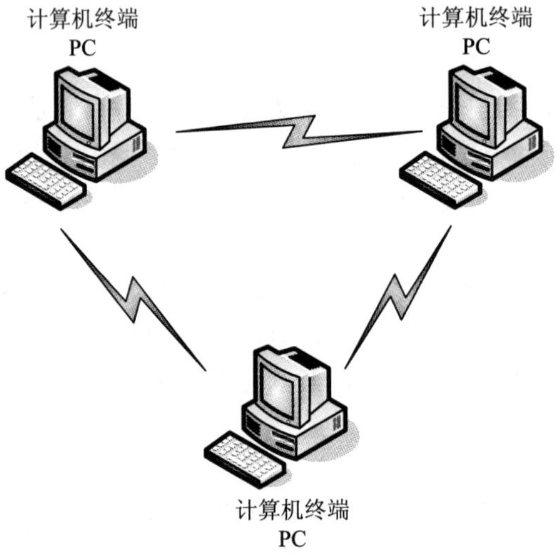

图 4-3　无中心拓扑结构

在有线网络中，因为每个连接都需要专门的传输介质，所以在多机互联中，一台中可能要安装多块网卡。而在 WLAN 中，没有物理传输介质，信号不是通过固定的传输作为信道传输的，是以电磁波的形式发散传播的，所以在 WLAN 中的对等连接模式中，各用户无须安装多块 WLAN 网卡，相比有线网络来说，组网方式要简单得多。

Ad-Hoc 对等结构网络通信中没有一个信号交换设备，网络通信效率较低，所以仅适用于较少数量的计算机无线互联(通常是在 5 台主机以内)。同时，由于这一模式没有中心管理单元，因此这种网络在可管理性和扩展性方面受到一定的限制，连接性能也不是很好；而且各无线节点之间只能单点通信，不能实现交换连接，就像有线网络中的对等网一样。这种无线网络模式通常只适用于临时的无线应用环境，如小型会议室，SOHO 家庭无线网络等。由于这种网络模式的连接性能有限，因此此种方案的实际效果可能会差一些。

2) 有中心拓扑结构

有中心拓扑结构是 WLAN 的基本结构，至少包含一个访问接入点(AP)作为中心站构成星型结构，在 AP 覆盖范围内的所有站点之间的通信和接入 Internet 均由 AP 控制。一个 AP 一般有两个接口，即支持 IEEE 802.3 协议的有线以太网接口和支持 IEEE 802.11 协议的 WLAN 接口。

这种基于无线 AP 的结构模式其实与有线网络中的星型交换模式差不多，也属于集中式结构类型。其中，无线 AP 相当于有线网络中的交换机，起着集中连接和数据交换的作用。在这种无线网络结构中，除了像 Ad-Hoc 对等结构中需要在每台主机上安装无线网卡外，还需要一个 AP 接入设备，俗称“访问点”或“接入点”。这个 AP 设备就是用于集中连接所有无线节点，并进行集中管理的。一般的无线 AP 还提供一个有线以太网接口，用于与有线网络、工作站和路由设备的连接。有中心拓扑结构如图 4-4 所示。

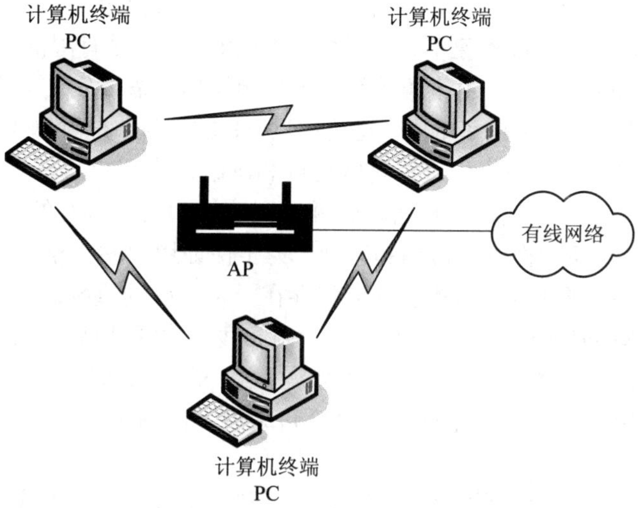

图 4-4 有中心拓扑结构

有中心拓扑结构模式的特点主要表现在网络易于扩展、便于集中管理、能提供用户身份验证等优势，另外数据传输性能也明显高于 Ad-Hoc 对等结构。在这种 AP 网络中，AP 和无线网卡还可针对具体的网络环境调整网络连接速率，如 11 Mb/s 的 IEEE 802.11b 可根据网络环境调整为 1 Mb/s、2 Mb/s、5.5 Mb/s 和 11 Mb/s 4 档；54 Mb/s 的 IEEE 802.11a 和 IEEE 802.11g 的则有 54 Mb/s、48 Mb/s、36 Mb/s、24 Mb/s、18 Mb/s、12 Mb/s、11 Mb/s、9 Mb/s、6 Mb/s、5.5 Mb/s、2 Mb/s、1 Mb/s 共 12 个不同速率可动态转换，以发挥相应网络环境下的最佳连接性能。

理论上一个 IEEE 802.11b 的 AP 最大可连接 72 个无线节点，实际应用中考虑到更高的连接需求，建议为 10 个节点以内。其实在实际的应用环境中，连接性能往往受到许多方面因素的影响，所以实际连接速率要远低于理论速率，如上面所介绍的 AP 和无线网卡可针对特定的网络环境动态调整速率，原因就在于此。当然还要看具体应用，对于带宽要求较高(如学校的多媒体教学、电话会议、视频点播等)的应用，最好单个 AP 所连接的用户数少些；对于简单的网络应用可适当多些。同时要求单个 AP 所连接的无线节点要在其有效的覆盖范围内，这个距离通常为室内 100 m 左右，室外则可达 300 m 左右。当然如果是 IEEE 802.11a 或 IEEE 802.11g 的 AP，因为它的速率可达到 54 Mb/s，有效覆盖范围也比 IEEE 802.11b 的大 1 倍以上。理论上，单个 AP 的理论连接节点数在 100 个以上，但实际应用中所连接的用户数最好在 20 个左右。

另外，基础结构的无线局域网不仅可以应用于独立的无线局域网中，如小型办公室无线网络、SOHO 家庭无线网络；也可以以它为基本网络结构单元组建成庞大的无线局域网系统，如 ISP 在“热点”位置为各移动办公用户提供的无线上网服务，在宾馆、酒店、机场为用户提供的无线上网区等。

在基本结构中，不同站点之间不能直接进行相互通信，只能通过访问接入点(AP)建立连接，而在 Ad-Hoc 网络的 BSS 中，任一站点可与其他站点直接进行相互通信。一个 BSS 可配置一个 AP，多个 AP 即多个 BSS 就组成了一个更大的网络，称为扩展服务集(ESS)。

AP 在理论上可支持较多用户，但实际应用只能支持 15～50 个用户。这是因为一个 AP 在同一时间只能接入一个用户终端，当信道空闲时，再由其他的用户终端争用，如果一个所支持的用户过多，则网络接入速率将会降低。AP 覆盖范围是有限的，室内一般为 100 m 左右，室外一般为 300 m 左右，对于覆盖较大区域范围时，需要安装多个 AP，这时需要勘察确定 AP 的安装位置，考虑频率重用，避免邻近 AP 的干扰。这种网络结构与目前蜂窝移动通信网相似，用户可以在网络内进行越区切换和漫游，当用户从一个 AP 覆盖区域漫游到另一个 AP 覆盖区域时，用户站设备搜索并试图连接到信号最好的信道，同时还可随时进行切换，由 AP 对切换过程进行协调和管理。为了保证用户站在整个 WLAN 内自由移动时能与网络正常连接，相邻 AP 的覆盖区域将存在一定范围的重叠。

有中心拓扑结构 WLAN 的主要特点是：无须布线，建网容易，扩容方便，但网络稳定性差，一旦中心站点出现故障，网络将陷入瘫痪，AP 的引入增加了网络成本。

根据不同的应用环境和业务需求，WLAN 可采取不同网络结构来实现互联，主要有以下三种类型：

(1) 网桥连接型：不同局域网之间互联时，可利用无线网桥的方式实现点对点的连接。无线网桥不仅提供物理层和数据链路层的连接，而且还提供高层的路由与协议转换。

(2) 基站接入型：当采用移动蜂窝方式组建 WLAN 时，各个站点之间的通信是通过基站接入、数据交换方式来实现互联的。

(3) AP 接入型：利用无线 AP 可以组建星型结构的无线局域网，该结构一般要求无线 AP 具有简单的网内交换功能。

4.4.3 WLAN 的组网

1. 通过无线网卡组建无线局域网

以两块或多块无线网卡相互连接的方式称为 Ad-Hoc。Ad-Hoc 模式用于在没有提供无线 AP 时组建无线网络，无线客户端直接相互通信，如图 4-5 所示。

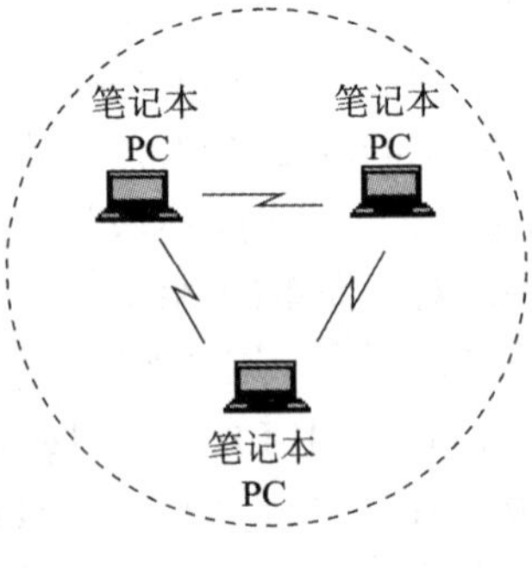

图 4-5 Ad-Hoc 组网模式

Ad-Hoc 由无线网卡(通常叫无线工作站)直接组成，用于一台无线工作站和另一台或多台其他无线工作站的直接通信。该网络不能直接接入有线网络，而必须在某台计算机上使用网关或路由方可接入 Internet。使用 Ad-Hoc 模式通信的两个或多个无线客户端形成一个独立基础服务集(IBSS)。因为不需要 AP，所以安全由各个客户端自行维护，且它们依赖于无线网卡内置的低增益天线使其覆盖存在较大的局限。点对点模式中的一个节点必须能同时“看”到网络中的其他节点，否则就认为网络中断，因此对等网络只能用于少数用户的组网环境，比如 2～5 个用户。家庭用户可以使用 Ad-Hoc 模式玩网络游戏，或者将一个特定的文件快速从一台计算机移动到另一台计算机。

2. 通过无线 AP 组建无线局域网

1) AP 模式

AR 模式中，由无线访问点(AP)、无线工作站(STA)覆盖的区域称为基本服务区(BSS)。无线访问点在这充当集线器的功能，故称无线 Hub，用于在无线 STA 和有线网络之间接收、缓存和转发数据，所有的用户都是通过 AP 才能转发数据包的。实际中，家用 AP 能连接 25 个客户端(并发数)，而电信级 AP 的并发数则大得多，价格也相对高昂。AP 覆盖半径可达上百米，各厂家各型号的 AP 实际覆盖范围各不相同。AP 可以连接到有线网络，实现无线网络和有线网络的互联。AP 模式如图 4-6 所示。

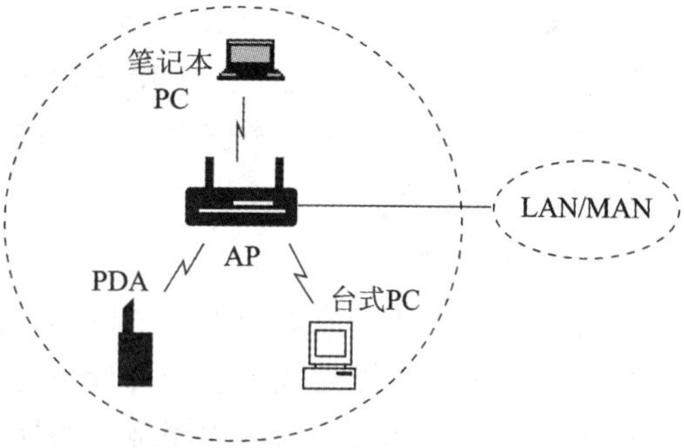

图 4-6　AP 模式

2) 多个 AP 模式

扩展服务区(ESS)内的每个 AP 都是一个独立的无线网络基本服务区(BSS)，所有 AP 共享同一个扩展服务区标示符(ESSID)。相同的 ESSID 的无线网络间可以进行漫游，不同 ESSID 的无线网络形成逻辑子网。

企业中之所以应用多个 AP，大多是因为单个 AP 覆盖面积有限，为了扩展无线网络的覆盖范围，达到客户端能够在网络中无缝漫游的目的。这种情况多是由于原有的 WLAN 覆盖范围比较小，而现在需要增大覆盖范围，因此要再加入一个 AP 来扩大无线覆盖范围(加入多个 AP 时解决方式相同)，使客户端能在整个 WLAN 中漫游，在改变接入 AP 时能无缝切换。多个 AP 模式如图 4-7 所示。

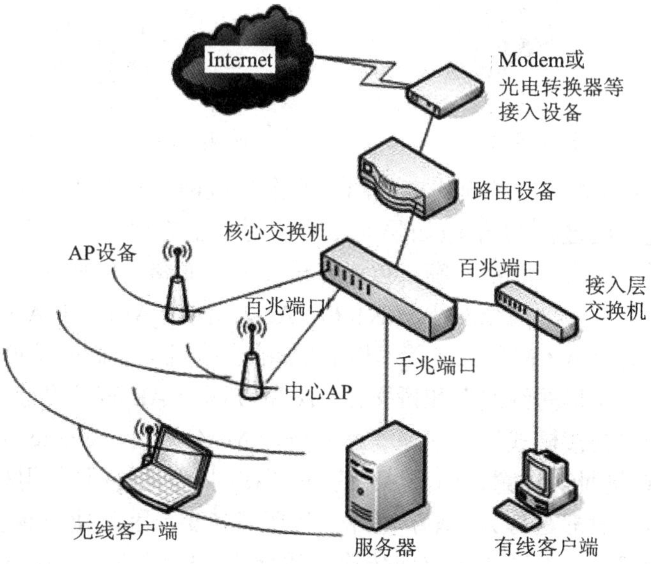

图 4-7　多个 AP 模式

多个 AP 模式下，多台 AP 都可以通过网线接入局域网的交换机中，此时所有的 AP 构成一个无线工作组，因此它们的 SSID 必须相同，其他的认证、加密模式的设置也都必须相同。由于相同或相邻的信道(Channel)存在相互干扰，有必要将相邻的 AP 使用不同的信道，而且最好信道号间隔 5 个，这样干扰最少，如 1、6、11。

如果 AP 默认开启了 DHCP 功能，要将其关闭，最好在所有 AP 连接的交换机上层另外设置一台 DHCP 服务器。因为用户切换 AP 时，不同的 AP 各自启用了 DHCP，很可能造成 IP 冲突。这种漫游模式不仅能扩展无线覆盖范围，还能在信号重叠区域提供冗余性保障，设置相对简单，所以被广泛采用。

3) 无线网桥模式

网桥就是在两个或多个独立的网络之间搭起通信的桥，将网络连接起来，利用无线通信技术，在空气中以无线电波为媒介进行网络数据的传输，达到连接不同网段的目的。在传统布线中，两栋建筑物内的网络要实现互联时需要使用光纤或铜线连接，而图 4-8 和图 4-9 所示则是利用无线网桥技术实现互联互通。

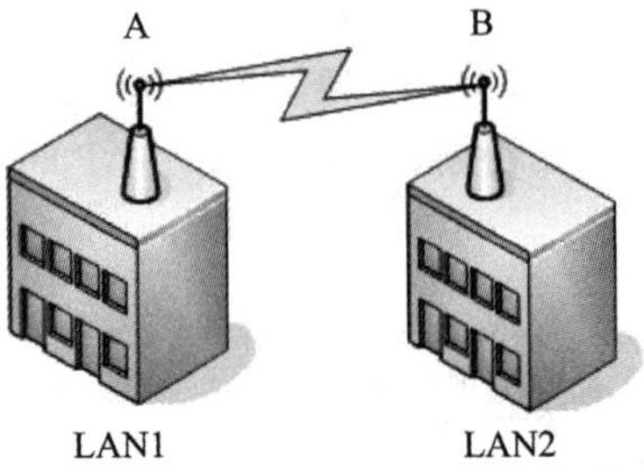

图 4-8　点对点桥接模式

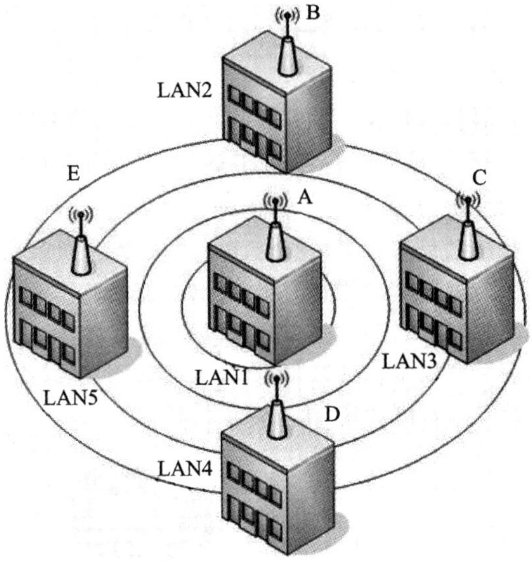

图 4-9　点对多点桥接模式

(1) 点对点桥接模式。这种模式多应用于两个局域网距离并不很远，但由于中间的地带有阻碍，不方便布线连接的情况(如隔河相对的两栋建筑物)。那么利用无线来替代有线的连接是简单易行的低成本解决方案。点对点桥接模式如图 4-8 所示。

两栋建筑物内各有一个局域网：LAN1 和 LAN2；两个 AP：AP-A 和 AP-B，使用点对点桥接模式相连。两个 AP 都各自连入本地 LAN 的交换机中，此时这两个 AP 起到的作用其实就相当于一根“无形的网线”和桥接器。A 和 B 两个 AP 的设置方式相同，都是在 AP 的管理界面中选择“桥接模式”，并在“远程桥接 MAC 地址(Remote Bridge MAC)”中输入对方 AP 的 MAC 地址。注意，两个 AP 的 IP 要在同一网段，且使用相同的信道。

由于这种应用一般都是将 AP 置于室外，其环境多变，因此使用专用的室外无线 AP，并建议安装定向天线。它的高集中定向传输，适合这种应用环境，有利于提高信号强度保障稳定性。同时，AP 之间不要有障碍物阻挡，否则衰减会比较严重。

(2) 点对多点桥接模式。这种模式相对于点对点模式，每个 AP 都能对应更多的连接点，类似于有线网络中的两两互联结构。这种模式主要应用于多个不便布线的建筑物之间互联，应用示意如图 4-9 所示。

在这种模式下工作的所有 AP 设置都一样，都选择“点对多点桥接(Multi-Point Bridge)”模式即可。其他参数类似于无线漫游设置，所有 AP 使用相同的 SSID，各 AP 的 IP 地址位于同一 IP 段上。在信道设置上，点对多点桥接模式下的所有 AP 必须使用相同的信道。

4) 无线中继模式

无线中继模式是在两个独立的无线网络之间增加一个设备，两个网络的数据均由该设备转发。当需要连接的两个局域网之间有障碍物遮挡而不可视时，可以考虑使用无线中继的方法绕开障碍物，来完成两点之间的无线桥接。无线中继点的位置应选择在可以同时看到网络 A 与网络 B 的位置，无线网桥 A 与无线网桥 B 的通信通过中继无线网桥来完成。无线中继器用来在通信路径的中间转发数据，从而延伸系统的覆盖范围。

这种“中继模式”不是所有的 AP 都支持，一般的 SOHO 级 AP 都不支持此模式，高端商用 AP 则大多支持。此方案中，一个接入有线局域网的 AP 作为中心 AP，并可根据需要采用“AP 模式”或“桥接模式(Wireless Bridge)”。无线中继模式如图 4-10 所示。

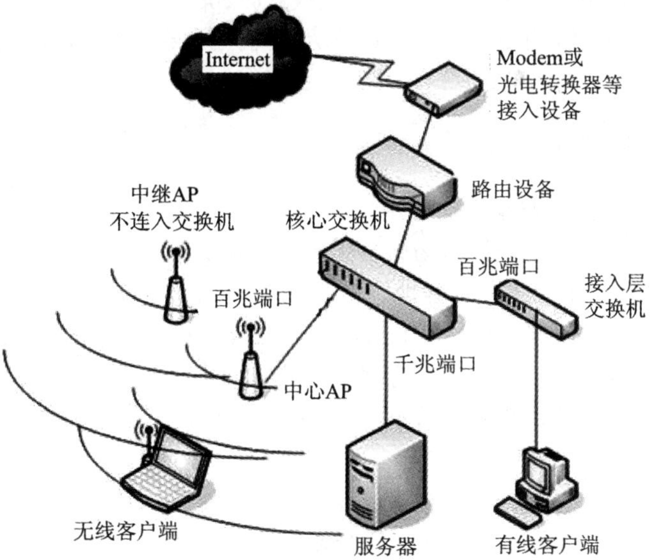

图 4-10　无线中继模式

一般，中心 AP 也要提供对客户端的接入服务，所以选择“AP 模式”；而充当中继器的 AP 不接入有线网络，只接电源，使用“中继模式(Repeater)”，并填入“远程 AP 的 MAC 地址(Remote AP MAC)”即可。

中继 AP 可与中心 AP 之间进行桥接(注意中继 AP 要放置在中心 AP 的覆盖范围内)，同时也可提供自身信号覆盖范围内的客户端接入，从而延伸覆盖范围。一般，中心 AP 最多支持四个远端中继 AP 接入。此时，全部 AP 须使用相同的 SSID、认证模式、密钥和信道，还要将 AP 的 IP 设置为同一网段且不要开启 DHCP。客户端还是会认为这是一个大范围 AP，所以客户端设置还是跟单一 AP 的情况相同。

这种中继模式虽然使无线覆盖变得更容易和灵活，但是却需要高档 AP 支持；而且如果中心 AP 出了问题，则整个 WLAN 将瘫痪，冗余性无法保障，所以在应用中最常见的是“无线漫游模式”，而这种“中继模式”则只用在无法进行网络布线的特殊情况下，如空旷的厂房和露天广场类的地方。

在一些高端商用 AP 中(如 CISCO 的 Aironet 1200 系列)，如果 AP 身处 WLAN 覆盖中，且只连接电源不接入有线网络，则自动设置为“AP 中继模式”，十分智能化。

另外，上面方案的中继应用目的是增大无线覆盖面积，拓展无线接入范围。而中继模式更多应用在单纯延长无线传输的距离。例如，两个局域网相隔比较远或者中间有障碍无法直接做桥接时，需要在中间加一个中继 AP，如图 4-11 所示。

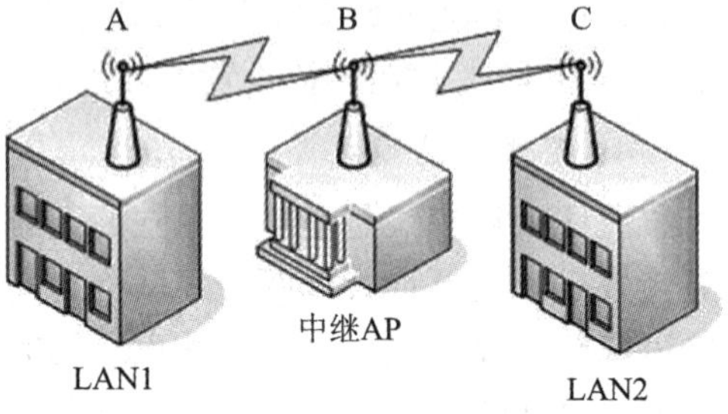

图 4-11　无线中继模式

图 4-9 中两栋建筑物各有一个局域网 LAN 1 和 LAN 2 需要互联在一起，但是由于信号传输距离的原因无法连接，这时就可以通过加入一个中继 AP 来达到成倍延长传输距离的目的。此时，中继 AP-B 只需要设置成“中继模式(Repeater)”即可。而其他两个 AP-A 和 AP-C 则应接入各自局域网的交换机中并设置为点对点桥接模式。此时，所有 AP 必须同在一个 IP 段内，且使用相同的信道。

4.4.4　WLAN 应用实例

1. WLAN 在机场接入方案中的应用

机场 WLAN 建设的目的是为机场旅客提供方便快捷的上网服务，重点保证机场旅客在候机厅、中心广场、餐厅和休息室等地方能使用个人笔记本电脑、掌上电脑(PDA)等终端快速接入 Internet。对于机场环境，由于用户流动性很大且停留时间较短，因此提供一个简便的上网认证方式是机场 WLAN 接入方案中需要重点考虑的问题。

机场 WLAN 系统主要由用户无线网卡、多个无线 AP、一个 AC 和相关设备等组成，如图 4-12 所示。

(1) 针对机场的实际环境情况，布放一定数量的无线接入点(AP)设备。根据机场大小的不同，可能需要几十到上百个无线 AP，每个无线 AP 与接入控制器(AC)设备通过有线以太网连接。

(2) 用户站设备配置无线网卡，通过空中接口与无线 AP 相连；机场 WLAN 系统采用远程供电方式，直流电通过以太网的 5 类双绞线传送到 AP。

(3) AC 通过网络交换机或路由器等设备与电信接入设备相连。机场 WLAN 系统选用的 AC 应具有以下功能：

① 即插即用。这是机场 WLAN 系统中的 AC 必须具备的功能。

② 方便的认证、计费、授权性能。

③ 支持 Radius。

④ 用户站不需要安装任何软件，不需要更改任何网络配置。

⑤ 广告服务。

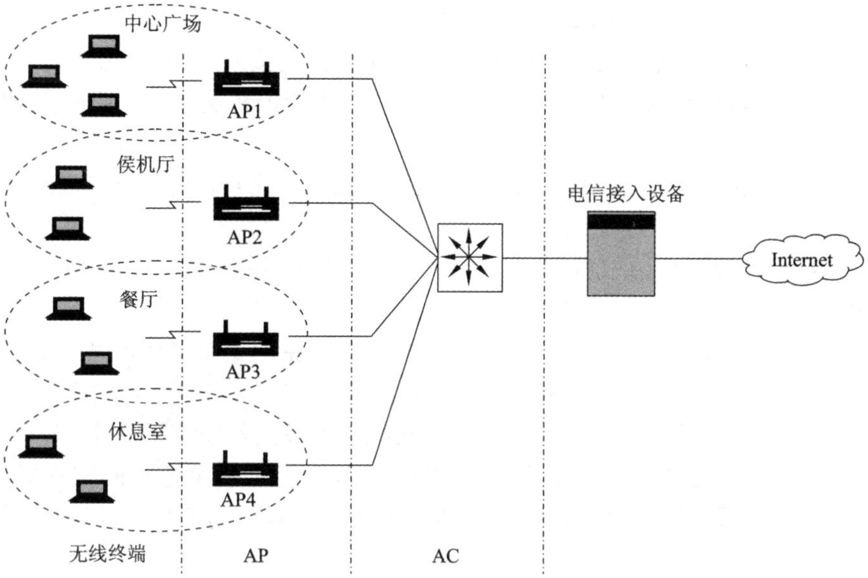

图 4-12　机场 WLAN 系统组成

2. 电信运营级 WLAN 系统建设方案

电信运营级 WLAN 系统建设方案不仅需要考虑用户的认证、计费、漫游、用户数据的安全性和提供业务的可靠性等问题，同时还需要解决客户定位、赢利模式、业务模型等运营问题。

电信运营级 WLAN 系统由用户站设备、多个无线 AP、多个 AC 和局端后台管理设备、认证计费中心等组成，如图 4-13 所示。

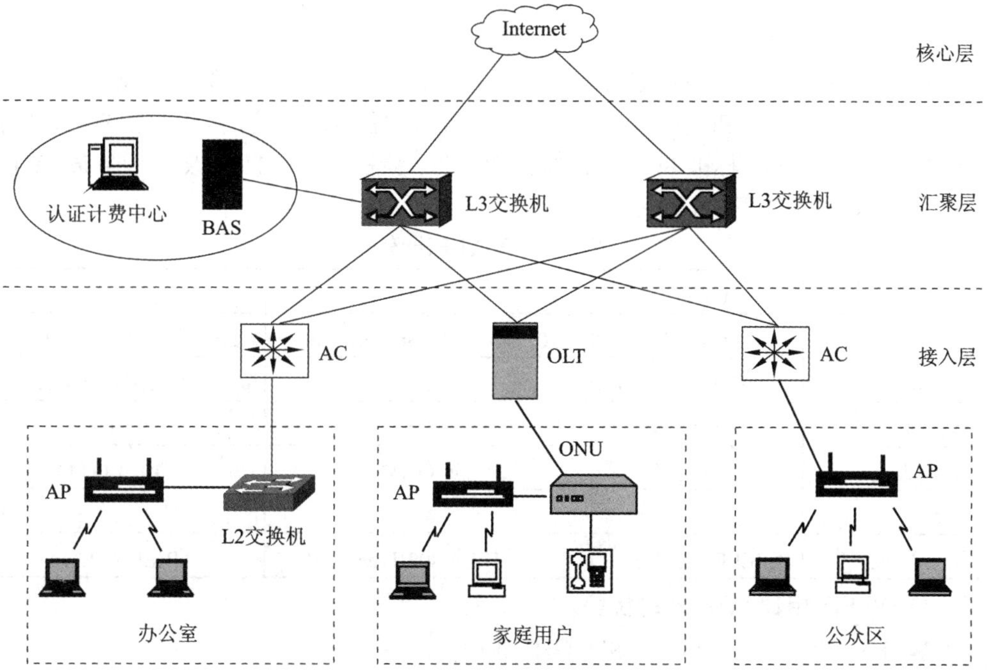

图 4-13　电信运营级 WLAN 系统组成

(1) 用户站设备：PCMCIA/PCI/USB 无线网卡。

(2) 接入点设备(多个无线 AP)：无线 AP 作为用户站的接入设备，在热点地区合理布放无线 AP，在做到尽可能覆盖所有区域并保证用户接入性能的情况下，合理规划 AP 的个数，以降低投资。

(3) 接入控制器(多个 AC)：AC 可以有效地控制接入的用户，实现用户认证，并且为每个用户提供安全的数据接入通道。

(4) 局端后台管理设备、认证计费中心：无线用户管理，系统监控，并对用户进行 Radius 认证和计费。

在电信运营级 WLAN 系统中，与上层网络联系最紧密的是宽带接入网关。它是用来实现用户控制，给后台传递用户认证和计费信息的设备，如支持 PPPoA 的宽带接入服务器(BAS)、支持 Web 认证或 802.1x 认证的三层交换机和无线接入控制网关等。宽带接入网关必须具有区分接入手段的功能，并且能够根据不同的接入手段把不同的业务属性通过 Radius 协议传递给后台服务器，后台服务器要求具有针对不同业务属性进行分别处理的功能。

为了充分覆盖，WLAN 中的无线 AP 呈蜂窝分布，将运营商所要提供服务的范围划分为若干个区域，每个区域设若干个 AP，覆盖一个类似于蜂窝的区域，每个微蜂窝内的设备都使用同一个频段通信，相邻蜂窝使用不同的频段，蜂窝与蜂窝之间采用以太网或无线设备连接。当无线用户从一个蜂窝移动到使用不同频段的另一个蜂窝内时，该蜂窝的网管中心首先会识别该无线用户是否为合法用户，如果是，网管中心会向该无线用户设备发送一个识别信息，用户站设备在收到信息后自动改变工作频段，从而实现跨蜂窝的移动通信。

4.4.5 Wi-Fi6 介绍

1. Wi-Fi6 的标准

2018 年 10 月 3 日，Wi-Fi 联盟(Wi-Fi Alliance)将基于 802.11ax 标准的 Wi-Fi 正式纳入正规军，成为第六代 Wi-Fi 技术。借着这个机会，联盟又将 Wi-Fi 规格重新命名，之前标准 802.11n 改名 Wi-Fi4，标准 802.11ac 改名 Wi-Fi5，新标准 802.11ax 改名 Wi-Fi6。Wi-Fi4、Wi-Fi5、Wi-Fi6 比较如表 4-1 所示。

表4-1　各Wi-Fi比较

参数	Wi-Fi4	Wi-Fi5	Wi-Fi6
信道带宽/MHz	20，40	20，40，80，80+80，160	20，40，80，80+80，160
频段	2.4 GHz和5 GHz	5 GHz	2.4 GHz和5 GHz
最大数据速率	150 Mb/s	3.5 Gb/s	9.6 Gb/s
调制方式	64-QAM	256-QAM	1024-QAM
空间流	1	4	8
技术标准	IEEE 802.11n	IEEE 802.11ac	IEEE 802.11ax

2. 与 Wi-Fi5 相比 Wi-Fi6 的优势

(1) Wi-Fi6 同时支持 2.4 GHz 和 5 GHz 频段。

Wi-Fi5 技术即是 802.11ac，诞生于 2013 年。最初版本(Wave 1)凭借 80 MHz 频宽，将

Wi-Fi 单流带宽提升至 433 Mb/s。2016 年第二版(Wave 2)将频宽再次翻倍到 160 MHz。

Wi-Fi5 只支持 5G 频段，而 5G 频段因为穿透力差，信号覆盖较弱，技术上无法完全取代支持 2.4G 的 Wi-Fi4，所以目前的主流家用无线路由器都是同时支持 Wi-Fi4 和 Wi-Fi5 的。

5GWi-Fi 速度快但信号覆盖弱，2.4G 网速慢，易受干扰但信号覆盖好。

而相比 Wi-Fi5，Wi-Fi6 同样支持 20/40/80/80+80/160 MHz 频带，而且支持 2.4 GHz 和 5 GHz 频段。

(2) Wi-Fi6 理论吞吐量最高可达 9.6 Gb/s。

从调制上看，Wi-Fi5 是 256-QAM，Wi-Fi6 是 1024-QAM，前者的数据流最大支持 4 个，后者则最大支持 8 个，因此 Wi-Fi5 的理论吞吐量可以做到 3.5 Gb/s，而 Wi-Fi6 则可以做到惊人的 9.6 Gb/s。Wi-Fi6 的带宽比 Wi-Fi5 大了数倍。

(3) 支持完整版的 MU-MIMO。

2016 年第二版(Wave 2)Wi-Fi5 还引入了 MU-MIMO(多用户多进多出)的概念，相较于 SU-MIMO(单用户多进多出)，它能更大限度地利用路由器的无线流量。

原来路由器是支持 4×4 MU-MIMO 的，即可以把它想象成 4 条天线同时对设备发送数据，但大多数的移动设备由于体积的原因通常都只设计了一或两条接收天线(2×2 MIMO Wi-Fi)。所以在 SU-MIMO 模式下，只能同时给一个设备传送数据。路由器和设备间的传输会造成信道的浪费。

Wi-Fi5 中的 MU-MIMO 功能天生不足：设备需要连接在同一 5G 频段下，要全部支持 MU-MIMO 功能，且设备数量要刚刚好才能触发这个功能。最重要的一点是，Wi-Fi5 下的 MU-MIMO 功能只支持数据下行，上传数据时还是需要 SU-MIMO 模式。

Wi-Fi6 带来了完整版的 MU-MIMO 功能——至少它支持数据上行和下行。相比于 Wi-Fi 中最大的 4×4 MU-MIMO 规格，Wi-Fi6 拥有了 8×8 MU-MIMO——最多可以同时支持向 8 个终端传输数据。

(4) Wi-Fi6 采用 OFDMA 技术。

长久以来，Wi-Fi 一直采用 OFDM 作为核心传输方案，而 Wi-Fi6 在 OFDM 的基础上加入多址(即多用户)技术，从而演进成 OFDMA。实际上，OFDMA 将帧结构重新设计，细分成若干资源单元，为多个用户服务。

以 20 MHz 信道为例，在 OFDM 方案(即 11n/ac)里每一帧由 52 个数据子载波组成，但由于这一帧只为一个终端服务，传输的数据包过小时，空载的子载波也无法分配给其他终端。而在 OFDMA 方案(即 11ax)里每一帧由 234 个数据子载波组成，每 26 个子载波定义为一个 RU(Resource Unit，资源单元)，每个 RU 可以为一个终端服务，简单相除，每一帧就可以被分成 9 份，最多可以同时为 9 个用户服务。

不但如此，Wi-Fi6 下 OFDMA 和 MU-MIMO 的效果可以叠加，两者呈现出一种互补关系。OFDMA 适用于小数据包的并行传输，能提高信道利用率和传输效率；而 MU-MIMO 则适用于大数据包的并行传输，能提高单用户的有效带宽，同样能减少时延。

(5) TWT 机制让慢速设备不再长时间占用带宽。

以上几项技术为 Wi-Fi6 的高性能铺平了道路，但随着智能家居的逐步推广。路由器往往连接像手机、笔记本电脑对网络需求比较高的终端，也有各种对带宽要求不高的智能家居设备。但是这些设备也是需要持续和路由器保持连接，一定程度上会影响网络状态。特别是当它们进行传输数据的时候，一定程度上也会拖慢网络的响应速度，为此 Wi-Fi6 加入了 TWT 机制(Target Wake Time)。

TWT 机制是专门针对类似智能家居这样的低速设备而设置的。例如，配置 2.4 GHz 频段、20 MHz 频带的 Wi-Fi 设备，路由器会自动生成一个数据交换用的唤醒时间，在网络数据传输不高的时段去依次唤醒这些低速设备进行数据交换(比如下载最新数据库、上传生成数据等操作)。这样就可以有效避免网络拥堵，同时优化网络带宽利用率。

3．Wi-Fi6 和 5G 的比较

Wi-Fi6 和 5G 同为最新的无线网络技术，也是技术发展大势所趋。那么两者有何异同？

1) 速率

5G 上行峰值传输速率达 10 Gb/s，下行峰值传输速率达 20 Gb/s。

Wi-Fi 6 在 80 MHz 带宽下，单条空间流的峰值速率为 600 Mb/s，在带宽为 160 MHz、8 条空间流的情况下，峰值速率达 9.6 Gb/s。

2) 时延

5G 在 eMBB 场景下时延小于 4 ms，在 uRLLC 场景下时延小于 1 ms。

Wi-Fi6 平均时延为 20 ms，远高于 5G 的时延。因此，在时延方面，5G 优于 Wi-Fi6。

3) 移动性

5G 移动性强，跨区连接速度快，可实现跨区网络无缝切换；而 Wi-Fi6 跨区建立连接慢。

总之，5G 系统复杂、成本高，Wi-Fi6 系统简单、成本低，因此在系统建设投入方面，Wi-Fi6 优于 5G。

4．Wi-Fi6 未来展望

1) 消费终端的带动

2020 年是 Wi-Fi6 和 5G 发展的元年，消费终端如手机的大力推广，带动了 Wi-Fi6 技术的大力普及。

2) 应用场景丰富

Wi-Fi6 更关注的是密集用户场景下的平均吞吐率，关注的是应用、用户体验和整个无线生态。

3) 发展机会

高速率、高负载、低时延等诉求在未来的网络使用过程中越来越多，对于 Wi-Fi6 产品的需求也会随之越来越多。

5．Wi-Fi6 的不足

1) Wi-Fi6 并非万能

Wi-Fi6 也面临非常多的现实问题，类似仅 3 个非重叠信道可使用、抗干扰能力弱等 2.4 GHz 频谱遗留问题并未得到解决，而且 5 GHz 频谱的“穿墙”性也成为“历史遗留”，穿透离路由 3 m 距离内的房屋承重墙，5 GHz 信号大概衰减 60%到 70%。

2) 无所不在的 Wi-Fi

通过了解 Wi-Fi6 的特性会发现，其更适合城市密集使用环境、企业级应用、运营商网络分流等。这样的应用需求会赋予 Wi-Fi6 生产力工具属性，从应用层面提升产品价值。随着物联网时代的来临，Wi-Fi6 则有机会进入人们日常生活。

在 5G 时代下，Wi-Fi6 的发展虽然低调，但也是必然的发展趋势。如今，除非刚性需求，Wi-Fi6 路由器没有太大的购入必要，毕竟普通家用网络和设备不支持。但在未来，随着 5G 的发展和家用网速的提升，Wi-Fi6 必定成为新时代的 Wi-Fi 霸主。

实践项目　AP、AC 设备认知

实践目的：了解 AP、AC 设备的结构。

实践要求：每位学生通过调研、搜集网络数据等方式独立完成。

实践内容：

(1) 了解 AP 热点接口、AP 热点指示灯、AP 的信道。

(2) 了解 AC 设备的接口和指示灯、AC、AP 所用电源。

任务 4.5　5G　技　术

【任务要求】

识记：5G 应用及 5G 关键技术。

领会：5G 组网方案。

4.5.1　5G 概述

随着时代的快速发展，科学技术也不断创新及改进，其中通信技术发展尤为迅速，为移动通信技术的更新换代提供了条件支持。目前为止，通信领域最先进的是 5G 移动通信技术，在 2020 年得到广泛使用。5G 成了现代通信领域的主要研究对象，越来越多的国家对 5G 进行探索与研发并取得很大成效。

1. 5G 应用场景

国际电信联盟(ITU)定义了 5G 的三大类应用场景，即增强移动宽带(eMBB)、超高可靠低时延通信(uRLLC)和海量机器类通信(mMTC)。

增强移动宽带(eMBB)针对大流量移动宽带业务，主要面向移动互联网流量爆炸式增长，为移动互联网用户提供更加极致的应用体验。

超高可靠低时延通信(uRLLC)主要面向工业控制、远程医疗、自动驾驶等对时延和可靠性具有极高要求的垂直行业应用需求。

海量机器类通信(mMTC)针对大规模物联网业务，主要面向智慧城市、智能家居、环境监测等以传感和数据采集为目标的应用需求。

2．5G 移动通信技术的特点

(1) 频谱利用率高。

目前，高频段的频谱资源利用程度受到很大的约束，在现在的科学技术条件之下利用效率会受到高频无线电波穿透力的影响，一般不会阻碍光载无线组网以及有限与无限宽带技术结合的广泛使用。在 5G 移动通信技术中，将会普遍利用高频段的频谱资源。

(2) 通信系统性能有很大的提高。

5G 移动通信技术在很大程度上提升了通信性能，即把广泛多点、多天线、多用户、多小区的共同合作以及组网作为主要研究对象，在性能方面做出了很大的突破，并且更新了传统形式下的通信系统理念。

(3) 先进的设计理念。

移动通信的核心业务为室内通信，所以想要在移动通信技术上有更好的提升，须将室内通信业务进行优化。因此，5G 移动通信系统致力于提升室内无线网络的覆盖性能以及提高室内业务的支撑能力，在传统设计理念上突破形成了一个先进的设计理念。

(4) 降低能耗以及运营成本。

能耗以及运营成本对于科学发展有着很大的影响，所以通信技术发展的方向也是朝着更加低能耗以及低运营成本的方向创新。因此，5G 无线网络的“软”配置设计是未来移动通信技术的主要研究对象，网络资源根据流量的使用动态进行实时调整，这样就可以将能耗以及运营成本降低。

3．5G 性能指标

5G 移动通信技术会更加注重用户的使用体验，交互式游戏、3D 技术、虚拟实现、传输时延、网络的平均吞吐速度以及各方面能效是检验 5G 性能的主要考量指标。为满足 5G 多样化的应用场景需求，5G 的关键性能指标要求如下：

(1) 峰值速率需要达到 10～20 Gb/s，以满足高清视频、虚拟现实等大数据量传输。

(2) 空中接口时延低至 1 ms，以满足自动驾驶、远程医疗等实时应用。

(3) 具备百万连接/平方公里的设备连接能力，以满足物联网通信。

(4) 频谱效率要比 LTE 提升 3 倍以上。

(5) 连续广域覆盖和高移动性下，用户体验速率达到 100 Mb/s。

(6) 流量密度达到每平方米 10 Mb 以上。

(7) 移动性支持 500 km/h 的高速移动。

(8) 每消耗单位能量可以传送的数据量达到 100 倍。

4.5.2 5G 关键技术

1．5G 无线接入网关键技术

5G 国际技术标准重点满足灵活多样的物联网需要。在 OFDMA 和 MIMO 基础技术上，5G 为支持三大应用场景，采用了灵活的全新系统设计。在频段方面，与 4G 支持中低频不同，考虑到中低频资源有限，5G 将视野拓展到了毫米波领域，毫米波频段高，资源丰富，成为重点开发频谱区域；除了扩展更多频谱资源之外，还有一种有效的方式就是更好地利用现有的频谱，认知无线电经过多年的发展也取得了一些进展，可以利用认知无线电来提高广电白频谱的利用率。为了支持高速率传输和更优覆盖，5G 采用 LDPC、Polar 新型信道编码方案，性能更强的大规模天线技术等。为了支持低时延、高可靠，5G 采用短帧、快速反馈、多层/多站数据重传等技术。5G 无线接入网的关键技术主要有以下七种。

1) 信道编码技术

数据编码方案主要有三个：LDPC 码是美国人提出来的，Polar 码是土耳其一个大学教授提出来的，另外还有欧洲的 Turbo2.0 码。

5G eMBB 场景的信道编码技术方案中，长码编码以及和数据信道的上行和下行短码方案采用 LDPC 码；控制信道编码采用 Polar 码。

5G 数据信道追求传输速率，主要为大型封包，在此方面 LDPC 的性能具有明显优势，这也是 LDPC 能顺利拿下数据信道长码的实力所在。关于 5G 控制信道，因传输数据量小，相比于速度更注重可靠性，在此方面 Polar 码有重要优势。

2) 非正交多址接入技术

4G 网络采用正交频分多址(OFDMA)技术，OFDMA 不但可以克服多径干扰问题，而且和 MIMO 技术配合，极大地提高了数据速率。由于多用户正交，手机和小区之间就不存在远、近问题，快速功率控制就被舍弃，而采用 AMC(自适应编码)的方法来实现链路自适应。

从 2G、3G 到 4G，多用户复用技术无非就是在时域、频域、码域上做文章，而 NOMA 在 OFDMA 的基础上增加了一个维度——功率域。

NOMA 希望实现的是，重拾 3G 时代的非正交多用户复用原理，并将之融合于现在的 4G OFDM 技术之中。

新增这个功率域的目的是，利用每个用户不同的路径损耗来实现多用户复用。

实现多用户在功率域的复用，需要在接收端加装一个 SIC(持续干扰消除)。通过这个干扰消除器，加上信道编码(如 Turbo 码或低密度奇偶校验码(LDPC)等)，就可以在接收端区分出不同用户的信号。

NOMA 可以利用不同的路径损耗的差异来对多路发射信号进行叠加，从而提高信号增益。它能够让同一小区覆盖范围的所有移动设备都能获得最大的可接入带宽，可以解决由于大规模连接带来的网络挑战。

NOMA 的另一优点是，无须知道每个信道的 CSI(信道状态信息)，从而有望在高速移动场景下获得更好的性能，并能组建更好的移动节点回程链路。

3) 毫米波

毫米波很大的优势是频段高，频谱资源丰富，带宽很宽。另外，频谱高，波长短，天线相应地也更短，更方便在手机等小型设备上搭建多天线的应用。28 GHz 频率的波长约为 10.7 mm，也就是毫米波。一般而言，天线长度与波长成正比，基本上天线是波长的四分之一或二分之一为最优，因此毫米波更短的波长也让天线变得更短。

可以在 Massive MIMO 系统基站端实现大规模天线阵列的设计，从而使毫米波应用在波束成形技术上。这样可以有效地提升天线增益，但由于毫米波的波长较短，因此在毫米波通信中，传输信号以毫米波为载体时容易受到外界噪声等因素的干扰和不同程度的衰减，信号不容易穿过建筑物或者障碍物，并且易于被叶子和雨水吸收。

由于具有足够的可用带宽和较高的天线增益，因此毫米波技术可以支持超高速的传输率，且波束窄，灵活可控，能够连接大量设备。

4) Massive MIMO 与波束赋形

MIMO(多输入多输出)是指多根天线的发送和接收。MIMO 并不是一项全新技术，在LTE(4G)时代就已经在使用了。通过更先进的 MIMO 技术，结合载波聚合和高阶调制，LTE可达到千兆级(1 Gb/s 及以上)速度。

MIMO 技术突破了香农定理的限制，跳出了点对点单用户的框框，将单一点对点信道变换成多个并行信道来处理，以至于频谱效率主要取决于并行信道数量，从而提升了系统容量和频谱效率。

5G 使用毫米波后，天线的尺寸变得很小，可以很方便地集成大量的天线。Massive MIMO 最多可以支持 256 根天线。

MIMO 技术经历了从 SU-MIMO(单用户 MIMO)向 MU-MIMO(多用户 MIMO)的发展过程。

SU-MIMO 的特点是只服务单一终端，终端受限于天线数量和设计复杂性，从而限制了进一步发展。而 MU-MIMO 将多个终端联合起来空间复用，多个终端的天线同时使用，这样，大量的基站天线和终端天线形成一个大规模的虚拟的 MIMO 信道系统。这是从整个网络的角度更宏观地去思考提升系统容量。不过，这么多天线引入，信号交叉，必然会导致干扰，这就需要预处理和波束赋形(Beamforming)技术了。这种空间复用技术，由全向的信号覆盖变为精准指向性服务，波束之间不会干扰，在相同的空间中提供更多的通信链路，极大地提高基站的服务容量。

5) 认知无线电

认知无线电技术最大的特点就是能够动态地选择无线信道。

认知无线电可以被理解为获得对周围环境的认知并相应调整其行为的无线电。例如，认知无线电可以在跳转到另一个未使用的频带之前确定未使用的频带，并将其用于传输。认知无线电是指能够感知外部环境的智能无线电，能够从环境中学习，并根据当前的环境情况作出智能决策来调整其传输参数。

认知无线电是 SDR(软件定义无线电)和 MIND(人工智能)的组合。我们可以想象无线电赋予人类的某种功能，通过观察感知外界，然后决定是否发送以及如何发送。在 5G 里会有很多认知无线电相关的研究和应用。

6) 5GNR 帧结构

5GNR 的一个无线帧长为 10 ms，每个无线帧分为 10 个子帧，子帧长度为 1 ms；每个无线帧又可分为两个半帧(Half-frame)，第一个半帧长 5 ms(包含子帧#0～#4)，第二个半帧长 5 ms(包含子帧#5～#9)。这部分的结构是固定不变的。

5GNR 的子载波间隔不再像 LTE 的子载波间隔固定为 15 kHz，而是可变的，可以支持 5 种配置，即 15 kHz、30 kHz、60 kHz、120 kHz、240 kHz。

子载波间隔越大则时隙越短(最小的子载波间隔 15 kHz 对应的时隙长 1 ms，最大的子载波间隔 240 kHz 对应时隙长 0.0625 ms)，对于 uRLLC 场景，要求传输时延低，此时网络可以通过配置比较大的子载波间隔来满足时延要求。

7) 载波聚合和双连接技术

载波聚合(CA)：通过组合多个独立的载波信道来提升带宽，实现提升数据速率和容量。载波聚合分为带内连续、带内非连续和带间不连续三种组合方式，实现复杂度依次增加。

载波聚合已在4G LTE中采用，并且将成为5G的关键技术之一。5G物理层可支持聚合多达16个载波，以实现更高速传输。

双连接(DC)：手机在连接态下可同时使用至少两个不同基站的无线资源(分为主站和从站)。双连接引入了“分流承载”的概念，即在PDCP层将数据分流到两个基站，主站用户面的PDCP层负责PDU编号、主从站之间的数据分流和聚合等功能。

双连接不同于载波聚合，主要表现在数据分流和聚合所在的层不一样。

2. 5G核心网关键技术

5G采用全新的服务化架构，支持灵活部署和差异化业务场景；5G采用全服务化设计，模块化网络功能，支持按需调用，实现功能重构；5G采用服务化描述，易于实现能力开放，有利于引入IT开发实力，发挥网络潜力；5G支持灵活部署，基于NFV/SDN，实现硬件和软件解耦、控制和转发分离；5G采用通用数据中心的云化组网，网络功能部署灵活，资源调度高效。5G核心网的关键技术主要有：网络功能虚拟化、软件定义网络、网络切片和多接入边缘计算。

1) 网络功能虚拟化(NFV)

NFV就是通过IT虚拟化技术将网络功能软件化，并运行于通用硬件设备之上，以替代传统专用网络硬件设备。NFV将网络功能以虚拟机的形式运行于通用硬件设备或白盒之上，以实现配置灵活性、可扩展性和移动性，并以此希望降低网络CAPEX和OPEX。

需要网络功能虚拟化的网络设备主要包括：交换机(比如Open vSwitch)、路由器、HLR(归属位置寄存器)、SGSN、GGSN、CGSN、RNC(无线网络控制器)、SGW(服务网关)、PGW(分组数据网络网关)、RGW(接入网关)、BRAS(宽带远程接入服务器)、CGNAT(运营商级网络地址转换器)、DPI(深度包检测)、PE路由器、MME(移动管理实体)等。

NFV独立于SDN，可单独使用或与SDN结合使用。

2) 软件定义网络(SDN)

软件定义网络(SDN)是一种将网络基础设施层(也成为数据面)与控制层(也称为控制面)分离的网络设计方案。网络基础设施层与控制层通过标准接口连接，比如Open FLow(首个用于互连数据和控制面的开放协议)。

SDN将网络控制面解耦至通用硬件设备上，并通过软件化集中控制网络资源。控制层通常由SDN控制器实现，基础设施层通常被认为是交换机，SDN通过南向API(比如Open FLow)连接SDN控制器和交换机，通过北向API连接SDN控制器和应用程序。

SDN可实现集中管理，提升设计灵活性，还可引入开源工具，具备降低CAPEX和OPEX以及激发创新的优势。

3) 网络切片(Network Slicing)

网络切片是指从一个网络中选取特定的特性和功能，定制出的一个逻辑上独立的网络，它使得运营商可以部署功能、特性服务各不相同的多个逻辑网络，分别为各自的目标用户服务。

5G 网络面向不同的应用场景，比如，超高清视频、VR、大规模物联网、车联网等，不同的场景对网络的移动性、安全性、时延、可靠性，甚至是计费方式的要求是不一样的，因此需要将一张物理网络分成多个虚拟网络，每个虚拟网络面向不同的应用场景需求。虚拟网络间是逻辑独立的，互不影响。

只有实现 NFV/SDN 之后，才能实现网络切片。不同的切片是依靠 NFV 和 SDN 通过共享物理/虚拟资源池来创建的，网络切片还包含 MEC 资源和功能。网络切片示意图如图 4-14 所示。

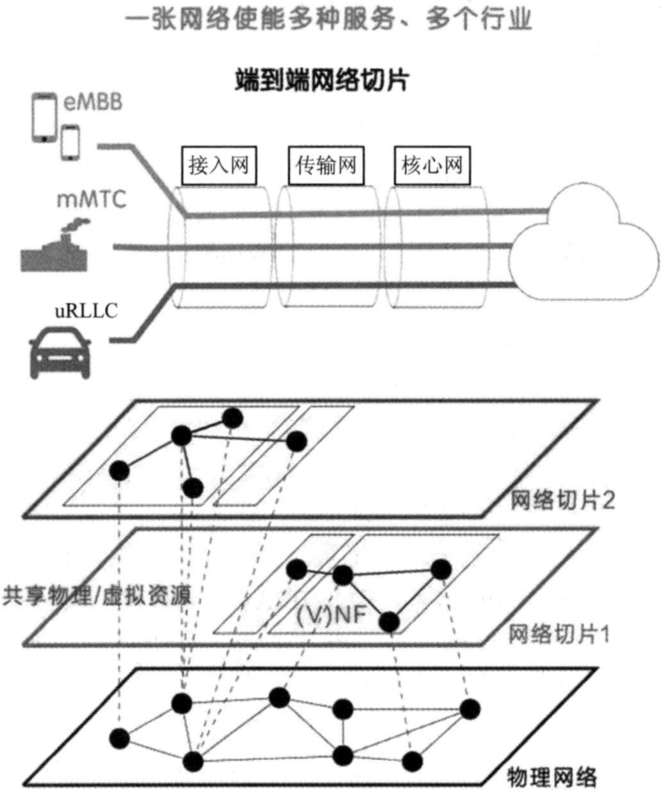

图 4-14　网络切片示意图

4) 多接入边缘计算(MEC)

多接入边缘计算(MEC)是指位于网络边缘的、基于云的 IT 计算和存储环境，也就是将云计算平台下沉到网络边缘。它使数据存储和计算能力部署于更靠近用户的边缘，从而降低了网络时延，可更好地提供低时延、高宽带应用。

MEC 可通过开放生态系统引入新应用，从而帮助运营商提供更丰富的增值服务，比如数据分析、定位服务、AR、数据缓存等。

4.5.3　5G 组网方案

5G 的部署并不是指新建一张网络，而是需要考虑如何和现有 4G 网络共存，共同发挥作用，确保利益最大化。由此产生了独立组网 SA(Stand Alone)和非独立组网 NSA(Non-Stand-Alone)两大类型的方案。

关于 5G 组网方案，在 3GPP TSG-RAN 第 72 次全体大会上，共提出了 8 个选项(Option)。这些选项其实就是 5G 核心网 5GC、5G 无线网 NR、4G 核心网 EPC、4G 无线网 LTE 之间挂接和互联关系不同的排列组合。5G 组网方案如图 4-15 所示。

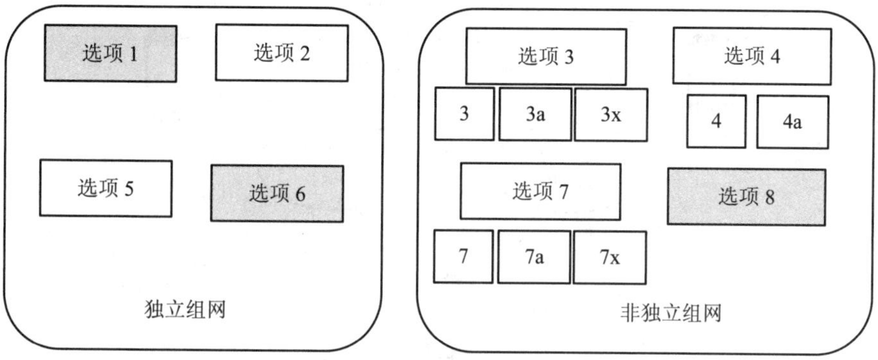

图 4-15　5G 组网方案

在这些选项中，独立组网方式费钱，3GPP 也充分考虑到运营商的难处，于是采用非独立组网方式。总体来说，非独立组网要比独立组网复杂得多，这也是省钱所付出的代价。

在非独立组网中，手机是双连接到 4G 基站和 5G 基站的。所谓的双连接，是 LTE 中的一个概念，UE 同时连接两个不同的基站，使用两个基站的无线链路资源，两个基站有主站和从站之分。这样，手机既接入 4G 基站也接入 5G 基站。

NSA 非独立组网要决定的就是以下三个问题：

(1) 基站连接 4G 核心网还是 5G 核心网。

(2) 控制面信令走 4G 基站还是 5G 基站。

(3) 用户面数据在哪里分流？4G 基站、5G 基站还是核心网。

根据这三个问题不同答案的排列组合，就产生了不同的 NSA 选项。

1. 选项 3 系列

选项 3 系列的基站连接的核心网都是 4G 核心网，控制面消息都通过 4G 基站。根据用户面数据分流点不同，又分成三个小项，如图 4-16 所示。

“选项 3”用户面数据在 4G 基站处分流。也就是说，从核心网来的流量不管是给 4G 还是 5G 的都要先到 4G 基站，再由 4G 基站分配到 5G 基站。4G 基站既要负责控制面，还要负责用户面，难免力不从心，所以 4G 基站需要升级成增强型基站 eLTE。

改进型的“选项 3a”，用户面数据在核心网侧进行分流，4G、5G 数据找各自的基站，减轻了 4G 基站的负担，也不用升级了。

另一种改进方式是“选项 3x”。既然数据处理瓶颈在 4G 基站，而 5G 基站年富力强，性能更高，那就让 5G 基站来分流用户面数据。这样，选项 3x 避免了对现有 4G 基站和 4G 核心网做过多的改动，又利用了 5G 基站的速度快、能力强的优势，因此得到了业界的广泛青睐，成为 5G 非独立组网部署的首选。

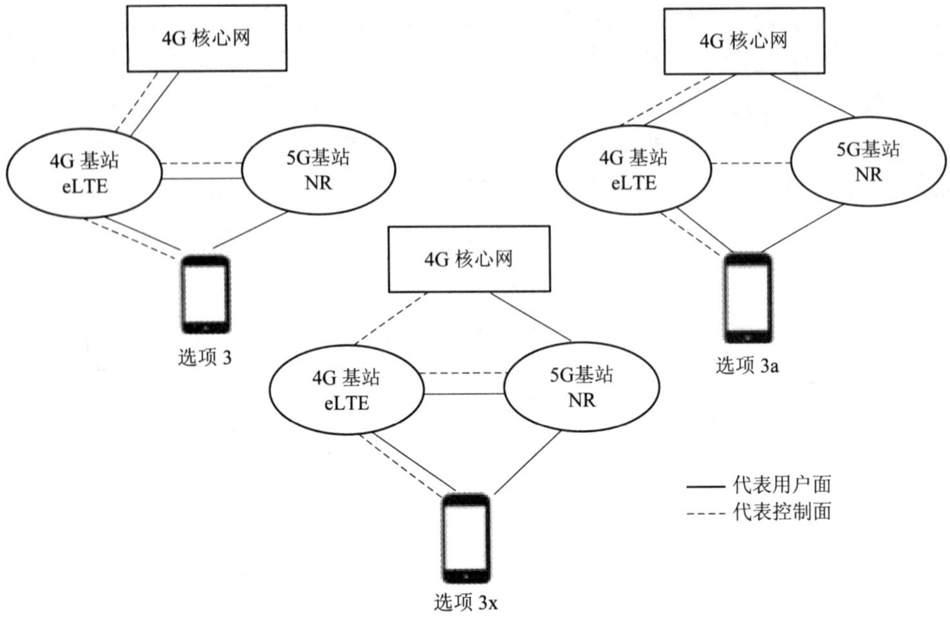

图 4-16　选项 3 系列组网方案

3 系列组网方式连接 4G 核心网，对原有网络改动小，标准完成时间最早，适用于 5G 部署的最初阶段，无须核心网投入，只要在数据热点区域建设 5G 基站即可实现 5G 快速商用，从而抢占市场。此时，5G 仅作为 4G 无线宽带的补充，无法支持 5G 的新功能和业务。

2．选项 7 系列

当运营商建成了 5G 核心网后，基站就可以挂接在 5GC 下了。所以把 3 系列中的 4G 核心网改成 5G 核心网，其他结构不变，就变成了选项 7 系列了，如图 4-17 所示。

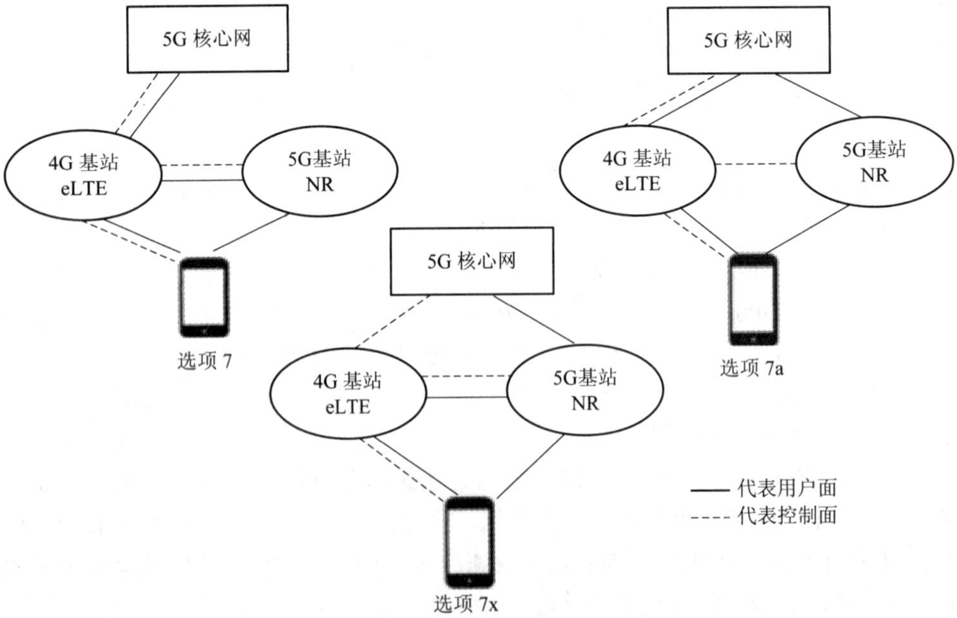

图 4-17　选项 7 系列组网方案

7 系列与 3 系列一样也有 7a 和 7x 小项，控制面还是走 4G 基站，因为核心网变成了 5G，4G 基站为了接入 5G 必须升级为增强型基站。记住了 3 系列，就可以很轻松掌握 7 系列了。

7 系列适用于 5G 部署的早中期阶段，基站覆盖还不完善，但已经部署了 5G 核心网。除了最基本的移动宽带之外，其他两个业务 mMTC 和 uRLLC 也可以支持了，从而 5G 业务能力大大增强。

3．选项 4 系列

到了 4 系列，5G 终于成为主角，不仅基站连接 5G 核心网，控制面也通过 5G 基站。选项 4 系列组网方案如图 4-18 所示。

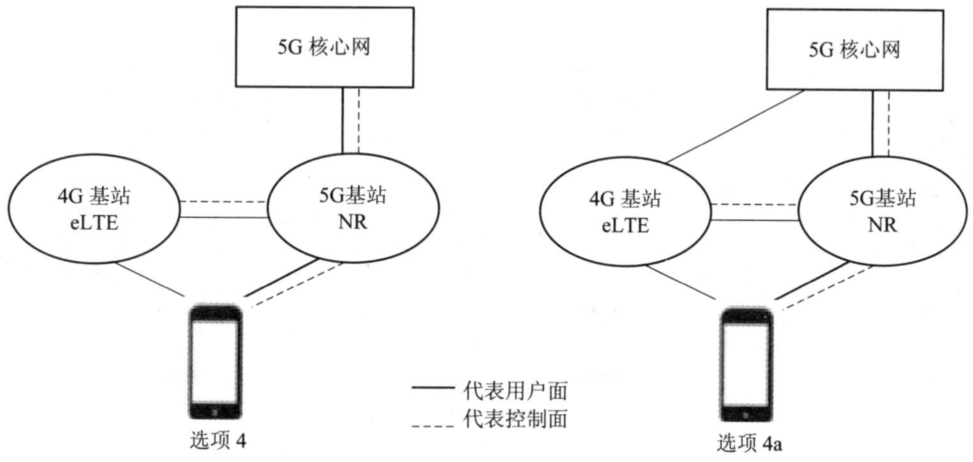

图 4-18　选项 4 系列组网方案

选项 4 基站都接 5G 核心网，4G 基站同样需要升级为增强型，控制面锚点在 5G 基站，用户面分流点是在 5G 基站。选项 4a 的区别在于用户面分流点放在了核心网。

4 系列主要应用于 5G 部署的中后期。5G 已经达到连续覆盖，成为主角，4G 仅在局部区域作为补充。

最后还有个选项 8。把 4 系列中的 5G 核心网换成 4G 核心网就是选项 8 了。这太不合理了，于是 3GPP 并未考虑对这个选项进行标准化。

在所有选项中，3 系列最重要，弄懂了 3 系列，其他都没问题。3 系列也将是很多运营商建设 5G 网络的起点和研究的重点。

4．5G 组网演进

5G 组网演进有两种演进方案：方案 1 一步到位，选项 1 直接演进到选项 2，如图 4-19(a)所示；方案 2 循序渐进，由选项 1 过渡到选项 3x，再过渡到选项 7x，再到选项 4，最后到选项 2，中间的步骤都是可选的，如图 4-19(b)所示。

方案 2 看起来复杂得多，而且多次投资比一次投资总共花的钱更多，但是技术和市场的风险都较小，在前途不甚明朗的情况下，走一步看一步也是明智之选。

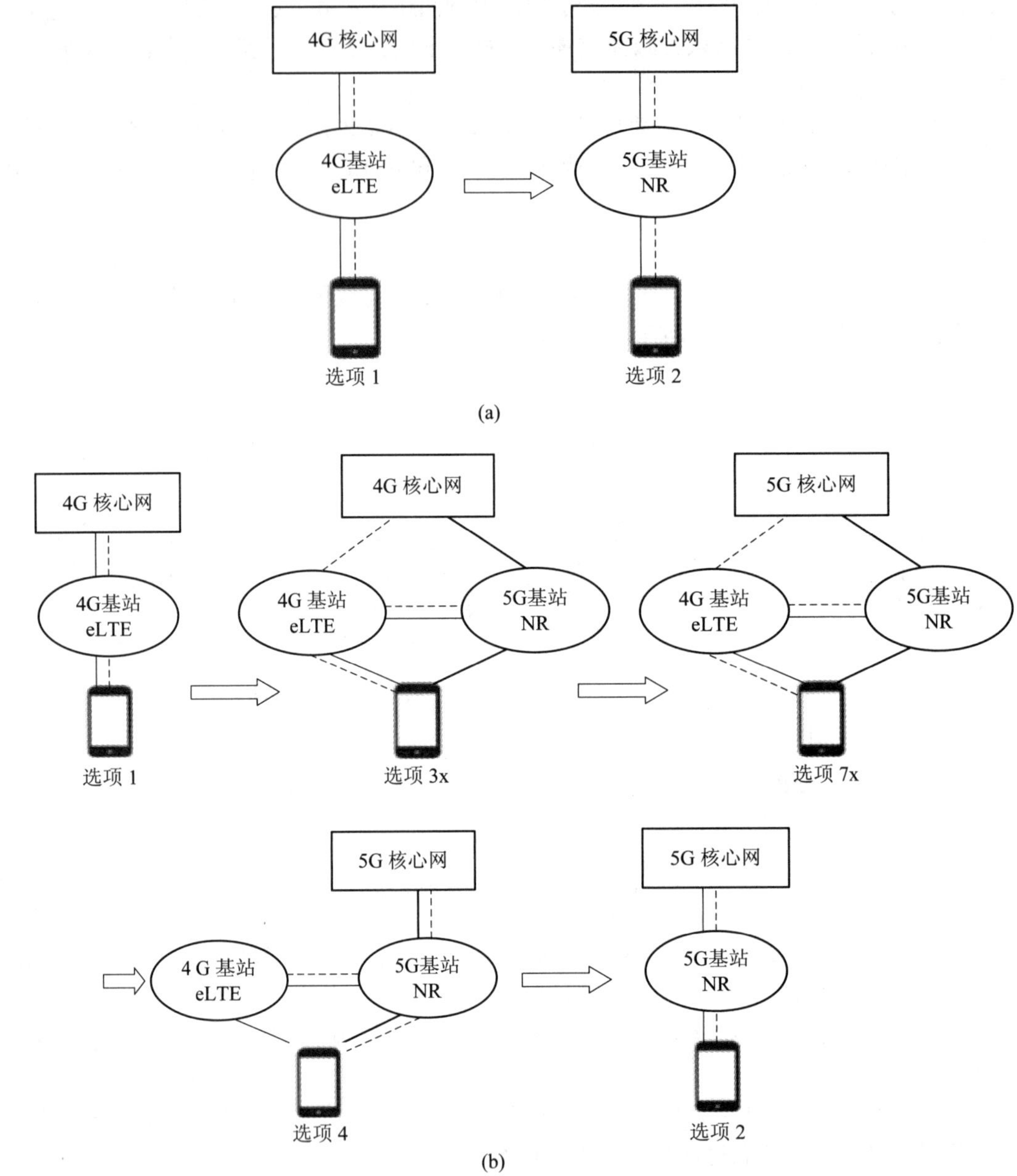

图 4-19　5G 网络演进路径

实践项目　调研 5G 应用情况

实践目的：了解 5G 的组网及应用。

实践要求：每位学生通过调研、搜集网络数据等方式独立完成。

实践内容：

(1) 了解各运营商的 5G 网络结构。

(2) 了解各运营商的 5G 应用情况。

任务 4.6　其他技术简介

【任务要求】

识记：蓝牙的概念及作用、蓝牙组成、蓝牙的关键技术、WiMAX 的概念及特点。
领会：蓝牙的关键技术。

4.6.1　蓝牙技术

Internet 和移动通信的迅速发展，使人们对电脑以外的各种数据源和网络服务的需求日益增长。近年来，随着各种短距离无线通信技术的发展，人们提出了一个新的概念，即个人局域网(Personal Area Network，PAN)。PAN 核心思想是用无线电或红外线代替传统的有线电缆，实现个人信息终端的智能化互联，组建个人化的信息网络。从计算机网络的角度来看，PAN 是一个局域网；而从电信网络的角度来看，PAN 是一个接入网。

PAN 定位在家庭与小型办公室的应用场合，其主要应用范围包括语音通信网关、数据通信网关、信息电器互联与信息自动交换等。

PAN 的实现技术主要有 Bluetooth、IrDA、Home RF 与 UWB(Ultra-Wideband Radio)四种。其中，蓝牙(Bluetooth)技术是一种支持点到点、点到多点的语音、数据业务的短距离无线通信技术，其发展极大地推动了 PAN 技术的发展，IEEE 专门成立了 IEEE 802.15 小组负责研究基于蓝牙的 PAN 技术。

1. 蓝牙出现的背景

早在 1994 年，瑞典的 Ericsson 公司便已经着手蓝牙技术的研究开发工作，旨在通过一种短程无线链路，实现无线电话与 PC、耳机及台式设备等之间的互连。1998 年 2 月，Ericsson、Nokia、Intel、Toshiba 和 IBM 共同组建特别兴趣小组。在此之后，3Com、Lucent、Mirosoft 和 Motorola 也相继加盟蓝牙计划。它们的共同目标是开发一种全球通用的小范围无线通信技术，即蓝牙。它是针对目前近距离的便携式器件之间的红外线链路(Infrared Link，IrDA)而提出的。应用红外线收发器链接虽然能免去电线或电缆的连接，但是使用起来有许多不便，不仅距离只限于 1～2 m，而且必须在视线上直接对准，中间不能有任何阻挡，同时只限于在两个设备之间进行连接，不能同时连接更多的设备。蓝牙技术的目的是使特定的移动电话、便携式电脑以及各种便携式通信设备的主机之间在近距离内实现无缝的资源共享。

蓝牙是一个开放性的无线通信标准，它将取代目前多种电缆连接方案，通过统一的短程无线链路，在各信息设备之间可以穿过墙壁或公文包，实现方便快捷、灵活安全、低成本小功耗的语音和数据通信。它推动和扩大了无线通信的应用范围，使网络中的各种数据和语音设备能互连互通，从而实现个人区域内快速灵活的数据和语音通信。

2. 蓝牙中的主要技术

蓝牙技术是一种无线数据与语音通信的开放性全球规范，它以低成本的近距离无线连接为基础，为固定与移动设备通信环境建立一个特别连接的短程无线电技术。其实质内容是要建立通用的无线电空中接口(Radio Air Interface)及其控制软件的公开标准，使通信和计算机进一步结合，使不同厂家生产的便携式设备在没有电线或电缆相互连接的情况下，能在近距离范围内具有互用、互操作的性能。

蓝牙技术的作用是简化小型网络设备(如移动 PC、掌上电脑、手机)之间以及这些设备与 Internet 之间的通信，免除在无绳电话或移动电话、调制解调器、头套式送/受话器、PDA、计算机、打印机、幻灯机、局域网等之间加装电线、电缆和连接器。此外，蓝牙无线技术还为已存在的数字网络和外设提供通用接口，以组建一个远离固定网络的个人特别连接设备群。

蓝牙支持点到点和点到多点的连接，可采用无线方式将若干蓝牙设备连成一个微微网，多个微微网又可互联成特殊分散网，形成灵活的多重微微网的拓扑结构，从而实现各类设备之间的快速通信。

1) 跳频技术

蓝牙的载频选用全球通用的 2.45 GHz ISM 频段，由于 2.45 GHz 的频段是对所有无线电系统都开放的频段，因此使用其中的任何一个频段都有可能遇到不可预测的干扰源。采用跳频扩谱技术是避免干扰的一项有效措施。跳频技术把频带分成若干个跳频信道，在一次连接中，无线电收发器按一定的码序列不断地从一个信道跳到另一个信道，只有收发双方是按这个规律进行通信的，而其他的干扰不可能按同样的规律进行干扰。跳频的瞬时带宽是很窄的，但通过扩展频谱技术使这个窄带宽成百倍地扩展成宽频带，使干扰可能产生的影响变得很小。

依据各国的具体情况，以 2.45 GHz 为中心频率，最多可以得到 79 个 1 MHz 带宽的信道。当发射带宽为 1 MHz 时，其有效数据速率为 721 kb/s，并采用低功率时分复用方式发射。蓝牙技术理想的连接范围为 10 cm～10 m，但是通过增大发射功率可以将距离延长至 100 m。跳频扩谱技术是蓝牙使用的关键技术之一。对应于单时隙分组，蓝牙的跳频速率为 1600 跳/s；对应于时隙包，跳频速率有所降低，但在建立链路时则提高为 3200 跳/s。使用这样高的跳频速率，蓝牙系统具有足够高的抗干扰能力。它采用以多级蝶形运算为核心的映射方案，与其他方案相比，具有硬件设备简单、性能优越，便于 79/23 频段两种系统的兼容以及各种状态的跳频序列使用统一的电路来实现等特点。与其他工作在相同频段的系统相比，蓝牙跳频更快，数据包更短，因此更稳定。

2) 微微网和分散网

当两个蓝牙设备成功建立链路后，一个微微网便形成了，两者之间的通信通过无线电波在 79 个信道中随机跳转而完成。

微微网信道由一主单元标识(提供跳频序列)和系统时钟(提供跳频相位)来定义，其他为从单元。每一蓝牙无线系统有一本地时钟，没有通常的定时参考。当一微微网建立后，从单元进行时钟补偿，使之与主单元同步；微微网释放后，补偿亦取消，但可存储起来以便再用。一条普通的微微网信道的单元数量为 8(1 主 7 从)，可保证单元间有效寻址和大容量通信。实际上，一个微微网中互联设备的数量是没有限制的，只不过在同一时刻只能激活 8 个，其中 1 个为主，7 个为从。蓝牙系统建立在对等通信基础上，主从任务仅在微微网生存期内有效，当微微网取消后，主从任务随即取消。每一单元皆可为主/从单元，可定义建立微微网的单元为主单元。除定义微微网外，主单元还控制微微网的信息流量，并管理接入。蓝牙给每个微微网提供特定的跳转模式，因此它允许大量的微微网同时存在，同一区域内多个微微网的互联便形成了分散网。不同的微微网信道有不同的主单元，因而存在不同的跳转模式。

蓝牙系统可优化到在同一区域中有数十个微微网运行，而没有明显的性能下降。蓝牙时隙连接采用基于包的通信，使不同微微网可互联。欲连接单元可加入不同微微网中，但因无线信号只能调制到单一跳频载波上，所以任一时刻单元只能在一微微网中通信。通过调整微微网信道参数(即主单元标志和主单元时钟)，单元可从一微微网跳到另一微微网中，并可改变任务。例如，某一时刻在微微网中的主单元，另一时刻在另一微微网中为从单元。由于主单元参数标示了微微网信道的跳转模式，因此一单元不可能在不同的微微网中都为主单元。跳频选择机制应设计成允许微微网间可相互通信，通过改变标志和时钟输入选择机制，新微微网可立即选择新的跳频。为了使不同微微网间的跳频可行，数据流体系中没有保护时间，以防止不同微微网的时隙差异。在蓝牙系统中，引入了保留(HOLD)模式，允许一单元暂时离开一微微网而访问另一微微网。

3) 时分多址(TDMA)的调制技术

在 1.0 版本的技术标准中，蓝牙的基带比特速率为 1 Mb/s，采用 TDD 方案来实现全双工传输，因此蓝牙的一个基带帧包括两个分组，首先是发送分组，然后是接收分组。蓝牙系统既支持电路交换也支持分组交换，还支持实时的同步定向连接(SCO)和非实时的异步不定向连接(ACL)。

SCO 链路是微微网中单一主单元和单一从单元之间的一种点对点对称的链路。主单元采用按照规定间隔预留时隙(电路交换类型)的方式可以维护 SCO 链路。主单元可以支持多达三条并发 SCO 链路，而从单元则可以支持两条或者三条 SCO 链路，SCO 链路上的数据包不会重新传送。SCO 链路主要用于 64 kb/s 的语音传输。

ACL 链路是微微网内主单元和全部从单元之间点对多点链路。在没有为 SCO 链路预留时隙的情况下，主单元可以对任意从单元在某一时隙的基础上建立 ACL 链路，其中也包括了从单元已经使用某条 SCO 链路的情况(分组交换类型)。对大多数 ACL 数据包来说都可以应用数据包重传。ACL 链路主要以数据为主，可在任意时隙传输。

4) 编址技术

蓝牙有以下四种基本类型的设备地址：

(1) BD_ADDR。BD_ADDR 是一个 48 位长地址，该地址符合 IEEE 802 标准，可划分为 LAP(24 位地址低端部分)、UAP(8 位地址高端部分)和 NAP(16 位无意义地址部分)三部分。

(2) AM_ADDR。AM_ADDR 是 3 位长的活动成员地址，所有的 0 信息 AM_ADDR 都用于广播消息。

(3) PM_ADDR。PM_ADDR 是 8 位长的成员地址，分配给处于暂停状态的从单元使用。

(4) AR_ADDR。AR_ADDR 是访问请求地址(Access Request Address)，暂停状态的从单元用该地址来确定访问窗口内从单元—主单元半时隙，通过它发送访问消息。

任一蓝牙设备都可根据 IEEE 802 标准得到一个唯一的 48 bit 的 BD_ADDR。它是一个公开的地址码，可以通过人工或自动进行查询。在 BD_ADDR 基础上，使用一些性能良好的算法可获得各种保密和安全码，从而保证设备识别码(ID)在全球的唯一性，以及通信过程中设备的鉴权和通信的安全保密。

5) 安全性

蓝牙技术的无线传输特性使它非常容易受到攻击，因此安全机制在蓝牙技术中尤为重要。虽然蓝牙系统所采用的跳频技术已经提供了一定的安全保障，但是蓝牙系统仍然需要链路层和应用层的安全管理。在链路层中，蓝牙系统使用认证、加密和密钥管理等功能进行安全控制。在应用层中，用户可以使用个人标识码(PIN)来进行单双向认证。

6) 纠错技术

蓝牙系统的纠错机制分为 FEC 和包重发。FEC 支持 1/3 率和 2/3 率 FEC 码。1/3 率仅用 3 位重复编码，大部分在接收端判决，既可用于数据包头，也可用于 SCO 连接的包负载；2/3 率 FEC 码使用一种缩短的汉明码，误码捕捉用于解码，它既可用于 SCO 连接的同步包负载，也可用于 ACL 连接的异步包负载。在 ACL 连接中，可用 ARQ 结构。在这种结构中，若接收方没有响应，则发送端将包重发。每一负载包含一个 CRC，用来检测误码。ARQ 结构分为停止等待 ARQ、向后 N 个 ARQ、重复选择 ARQ 和混合结构。

为了减少复杂性，使开销和无效重发为最小，蓝牙执行快速 ARQ 结构：发送端在 TX 时隙重发包，在 RX 时隙提示包接收情况。若加入 2/3 率 FEC 码，将得到 I 类混合 ARQ 结构的结果。ACK/NACK 信息加载在返回包的包头里，在 RX/TX 的结构交换时间里，判定接收包是否正确。在返回包的包头里，生成 ACK/NACK 域；同时，接收包包头的 ACK/NACK 域可表明前面的负载是否正确接收，决定是否需要重发或发送下一个包。由于处理时间短，当包接收时，解码选择在空闲时间进行，并要简化 FEC 编码结构，以加快处理速度。快速 ARQ 结构与停止等待 ARQ 结构相似，但时延最小，实际上没有由 ARQ 结构引起的附加时延。该结构比向后 N 个 ARQ 更有效，并与重复选择 ARQ 效率相同，但由于只有失效的包被重发，可减少开销。在快速 ARQ 结构中，仅有 1 位序列号即可(为了滤除在 ACK/NACK 域中的错误而正确接收两次数据包)。

3. 蓝牙系统组成

蓝牙系统一般由天线、链路控制(固件)、链路管理(软件)和蓝牙软件(协议栈)四个功能单元组成，如图 4-20 所示。

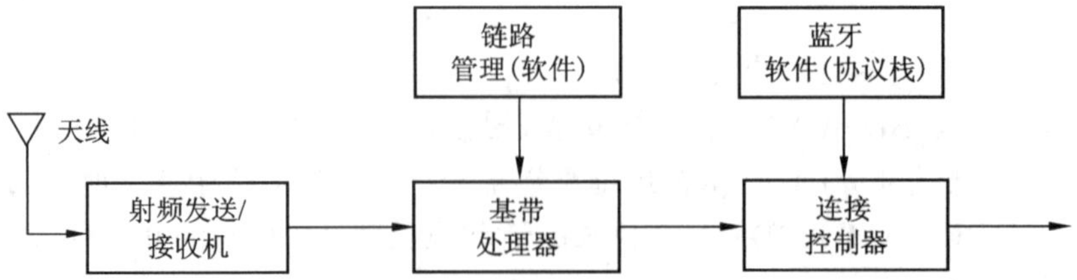

图 4-20　蓝牙系统结构

1) 天线单元

蓝牙要求其天线部分体积小巧、重量轻，因此，蓝牙天线属于微带天线。蓝牙空中接口是建立在天线电平为 0 dB 的基础上的，并遵循 FCC(即美国联邦通信委员会)有关电平为

0 dB 的 ISM 频段的标准。如果全球电平达到 100 mW 以上，可以使用扩展频谱功能来增加一些补充业务。

2) 链路控制(固件)单元

链路控制固件单元主要包括连接控制器、基带处理器以及射频发送/接收机，此外还使用了单独调谐元件。基带处理器负责处理基带协议和其他一些低层常规协议。它有三种纠错方案：1/3 比例前向纠错(FEC)码、2/3 比例前向纠错码和数据的自动请求重发方案。采用 FEC 方案的目的是减少数据重发的次数，降低数据传输负载。但是，要实现数据的无差错传输，FEC 会生成一些不必要的开销比特而降低数据的传送效率。这是因为数据包对于是否使用 FEC 是弹性定义的。包头总有占三分之一的 FEC 码起保护作用，其中包含了有用的链路信息。在无编号的 ARQ 方案中，在一个时隙中传送的数据必须在下一个时隙得到“收到”的确认。数据只有在接收端通过了报头错误检测和循环冗余检测后认为无错才向发送端发回确认消息，否则返回一个错误消息。比如，蓝牙的语音信道采用 CVSD(连续可变斜率增量调制技术)语音编码方案，获得高质量传输的音频编码。CVSD 编码擅长处理丢失和被损坏的语音采样，即使比特错误率达到 4%，CVSD 编码的语音还是可听的。

3) 链路管理(软件)单元

链路管理(LM)软件模块携带了链路的数据设置、鉴权、链路硬件配置和其他一些协议。LM 能够发现其他远端 LM 并通过 LMP(链路管理协议)与之通信。LM 模块提供如下服务：发送和接收数据、请求名称、链路地址查询、建立连接、鉴权、链路模式协商和建立、决定帧的类型等。

4) 蓝牙软件(协议栈)单元

蓝牙软件(协议栈)是一个独立的操作系统，不与任何操作系统捆绑，它符合已经制定好的蓝牙规范。蓝牙规范包括两部分：第一部分为核心部分，用于规定诸如射频、基带、连接管理、业务发现、传输层以及与不同通信协议间的互用、互操作性等组件；第二部分为应用规范(Profile)部分，用于规定不同蓝牙应用所需的协议和过程。蓝牙的协议栈采用分层结构，分别完成数据流的过滤和传输、跳频和数据帧传输、连接的建立和释放、链路的控制、数据的拆装、服务质量(QoS)、协议的复用和分用等功能。

蓝牙设备依靠专用的蓝牙微芯片使设备在短距离范围内发送无线电信号，来寻找另一个蓝牙设备。一旦找到，相互之间便开始通信。目前，蓝牙的研制者主要寻求其 ASIC 的解决方案，包括射频和基带部分。现在已有多种将基带 ASIC 电路和射频 ASIC 电路做成一个电路模块的方案，预计很快将会进入批量生产的阶段。蓝牙系统的通信协议大部分可用软件来实现，加载到 Flash RAM 中即可进行工作。

4．蓝牙技术与 PAN

蓝牙系统和 PAN 的概念相辅相成，事实上，蓝牙系统已经是 PAN 的一个雏形。在 1999 年 12 月发布的蓝牙 1.0 版的标准中，定义了包括使用 WAP 协议连接互联网的多种应用软件。它能够使蜂窝电话系统、无绳通信系统、无线局域网和互联网等现有网络增添新功能，使各类计算机、传真机、打印机设备增添无线传输和组网功能，在家庭和办公自动化、家庭娱乐、电子商务、无线公文包应用、各类数字电子设备、工业控制、智能化建筑等场合开辟了广阔的应用。

随着 PAN 的发展，IEEE 802.15 的一个工作小组正在制定速率可达 20 Mb/s 以上的 PAN 标准，这一标准也是基于蓝牙规范的。因此，PAN 和蓝牙必然会趋于融合。在蓝牙系统真正广泛地投入商业应用之前，还有许多问题需要解决。例如：尽管蓝牙技术是一种可以随身携带的无线通信连接技术，但是它不支持漫游功能。它可以在微网络或扩大网之间切换，但是每次切换都必须断开与当前 PAN 的连接。这对于某些应用是可以忍受的，然而对于手提通话、数据同步传输和信息提取等要求自始至终保持稳定的数据连接的应用来说，这样的切换将使传输中断，是不能允许的。要解决这一问题，当务之急是将移动 IP 技术与蓝牙技术有效地结合在一起。除此之外，蓝牙技术的安全保密性、蓝牙系统与有线网络的互连等问题也将会影响蓝牙技术的推广应用。

蓝牙技术在电信业、计算机业、家电业有着极其广阔和诱人的应用前景，它也将对未来的无线移动数据通信业务产生巨大的推动作用。蓝牙技术会有突飞猛进的发展。但是，它仍然有大量的应用技术细节问题需要解决，是一项发展中的技术。例如，为了防止语音和数据信息误传或被截收，用户必须事先为自己应用的各种设备设定某个共同的频率，即不同的用户有不同的频率，这样才能保证无线连接时不发生误传或被滥用。蓝牙标准还无法解决硬件兼容性，并且影响到运行在蓝牙技术之上的软件。另外，蓝牙标准本身能否解决好安全问题，也是蓝牙能否获得成功的关键因素。

4.6.2　ZigBee 技术

ZigBee 技术是一种近距离、低复杂度、低功耗、低速率、低成本的双向无线通信技术。

在此之前 ZigBee 也被称为“HomeRF Lite”“RF- EasyLink”或“fireFly”无线电技术，统称为 ZigBee。

ZigBee 主要用于距离短、功耗低且传输速率不高的各种电子设备之间进行数据传输以及典型的有周期性数据、间歇性数据和低反应时间数据传输的应用。

1. ZigBee 工作原理

基于 ZigBee 的无线设备工作在 868 MHz、915 MHz 和 2.4 GHz 频带，其最大数据速率是 250 kb/s。ZigBee 技术主要针对以电池为电源的应用，这些应用对低数据速率、低成本、更长时间的电池寿命有较高的需求。在一些 ZigBee 应用中，无线设备持续处于活动状态的时间是有限的，大部分时间无线设备是处于省电模式(也称休眠模式)的。因此，ZigBee 设备需要在电池更换以前能够工作数年以上。

2. ZigBee 技术特点

ZigBee 是一种无线连接，可工作在 2.4 GHz(全球流行)、868 MHz(欧洲流行)和 915 MHz (美国流行)三个频段上，分别具有最高 250 kb/s、20 kb/s 和 40 kb/s 的传输速率，它的传输距离在 10～75 m 范围内，还可以继续增加。作为一种无线通信技术，ZigBee 具有如下特点：

(1) 低功耗：由于 ZigBee 的传输速率低，发射功率仅为 1 mW，而且采用了休眠模式，功耗低，因此 ZigBee 设备非常省电。据估算，ZigBee 设备仅靠两节 5 号电池就可以维持长达 6 个月到 2 年的使用时间，这是其他无线设备望尘莫及的。

(2) 低成本：ZigBee 模块的初始成本在 6 美元左右，并且 ZigBee 协议是免专利费的。低成本也是 ZigBee 的一大优点。

(3) 短时延：通信时延和从休眠状态激活的时延都非常短，典型的搜索设备时延为 30 ms，休眠激活的时延是 15 ms，活动设备信道接入的时延为 15 ms。因此，ZigBee 技术适用于对时延要求苛刻的无线控制如工业控制场合等。

(4) 近距离：传输范围一般在 10～100 m 之间，在增加 RF 发射功率后，亦可增加到 1～3 km(相邻节点间的距离)。如果通过路由和节点间通信的接力，传输距离将可以更远。

(5) 高容量：ZigBee 可采用星状、片状和网状网络结构，由一个主节点管理若干子节点，最多一个主节点可管理 254 个子节点，一个区域内可以同时存在最多 100 个 ZigBee 网络，而且网络组成灵活；同时主节点还可由上一层网络节点管理，最多可组成 65 000 个节点的大网。

(6) 高可靠：采取了碰撞避免策略，同时为需要固定带宽的通信业务预留了专用时隙，避开了发送数据的竞争和冲突。MAC 层采用了完全确认的数据传输模式，每个发送的数据包都必须等待接收方的确认信息。如果传输过程中出现问题可以进行重发。

(7) 高安全：ZigBee 提供了基于循环冗余校验(CRC)的数据包完整性检查功能，支持鉴权和认证；采用了 AES-128 加密算法，各个应用可以灵活确定其安全属性。

(8) 免执照频段：采用直接序列扩频在工业科学医疗 2.4 GHz(全球)(ISM)频段。

3. ZigBee 网络模式

ZigBee 技术采用自组织网，其组网模式如图 4-21 所示。

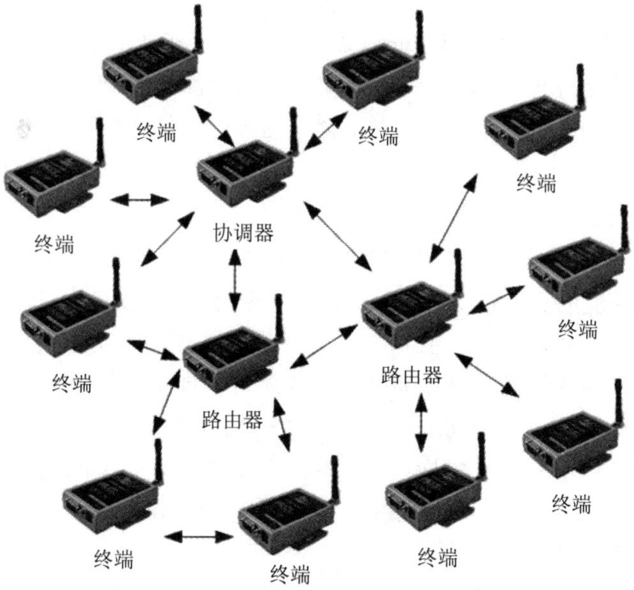

图 4-21　ZigBee 组网模式

只要每个 ZigBee 网络模块终端在网络模块的通信范围内，就可以通过彼此自动寻找，很快形成一个互联互通的 ZigBee 网络。

当模块终端移动时，彼此间的联络还会发生变化。模块终端可以通过重新寻找通信对象，确定彼此间的联络，对原有网络进行刷新。这就是自组织网。

ZigBee 技术支持自组织网能力强且自恢复能力强，因此对于井下定位、停车场车位定位、室外温湿度采集、污染采集等应用非常具有吸引力。然而，在智能家居的应用场景中，开关、插座、窗帘的位置一旦固定，就会一直不变，自组织网的优点也就不复存在，但是自组织网所耗费的时间和资源却依旧不会减少。

4. ZigBee 标准

IEEE 组织早在 2003 年就开始制定 IEEE 802.15.4 标准并发布，2006 年进行标准更新，最新针对智能电网应用制定了 IEEE 802.15.4g 标准，针对工业控制应用制定了 IEEE 802.15.4e 标准。IEEE 802.15.4 系列标准属于物理层和 MAC 层标准。由于 IEEE 组织在无线领域具有影响力，以及 TI、ST、Ember、Freescale、NXP 等著名芯片厂商的推动，该标准已经成为无线传感器网络领域的事实标准，符合该标准的芯片已经在各个行业得到广泛应用。

2001 年 8 月，ZigBee 联盟成立。2004 年，ZigBee 联盟制定了 ZigBee 的第一个规范 V1.0。但由于推出仓促，存在一些错误。2006 年，又推出 ZigBee 2006，此规范比较完善。

由于 IEEE 仅处理低级 MAC 层和物理层协议，因此 ZigBee 联盟对其网络层协议和 API 进行了标准化。完全协议用于一次可直接连接到一个设备的基本节点的 4 KB 或者作为 Hub 或路由器的协调器的 32 KB。每个协调器可连接多达 255 个节点，而几个协调器则可形成一个网络，对路由传输的数目没有限制。2007 年年底，ZigBee PRO 推出。ZigBee 联盟还开发了安全层，以保证这种便携设备不会意外泄露其标识，而且这种利用网络的远距离传输不会被其他节点获得。

2009 年 3 月，ZigBee RF4CE 推出，具备更强的灵活性和远程控制能力。

ZigBee 采用了 IETF 的 IPv6 6Lowpan 标准作为新一代智能电网 Smart Energy(SEP 2.0) 的标准，致力于形成全球统一的易于与互联网集成的网络，实现端到端的网络通信。随着美国及全球智能电网的大规模建设和应用，物联网感知层技术标准将逐渐由 ZigBee 技术向 IPv6 6Lowpan 标准过渡。

5. ZigBee 应用

ZigBee 模块是一种物联网无线数据终端，利用 ZigBee 网络为用户提供无线数据传输功能。该产品采用高性能的工业级 ZigBee 方案，提供 SMT 与 DIP 接口，可直接连接 TTL 接口设备，实现数据透明传输功能；低功耗设计，最低功耗小于 1 mA；提供 6 路 I/O，可实现数字量输入输出、脉冲输出；其中有 3 路 I/O 还可实现模拟量采集、脉冲计数等功能。

ZigBee 模块已广泛应用于物联网产业链中的 M2M 行业，如智能电网、智能交通、智能家居、金融、移动 POS 终端、供应链自动化、工业自动化、智能建筑、消防、公共安全、环境保护、气象、数字化医疗、遥感勘测、农业、林业、水务、煤矿、石化等。

6. ZigBee 发展前景

随着我国物联网进入发展的快车道，ZigBee 也正逐步被国内越来越多的用户所接受。ZigBee 技术已在部分智能传感器场景中进行了应用。例如：在北京地铁 9 号线隧道施工过程中的考勤定位系统便采用 ZigBee，ZigBee 取代传统的 RFID 考勤系统实现了无漏读、方向判断准确、定位轨迹准确和可查询，提高了隧道安全施工的管理水平。在某些高档的老年公寓中，基于 ZigBee 网络的无线定位技术可实现全区实时定位及求助功能。由于每个老人都随身携一个移动报警器，遇到险情时，可以及时按下求助按钮，不但使老人在户外活动时的安全监控及救援问题得到解决，而且使用简单方便，可靠性高。

4.6.3　WiMAX 技术

随着移动通信技术和宽带技术的发展，WiMAX(全球微波接入互操作性)已经成为全球电信运营商和设备制造商的关注热点问题之一。技术的发展使得越来越多的多媒体应用进入人们的生活，运营商提供的服务也随之多样化。但是从现网的实践来看，大量的多媒体应用给现有移动网络资源造成巨大消耗，远远超过了相关收入的增加。所以解决如何在保证服务质量的前提下，有效降低每比特成本以更好地满足用户需求对运营商意义重大。WiMAX 正是这样一种极具潜力的应用。

1. IEEE 802.16 标准和 WiMAX 组织

IEEE 802.11 系列标准在无线 LAN 领域获得巨大成功之后，IEEE 进而希望将这种成功的应用模式推向更广阔无线城域网(WMAN)的领域。1999 年，IEEE 专门成立了 IEEE 802.16 工作组，为固定/移动模式下宽带无线接入定义 WMAN 的空中接口规范。

IEEE 802.16 标准于 2001 年 12 月发布时，因为仅支持 10～66 GHz 的工作频段，只能提供可视范围内的承载服务，市场应用受到很大限制。经过进一步完善，IEEE 在 2003 年 1 月又发布了新的扩展协议 IEEE 802.16a。IEEE 802.16a 引入了新的物理层技术，如利用 OFDM 来抵抗多径效应等，并对 MAC 层做了进一步的强化，工作频段也扩展到 2～11 GHz 的许可频段和非许可频段，支持非可视(NLOS)的接入方式。IEEE 802.16a 具有很强的市场竞争力，真正成为可用于城域网的无线接入手段。IEEE 802.16—2004 是 10～66 GHz 固定宽带无线接入系统的标准，是对 IEEE 802.16、IEEE 802.16a 和 IEEE 802.16c 的整合和修订。IEEE 802.16—2004 也是目前 IEEE 802.16 家族中最成熟的、商用化产品最多的标准。IEEE 802.16 标准的下一步演进方向是 IEEE 802.16e。IEEE 802.16e 在继承 IEEE 802.16—2004 能力的基础上增加了对全移动性的支持，理论移动速度可以达到 120 km/h。IEEE 802.16 系列主要规范的特性见表 4-1。

表 4-1　IEEE 802.16 系列主要规范的特性

标准编号	发布时间	负责的技术领域	信道条件	信道带宽	调制方式	传输速率	额定小区半径
IEEE 802.16	已完成	10～66 GHz 固定宽带无线接入系统空中接口标准	视距	25/28 MHz	QPSK、16QAM、64QAM	32～134 Mb/s(以 28 MHz 为载波带宽)	小于 5 km
IEEE 802.16a	已完成	2～11 GHz 固定宽带无线接入系统空中接口标准	非视距	1.25/20 MHz	256 OFDM (B/SK/QPSK/16 QAM/64QAM) 2048 OFDMA	在 20 MHz 信道上提供约 75 Mb/s 的速率	5～10 km
IEEE 802.16—2004	已完成	固定宽带无线接入系统空中接口标准(小于 10～66 GHz 及小于 11 GHz)	视距+非视距	1.25/20 MHz	256 OFDM(B/SK/QPSK/16QAM/64QAM) 2048 OFDMA	在 20 MHz 信道上提供约 75 Mb/s 的速率	5～15 km
IEEE 802.16e—2005	已完成	固定和移动宽带无线接入系统空中接口标准(小于 6 GHz)	非视距	1.25/20 MHz	256 OFDM (B/SK/QPSK/16QAM/64QAM) 128/512/1024/2048 OFDMA	在 10 MHz 的信道上提供 30 Mb/s 的速率	几 km

IEEE 802.16 系列规范提供了统一的空中接口标准，为规范设备能力、实现不同厂家设备之间的互连和技术的全球化打下了坚实的基础，但是对于运营商而言，将 IEEE 802.16 标准推向市场还需要诸多要素。因此，一个由运营商、设备制造商、周边部件供应商和研究机构组成的非营利组织 WiMAX 论坛成立起来。WiMAX 论坛的宗旨是在全球范围内推广遵循 IEEE 802.16 标准和 ETSI HIPERMAN 标准的宽带无线接入设备，并且对设备的兼容性和互操作性进行统一的认证以保证系统互联，方便运营商部署。为此，WiMAX 论坛专门成立了 WiMAX 产品认证的工作组和实验室，保证不同厂商 WiMAX 设备间的互操作性和兼容性。这样，经认证后的 WiMAX 设备具有的良好互操作性和对规范顺从性。目前，WiMAX 几乎成为了 IEEE 802.16 标准的别称。

2. WiMAX 技术特点

WiMAX 是采用无线方式代替有线实现“最后一公里”的宽带接入技术。WiMAX 的优势主要体现在这一技术集成了 Wi-Fi 无线接入技术的移动性与灵活性以及 xDSL 等基于线缆的传统宽带接入技术的高带宽特性。其技术优势可以概括如下：

(1) 传输距离远，接入速度高。

WiMAX 采用 OFDM 技术，能有效对抗多径干扰；同时采用自适应编码调制技术，可以实现覆盖范围和传输速率的折衷；此外，还利用自适应功率控制，可以根据信道状况动态调整发射功率，从而使得 WiMAX 具有更大的覆盖范围以及和更高的接入速率。例如：当信道条件较好时，可以将调制方式调整为 64QAM，同时采用编码效率更高的信道编码，提高传输速率，WiMAX 最高传输速率可以达到 75 Mb/s；反之，当信道传输条件恶劣，基站无法基于 64QAM 建立连接时，可以切换为 16QAM 或 QPSK 调制，同时采用编码效率更低的信道编码，这样可以提高传输的可靠性，增大覆盖范围。

(2) 无“最后一公里”瓶颈限制，系统容量大。

作为一种宽带无线接入技术，WiMAX 接入灵活，系统容量大。服务提供商无须考虑布线、传输等问题，只需要在相应的场所架设 WiMAX 基站。WiMAX 不仅支持固定无线终端也支持便携式和移动终端，能适应城区、郊区以及农村等各种地形环境。一个 WiMAX 基站可以同时为众多具有的客户提供服务，为每个客户提供独立带宽请求支持。

(3) 提供广泛的多媒体通信服务。

WiMAX 可以提供面向连接的，具有完善 QoS 保障的电信级服务，以满足用户的各种应用需要。WiMAX 按照优先级由高到低依次提供：

① 主动授予服务(UGS)：提供固定带宽的实时服务，如 E1、T1 以及 VoIP 等。

② 实时轮询服务(RtPS)：提供可变带宽的实时服务，如 MPEG 视频流。

③ 非实时轮询服务(NrtPS)：提供速率可变的非实时服务，如大的文件传输。

④ 尽力投递服务(BE)：根据网络状况提供最大可能的服务，如 E-mail。

(4) 提供安全保证。

WiMAX 系统安全性较好。WiMAX 空中接口专门在 MAC 层上增加了私密子层，不仅可以避免非法用户接入，保证合法用户顺利接入，而且提供加密功能，充分保护用户隐私，例如提供 EAP-SIM 认证。

(5) 互操作性好。

运营商在网络建设时能够从多个设备制造商处购买 WiMAX Certified 设备，而不必担心兼容性的问题。

(6) 应用范围广。

WiMAX 可以应用于广域接入、企业宽带接入、家庭“最后一公里”接入、热点覆盖、移动宽带接入以及数据回传(Backhaul)等所有宽带接入市场。值得注意的是，在有线基础设施薄弱的地区，尤其是广大农村和山区，WiMAX 更加灵活、成本低，是首选的宽带接入技术。

3．WiMAX 技术应用场景

WiMAX 论坛给出 WiMAX 技术的五种应用场景定义，即固定应用场景、游牧应用场景、便携应用场景、简单移动应用场景和全移动应用场景。

(1) 固定应用场景：固定接入业务是 802.16 运营网络中最基本的业务模型，包括用户因特网接入、传输承载业务及 Wi-Fi 热点回程等。

(2) 游牧应用场景：游牧式业务是固定接入方式发展的下一个阶段。终端可以从不同的接入点接入一个运营商的网络中；在每次会话连接中，用户终端只能进行站点式的接入；在两次不同网络的接入中，传输的数据将不被保留。在游牧式及其以后的应用场景中均支持漫游，并应具备终端电源管理功能。

(3) 便携应用场景：在这一场景下，用户可以步行连接到网络，除了进行小区切换外，连接不会发生中断。便携式业务在游牧式业务的基础上进行了发展，从这个阶段开始，终端可以在不同的基站之间进行切换。当终端静止不动时，便携式业务的应用模型与固定式业务和游牧式业务相同。当终端进行切换时，用户将经历短时间(最长为 2 s)的业务中断或者一些延迟。切换过程结束后，TCP/IP 应用对当前 IP 地址进行刷新，或者重建 IP 地址。

(4) 简单移动应用场景：在这一场景下，用户在使用宽带无线接入业务中能够步行、驾驶或者乘坐公共汽车等，但当终端移动速度达到 60～120 km/h 时，数据传输速度将有所下降。这是能够在相邻基站之间切换的第一个场景。在切换过程中，数据包的丢失将控制在一定范围。最差的情况下，TCP/IP 会话不中断，但应用层业务可能有一定的中断。切换完成后，QoS 将重建到初始级别。简单移动和全移动网络需要支持休眠模式、空闲模式和寻呼模式。移动数据业务是移动场景(包括简单移动和全移动)的主要应用，包括目前被业界广泛看好的移动 E-mail、流媒体、可视电话、移动游戏、移动 VoIP(MVoIP)等业务，同时它们也是占用无线资源较多的业务。

(5) 全移动应用场景：在这一场景下，用户可以在移动速度为 120 km/h 甚至更高的情况下无中断地使用宽带无线接入业务，当没有网络连接时，用户终端模块将处于低功耗模式。

4．空中接口技术特征

目前，IEEE 802.16 标准主要包括 IEEE 802.16d 和 IEEE 802.16e。802.16d 的初衷是统一固定无线接入的空中接口。该标准可以应用于 2～11 GHz 非视距(NLOS)传输和 10～66 GHz 视距(LOS)传输。而 IEEE 802.16e 的目标是能够向下兼容 IEEE 802.16d。为了支持移动特性，在 IEEE 802.16d 的基础上加入了切换、QoS、安全等新的特性。IEEE 802.16e

标准于 2005 年 10 月通过 IEEE 802.16 工作组投票，并提交 IEEE 802 SA 审批。相对于上面描述的几种典型应用场景，IEEE 802.16d 用于固定和游牧应用场景；IEEE 802.16e 用于便携和移动场景，同时支持固定场景。

IEEE 802.16d/e 的物理层可选用单载波、OFDM 和 OFDMA 共三种技术。单载波这个选项主要是为了兼容 10～66 GHz 频段的视距传输(OFDM 和 OFDMA 只用于小于 11 GHz 频段)。虽然在 IEEE 802.16d/e 协议中，单载波物理层也可以用于 2～11 GHz 频段，但通常认为 IEEE 802.16d 的典型物理层技术是 OFDM，IEEE 802.16e 的典型物理层技术是 0FDMA。

IEEE 802.16d OFDM 物理层采用 256 个子载波，OFDMA 物理层采用 2048 个子载波，信号带宽从 1.25～20 MHz 可变。IEEE 802.16e 对 OFDMA 物理层进行了修改，使其可支持 128、512、1024 和 2048 共四种不同的子载波数量，但子载波间隔不变，且信号带宽与子载波数量成正比，这种技术称为可扩展的 OFDMA(Scalable OFDMA)。采用这种技术，系统可以在移动环境中灵活适应信道带宽的变化。

在多址方式方面，IEEE 802.16d/e 在上行采用 TDMA(时分多址)，下行采用 TDM(时分复用)支持多用户传输。另一种多址方式是 OFDMA，以 2048 个子载波的情况为例，系统将所有可用的子载波分为 32 个子信道，每个子信道包含若干子载波。多用户多址采用和跳频类似的方式来实现，只是跳频的频域单位为一个子信道，时域单位为 2 或 3 个符号周期。

在调制技术方面，IEEE 802.16d/e 支持的最高阶调制方式为 64QAM，相对于蜂窝移动通信系统(3GPP HSDPA 最高支持 16QAM)，IEEE 802.16d/e 更强调在信道条件较好时实现极高的峰值速率。为适应高质量数据通信的要求，IEEE 802.16d/e 选用了块 Turbo 码、卷积 Turbo 码等纠错能力很强但解码时延较大的信道码，同时也考虑使用低复杂度、低时延的 LDPC 码。

在双工方式方面，IEEE 802.16d/e 支持 FDD 和 TDD 两种方式，其物理层技术基本相同。相对而言，3G 技术中 FDD 和 TDD 模式采用的物理层有较大不同。IEEE 802.16d/e 在 5 MHz 频带上可以实现约 15 Mb/s 的速率，频谱效率为 3 b/s/Hz，与 HSDPA 相似。但 IEEE 802.16d/e 在固定或低速环境下可以使用更大带宽(20 MHz)，实现高达 75 Mb/s 的峰值速率。这是现有蜂窝移动通信系统难以达到的，充分体现出 OFDM 技术在使用更宽频带方面的优势。

IEEE 802.16d/e 标准支持全 IP 网络层协议，IEEE 802.16d/e 设备可以作为一个路由器接入现有的 IP 网络，但现有 IP 核心网缺乏有效的移动性管理能力。WiMAX 论坛已经开始开发网络层协议，IEEE 802.16 NetMAN 工作组也已开展这方面的工作。同时，IEEE 802.16 协议也可以通过一个 ATM 汇聚子层将 ATM 信元映射到 IEEE 802.16d/e MAC 层，具备支持 3G 核心网的潜力。也就是说，WiMAX 支持与 3G 系统的互通和融合。IEEE 802.16d/e 的 MAC 层支持多种 QoS 等级，以适应 VoIP、可视电话、流媒体、在线游戏、浏览、下载等不同的业务类型，包括主动授予服务(UGS)、实时轮询服务(RtPS)、非实时轮询(NrtPS)和尽力投递服务(BE)，其中最后一种为竞争接入的调度机制。IEEE 802.16e 增加了节电模式的内容，以支持移动终端；除正常工作状态外，还支持空闲状态(即用户处于激活状态但暂时没有数据交换)和睡眠状态。

IEEE 802.16d/e 主要技术特征见表 4-2。

表 4-2　IEEE 802.16d/e 主要技术特征

技术参数	802.16d	802.16e
子载波数	256(OFDM) 2048(OFDMA)	256(OFDM) 128、512、1024、2048(OFDMA)
带宽/MHz	1.75～20	1.25～20
频段/GHz	2～11	<6
移动性	固定或便携	中低车速(<120 km/h)
传输技术	单载波、OFDM	
多址方式	OFDMA 结合 TDMA(上行)、TDM(下行)	
频谱分配单位	子信道	
双工方式	FDD 或 TDD	
峰值速率/(Mb/s)	75(20 MHz)	15(5 MHz)
实际吞吐量/(Mb/s)	38(10 MHz)	6～9(中低车速下)
调制方式	QPSK、16QAM、64QAM	
信道编码	卷积码、块 Turbo 码、卷积 Turbo 码、LDPC 码	
链路自适应	AMC、功率控制、HARQ	
小区间切换	不支持	支持
增强型技术	智能天线、空时码、空分多址、宏分集(16e)、Mesh 网络拓扑	
接入控制	主动带宽分配、轮询、竞争接入相结合	
QoS	支持 UGS、RtPS、NrtPS 和 BE 四种 QoS 等级	
省电模式	不支持	支持空闲(Idle)、睡眠模式

5. WiMAX 系统结构

整个网络可以分为接入服务网(ASN)、连接服务网(CSN)和终端三大部分，如图 4-22 所示。

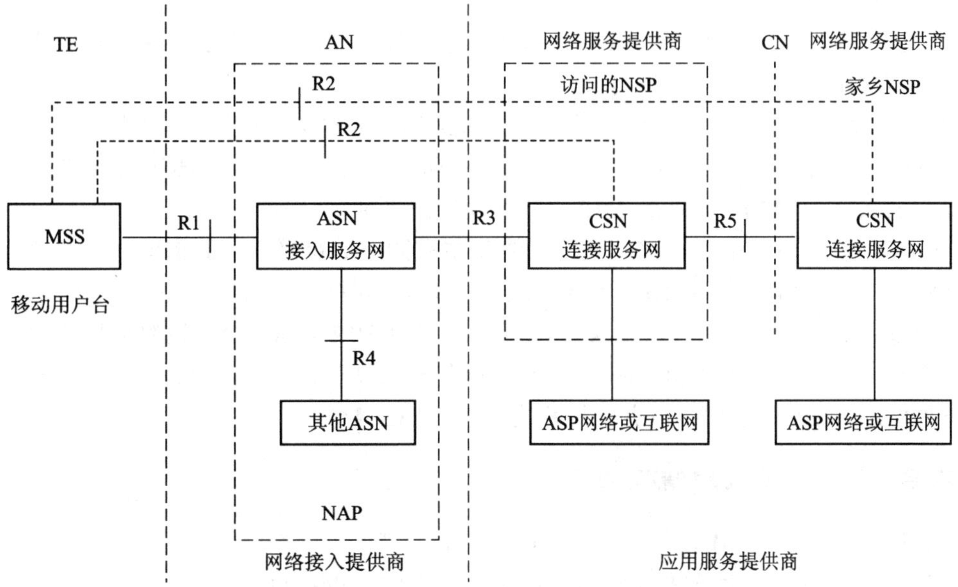

图 4-22　WiMAX 网络架构参考模型

1) ASN 的功能

ASN 主要为 WiMAX 用户提供相应的无线接入和控制，并完成以下一些功能：

(1) 建立和维护 WiMAX 基站与用户的层二连接；

(2) 作为 AAA 代理，协同 AAA 服务器一起完成用户的鉴权、授权以及计费；

(3) 网络发现和选择；

(4) 协助核心网与 WiMAX 终端建立层三连接，例如 IP 地址管理；

(5) 无线资源管理；

(6) 接入网内的移动性管理；

(7) 寻呼和位置管理；

(8) 接入网和核心网隧道建立和维护。

ASN 可以包含基站(BS)和 ASN 接入网关(ASN-GW)等相关网元设备。BS 主要负责 WiMAX 的无线接入和无线资源管理。ASN-GW 负责用户的接入管理、移动性管理和数据通道管理；根据功能需求，还可以将 ASN-GW 分解成控制面网元和用户面网元两部分。位置服务器主要用于管理 WiMAX 用户的位置信息。

2) CSN 的功能

CSN 是 WiMAX 核心网，为 WiMAX 用户提供 IP 连接服务。它主要包含以下功能：

(1) IP 地址分配；

(2) Internet 接入；

(3) AAA 代理或者服务器；

(4) 基于用户属性的能力控制和管理；

(5) 接入网和核心网隧道建立和维护；

(6) WiMAX 用户计费；

(7) 满足漫游需要的 CSN 之间隧道建立和维护；

(8) 接入网之间移动性管理；

(9) 为用户提供 WiMAX 业务(例如基于位置的服务、点对点业务、多媒体多播组播业务、IP 多媒体业务和紧急呼叫服务等)。

CSN 包含很多功能实体：AAA 代理/服务器负责用户的接入认证和计费；简单文件传输协议(TFTP)服务器负责业务配置信息的管理；动态主机配置协议(DHCP)服务器负责地址的分配；归属代理(HA)负责通过 MIP 方式实现层三的业务切换。

WiMAX 基站覆盖范围与移动通信网络基站在同一数量级，因此借鉴和采纳了与移动通信网络类似的网络架构。网络分为连接服务网(CSN)和接入服务网(ASN)两部分，R1～R5 是标准的参考点，如图 4-22 所示。CSN 和 ASN 可以看成是 WiMAX 网络的核心网和接入网。一个或多个接入网 ASN 可由单独的网络接入提供商运营，提供 WiMAX 接入服务。网络服务提供商(NSP)管理 CSN，并向用户提供 WiMAX 业务。

实践项目　WiMAX 应用情况调研

实践目的：了解 WiMAX 的基本配置及应用。

实践要求：每位学生通过调研、搜集网络数据等方式独立完成。

实践内容：

(1) 调研各大运营商中 WiMAX 用户数。

(2) 了解 WiMAX 基本配置。

过 关 训 练

一、填空题

1．无线接入是指从交换节点到用户终端之间，部分或全部采用了(　　)手段。

2．典型的无线接入系统主要由(　　　　　　)、(　　　　　　　　)、(　　　　　　)、固定终接设备和移动终端等几个部分组成。

3. 3G 存在 3 种标准，分别是中国电信支持的(　　　　)、中国联通支持的(　　　　)、中国移动支持的(　　　　)。

4. 国际电信联盟(ITU)定义了 5G 的三大类应用场景，即(　　　　　　　　　　　)、(　　　　　　　　　)和(　　　　　　　　　　　)。

5．IEEE 802.11n 可工作在(　　　　)和(　　　　)两个频段。

6．无线接入网的拓扑结构通常分为(　　　　)拓扑结构和(　　　)拓扑结构。

7．Wi-Fi6 拥有 8 × 8 MU-MIMO，最多可以同时支持向(　　　)个终端传输数据。

8．5G 组网方案分为(　　　　　　)和(　　　　　　)。

9．5G 物理层可支持聚合多达(　　　)个载波，以实现更高速传输。

10．ZigBee 技术的网络模式是(　　　)。

二、选择题

1．CDMA 数字网具有(　　)等优势。

A．频带利用率高　　　　B．网络容量大

C．通话质量高、不易掉话　　　　D．保密性及信号覆盖好

2．4G 的核心技术有(　　)。

A．正交频分复用 OFDM 技术　　　　B．软件无线电技术

C．智能天线技术　　　　D．多输入/多输出 MIMO 技术

3．我国 LMDS 系统占用频段为(　　)。

A．24 GHz　　　　B．26 GHz

C．28 GHz　　　　D．31 GHz

4．LMDS 系统采用的调制方式有(　　)。

A．QPSK　　　　B．16QAM

C．64QAM　　　　D．DMT

5．LMDS 系统采用的多址方式有(　　)。

A．TDMA　　　　B．FDMA

C．CDMA　　　　D．WDMA

6．MMDS 技术可以为用户提供(　　)。

A．点对点面向连接的数据业务
B．点对点无连接型网络业务
C．点对多点业务多信道广播业务
D．点对多点群呼业务

7．无线局域网的优势有(　　)。

A．可移动性
B．布线容易
C．组网灵活
D．成本低

8．IEEE 802.11n 的物理层技术涉及(　　)等。

A．MIMO
B．MIMO-OFDM
C．40 MHz
D．Short GI

9．毫米波的优点有(　　)。

A．频段高
B．频谱资源丰富
C．带宽很宽
D．天线短

10．5G 核心网关键技术主要包括(　　)。

A．网络功能虚拟化(NFV)
B．软件定义网络(SDN)
C．网络切片
D．多接入边缘计算(MEC)

三、判断题

1．GPRS 有“永远在线”的特点，用户随时与网络保持联系。(　　)

2．固定无线接入是指从业务结点接口到用户终端全部或部分采用无线方式，终端一般不含移动方式。(　　)

3．LMDS 的工作频率在 2～5 GHz 之间，可用频带宽度至少是 1 GHz 以上。(　　)

4．LMDS 系统由于工作频率高，通信质量受雨、雪等天气影响较大。(　　)

5．LMDS 服务区覆盖范围较大，适合远程用户使用。(　　)

6．MMDS 系统微波站必须可靠接地，必须有良好的防雷设施。(　　)

7．IEEE 802.11a 传输机制是 OFDM，最大速率是 54 Mb/s。(　　)

8．Wi-Fi5 支持 2.4G 和 5G 频段。(　　)

9．5G 采用全新的服务化架构，支持灵活部署和差异化业务场景。(　　)

10．NFV 独立于 SDN，可单独使用，不能与 SDN 结合使用。(　　)

附录　英文缩略语

A

AAA	Authentication Authorization and Accounting	认证、鉴权、计费
ACL	Asynchronous Connection Less Link	异步不定向连接
ADSL	Asymmetric Digital Subscriber Loop	非对称数字用户环路
AN	Access Network	接入网
AON	Active Optical Network	有源光网络
AP	Access Point	接入点
ARP	Address Resolution Protocol	地址解析协议
ASE	Advanced Encryption Standard	高级加密算法
ASN	Access Service Network	接入服务网
ASP	Application Service Provider	应用服务提供商
ATM	Asynchronous Transfer Mode	异步传送模式
ATU-C	ADSL Transceiver Unit-Central Oddice side	局端 ADSL 传送单元
ATU-R	ADSL Transceiver Unit-Remote side	远端 ADSL 传送单元

B

2B1Q	2 Binary 1 Quaternary	两个二进制一个四进制编码
BAS	Broadband Access Server	宽带接入服务器
BGP	Border Gateway Protocol	边界网关协议
BPON	Broadband Passive Optical Network	宽带无源光网络
BRAS	Broadband Remote Access Server	宽带远程接入服务器
BBS	Base Station Subsystem	基站子系统

C

CAP	Carrierless Amplitude & Phase modulation	无载波幅度/相位调制
CATV	Cable Television	有线电视
CDM	Code Division Multiplexing	码分复用
CDMA	Code Division Multiple Access	码分多址

CHAP	Challenge Handshake Authentication Protocol	质询握手认证协议
CM	Cable Modem	电缆调制解调器
CMTS	Cable Modem Termination System	电缆调制解调器终端设备系统
COFDM	coded orthogonal frequency division multiplexing	编码正交频分复用
CPN	Customer Premises Network	用户驻地网
CRC	Cyclic Redundancy Check	循环冗余码校验
CSMA/CD	Carrier Sense Multiple Access/Collision Detection	载波侦听多路访问/冲突检测
CSN	Connectivity Service Network	连接服务网

D

DBA	Dynamic Bandwide Allocation	动态带宽分配
DBS	Direct Broadcast Satellite	直播卫星
DDN	Digital Data Network	数字数据网络
DNS	Domain Name System	域名系统
DHCP	Dynamic Host Configuration Protocol	动态主机配置协议
DMT	Discrete Multi Tone	离散多音频
DOCSIS	Data Over Cable Service Interface Specification	电缆传输数据业务的接口规范
DSL	Digital Subscriber Loop	数字用户环路
DSLAM	Digital Subscriber Line Access Multiplexer	数字用户线接入复用器
DWDM	Dense Wavelength Division Multiplexing	密集波分复用

E

EC	Echo Cancellation	回波消除
EFM	Ethernet for the First Mile	第一英里以太网
EPG	Electronic Program Guide	电子节目指南
EPON	Ethernet Passive Optical Network	以太无源光网络

F

FCC	Federal Communications Commission	美国联邦通信委员会
FDM	Frequency Division Multiplexing	频分复用
FDMA	Frequency Division Multiple Access	频分多址
FEC	Forward Error Correction	前向纠错
FR	Frame Relay	帧中继
FTP	File Transfer Protocol	文件传输协议
FTTB	Fiber To The Building	光纤到楼
FTTC	Fiber To The Curb	光纤到路边
FTTD	Fiber To The Desktop	光纤到桌面

FTTH	Fiber To The Home	光纤到家
FTTN	Fiber to the Node	光纤到节点
FTTO	Fiber To The Office	光纤到办公室
FTTP	Fiber To The Premise	光纤到用户所在地
FTTZ	Fiber To The Zone	光纤到小区
FSAN	Full Service Access Networks	全业务接入网论坛

G

GE	Gigabit Ethernet	千兆以太网
GEM	GPON Encasulation Method	GPON 封装方法
GEPON	Gigabit Ethernet Passive Optical Network	千兆以太无源光网络
GFP	Generic Framing Procedure	通用成帧规程
GPON	Gigabit-Capable PON	千兆无源光网络
GPRS	General Packet Radio Service	通用无线分组业务
GSM	Global System For Mobile Communication	全球移动通信系统
GTC	GPON Transmission Convergence	千兆比特无源光网络传输汇聚层

H

HDSL	High data rate Digital Subscriber Loop	高速率数字用户环路
HFC	Hybrid Fiber Coaxial	混合光纤同轴网
HTTP	Hypertext Transfer Protocol	超文本传输协议

I

IBSS	Independent Basic Service Set	独立基础服务集
ICMP	Internet Control Message Protocol	Internet 控制报文协议
IEEE	Institute Electrical Electronics Engineers	美国电气和电子工程师协会
IGMP	Internet Group Management Protocol	Internet 组管理协议
IP	Internet Protocol	网际协议
ISDN	Integrated Services Digital Network	综合业务数字网
ISM	Industrial Scientific Medical	工业科研医疗
ITU	International Telecommunication Union	国际电信联盟
ITU-T	ITU Telecommunication Standardization Sector	国际电联电信标准化部门

L

L2TP	Layer Two Tunneling Protocol	二层隧道协议
LAN	Local Area Network	局域网
LCP	Link Control Protocol	链路控制协议

LE	Local Exchange	本地交换机
LLC	Logical Line Control	逻辑链路控制
LMDS	Local Multipoint Distribution Service	本地多点分配业务
LMSP	Local Management Service Point	本地管理和业务点
LTE	Long Term Evolution	长期演进

M

MAC	Media Access Control	媒体访问控制
MAN	Metropolitan Area Network	城域网
MCNS	Multimedia Cable Network System	多媒体电缆网络系统
MDF	Main Distribution Frame	主配线架
MMDS	Multichannel Multipoint Distribution Service	多信道多点分配业务
MPLS	Multi-Protocol Label Switching	多协议标签交换
MPEG	Moving Picture Expert Group	活动图像专家组
MSCP	Multi-Service Confluence Point	多业务汇接点
MSAP	Multi-Service Access Point	多业务专线接入点
MSTP	Multi-Service Transmission Platform	多业务传输平台
MVDSL	Multiple Virtual Digital Subscriber Loop	多虚拟数字用户环路

N

NAP	Network Address Provider	网络接入提供商
NAS	Network Address Server	网络接入服务器
NAT	Network Address Translation	网络地址转换
NMS	Network Management System	网络管理系统
NNI	Network-Node Interface	网络-节点接口
NVOD	Near Video On Demand	准视频点播
NSP	Network Server Provider	网络服务提供商

O

OAM	Operation Administration and Maintenance	操作、管理、维护
OAN	Optical Access Network	光接入网
ODN	Optical Distribution Network	光分配网络
OFDM	Orthogonal Frequency Division Multiplexing	正交频分复用
OFDMA	Orthogonal Frequency Division Multiple Access	正交频分多址
OLC	Optical Line Card	光线路卡
OLT	Optical Line Terminal	光线路终端
ONT	Optical Network Terminal	光网络终端

ONU	Optical Network Unit	光网络单元
OSI	Open Systems Interconnection	开放式系统互联
OSPF	Open Shortest Path First	开放式最短路径优先协议

P

PAN	Personal Area Network	个人局域网
PAP	Password Authentication Protocol	口令认证协议
PCB	Physical Control Block	物理控制块
PMD	Physical Medium Dependent	物理媒质层
PDU	Protocol Data Unit	协议数据单元
PLOAM	Physical layer OAM	物理层 OAM
POD	Point Of Deployment	配置点
PON	Passive Optical Network	无源光网络
POP	Post Office Protocol	邮局协议
POTS	Plain Old Telephony Service	普通电话业务
PPP	Point to Point Protocol	点到点协议
PPPoE	PPP over ATM	ATM 网的点对点协议
PPPoE	PPP over Ethernet	以太网上的点到点协议
PSTN	Public Switched Telephone Network	公用电话交换网
PVC	Permanent Virtual Circuit	永久虚电路

Q

QAM	Quadrature Amplitude Modulation	正交振幅调制
QoS	Quality of Service	服务质量
QPSK	Quadrature Phase Shift Keying	四相相移键控

R

RADSL	Rate-Adaptive Digital Subscriber Loop	速率自适应非对称数字用户环路
RARP	Reverse Address Resolution Protocol	逆向地址解析协议
RF	Radio Frequency	射频
RIP	Router Information Protocol	路由器信息协议
RLU	Remote Line Unit	远端用户线单元

S

SCM	Subcarrier Multiplexing	副载波复用
SCMA	Subcarrier Multiple Access	副载波多址
SCO	Synchronous Connection Oriented	同步定向联接

SDH	Synchronous Digital Hierarchy	同步数字系列
SDM	Space Division Multiplexing	空分复用
SDMA	Space Division Multiple Access	空分多址
SDSL	Single-pair/Symmetric Digital Subscriber Loop	单对线路/对称数字用户环路
SDV	Switched Digital Subscriber Line	交换式数字视频
SLA	Service Level Agreement	服务水平协议
SMTP	Simple Mail Transfer Protocol	简单邮件传输协议
SNMP	Simple Network Management Protocol	简单网络管理协议
SNI	Service Node Interface	业务节点接口
SONET	Synchronous Optical NETwork	同步光网络
STB	Set Top Box	机顶盒
STM	Synchronous Transport Module	同步传送模式

T

TC	Transmission Convergence	传输汇聚
TCM	Time compress multiplexing	时间压缩复用
TCMA	Time compress Multiple Access	时间压缩多址
TCP	Transmission Control Protocol	传输控制协议
TDD	Time Division Duplex	时分双工
TDM	Time Division Multiplexing	时分复用
TDMA	Time Division Multiple Access	时分多址
TELNET	Telecommunication Network	远程通信网/远程登录
TFTP	Trivial File Transfer Protocol	简单文件传输协议
TMN	Telecommunication Management Network	电信管理网
TPID	Tag Protocol Identifier	标签协议标识

U

UCD	Uplink Channel Descriptor	上行链路信道描述符
UDP	User Datagram Protocol	用户数据报协议
UGS	Unsolicited Grant Service	主动授予服务
UNI	User Network Interface	用户网络接口
UWB	Ultra Wideband	超宽带

V

VDSL	Very-high-data-rate Digital Subscriber Loop	甚高速率数字用户环路
VLAN	Virtual LAN	虚拟局域网
VOD	Video On Demand	视频点播

VoIP	Voice over IP	IP 语音
VPN	Virtual Private Network	虚拟专用网
VSB	Vestigial Side Band	残留边带调制
VTP	VLAN Trunking Protocol	VLAN 中继协议

W

WAN	Wide Area Network	广域网
WAP	Wireless Application Protocol	无线应用协议
WDM	Wavelength Division Multiplexing	波分复用
WDMA	Wavelength Division Multiple Access	波分多址
WiMAX	World Interoperability for Microwave Access	全球微波接入互操作性
WLAN	Wireless Local Area Network	无线局域网

参考文献

[1] 郭世满，马蕴颖，郭苏宁. 宽带接入技术及应用. 北京：北京邮电大学出版社，2006.

[2] 张中荃. 接入网技术. 北京：人民邮电出版社，2003.

[3] 李征，王晓宁，金添. 接入网与接入技术. 北京：清华大学出版社，2003.

[4] 蒋清泉. 接入网技术. 北京：人民邮电出版社，2005.

[5] 谢希仁. 计算机网络. 北京：电子工业出版社，2003.

[6] 田瑞雄，环翾，贾振生. 宽带 IP 组网技术. 北京：人民邮电出版社，2003.

[7] 王慧玲. 现代电视网络技术. 北京：人民邮电出版社，2005.

[8] 张应辉，饶云波. 路由器交换机原理及应用. 北京：北京航空航天大学出版社，2006.

[9] 张民，潘勇，徐荣. 宽带城域网. 北京：北京邮电大学出版社，2006.

[10] 阎德升，边恩炯，王旭，等. EPON：新一代宽带光接入技术与应用. 北京：机械工业出版社，2007.

[11] 王庆，胡卫，程博雅，等. 光纤接入网规划设计手册. 北京：人民邮电出版社，2009.

[12] 黄俊. 现代有线电视网络技术及应用. 北京：机械工业出版社，2010.

[13] 朗为民，郭东生. EPON/GPON 从原理到实践. 北京：人民邮电出版社，2010.

[14] 孙秀英. WLAN 技术与应用. 北京：机械工业出版社，2017.

[15] 张传福，赵立英，张宇，等. 5G 移动通信系统及关键技术. 北京：电子工业出版社，2018.

[16] 唐宏，林国强，王鹏，等. Wi-Fi6 入门到应用. 北京：人民邮电出版社，2021.